园林工程与景观艺术

李成奎　孙秀慧　王彩玲　著

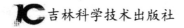吉林科学技术出版社

图书在版编目（CIP）数据

园林工程与景观艺术 / 李成奎，孙秀慧，王彩玲著
－－ 长春 ： 吉林科学技术出版社，2022.9
ISBN 978-7-5578-9753-6

Ⅰ．①园… Ⅱ．①李… ②孙… ③王… Ⅲ．①园林－
工程施工②园林设计－景观设计 Ⅳ．①TU986

中国版本图书馆 CIP 数据核字 (2022) 第 179465 号

园林工程与景观艺术

著	李成奎 孙秀慧 王彩玲	
出版人	宛 霞	
责任编辑	孟祥北	
封面设计	正思工作室	
制 版	林忠平	
幅面尺寸	185mm×260mm	
字 数	320 千字	
印 张	14.25	
印 数	1-1500 册	
版 次	2022年9月第1版	
印 次	2023年3月第1次印刷	

出 版　吉林科学技术出版社
发 行　吉林科学技术出版社
地 址　长春市福祉大路5788号
邮 编　130118
发行部电话/传真　0431-81629529 81629530 81629531
　　　　　　　　　 81629532 81629533 81629534
储运部电话　0431-86059116
编辑部电话　0431-81629518
印 刷　三河市嵩川印刷有限公司

书 号　ISBN 978-7-5578-9753-6
定 价　85.00元

前　言

　　园林工程是一项富含艺术的工程，工程质量好坏的检测标准也与一般的建筑工程项目有着很大的不同，园林工程项目的成功在于可以很好地通过景观的设计进行整个园林的点缀、装点，使园林可以给人更美的感受。设计是景观园林工程施工的标准化规划，运用艺术的表现手法，突破传统思维模式，创新景观美感的构建模式，进一步提高城市景观的实用价值和艺术价值，打造良好的城市生态环境，全面提升城市形象，展示城市的独特个性。

　　随着社会的发展，园林中景观的设计需要越来越科学的设计才可以获得更好的效果，硬质景观与软质景观相结合的设计可以最大限度地展现园林的美，游客行走其中既可以感受到硬质景观的静态之美，还可以感受到软质景观所带来的动态活力之美，获得更好的放松体验。原理的建设质量已经渐渐地影响着周围居民以及游客的精神生活，能否很好地进行景观的合理设计对于体现园林的美有着十分重要的意义，为此原理工作者还应该进行更加全面细致的研究，进而起到更好的设计效果。

　　本书共包括八章。第一章概述了园林工程，包括园林的产生及发展、园林工程特点与发展历程及中西方园林的美学观念。第二章介绍了园林设计，先概述了园林设计，再对园林轴线设计、园林设计与现代构成及现代园林生态设计进行了一一介绍。第三章介绍了园林工程管理，对园林施工企业人力资源管理、园林工程招标投标与合同管理、园林工程成本管理、园林工程进度管理、园林工程质量管理及园林景观工程施工风险管理六个管理方面进行简单概述。第四章介绍了园林景观艺术，包括现代园林景观设计艺术、现代园林植物造景意境、现代园林景观的雕塑艺术。第五章介绍了园林景观规划设计理论，包括园林景观分析与评价的理论与方法、量化设计理论、园林景观视觉设计与透视理论、自然线势及飘积理论。第六章综述了园林景观组景手法，包括传统山石组景子法、传统园林景观植物组景手法及传统建统、小品、水面组景。第七章介绍了园林景观种植设计，包括园林景观植物生长发育和环境的关、园林景观植物种植设计基本形式与类型、园林景观植物种植设计手法。第八章分类简述了园林景观工程，植物的栽植施工与维护管理、园林景观的灌溉系统及屋顶花园及构造措施。

景观园林工程是一门涉及广泛、综合性很强的学科，规模较大的综合性景观园林工程项目往往涉及场地地形地貌的整治、景观建筑、水景、给排水、供电、景观道路、观赏植物等诸多方面的内容。在具体工程建设中，要求各工种环节协同作业、多方配合，才能保证工程建设的顺利进行。景观园林工程不仅对工程管理和技术有较高的要求，同时更是一门重视艺术审美的工程门类，具有明显的艺术性特征。具体内容涉及造型艺术、建筑艺术和绘画艺术、雕刻艺术、文学艺术等诸多艺术领域。景观园林工程产品不仅要按设计搞好景观设施和构筑物的建设，还要讲究园林植物配置手法、景观设施和构筑物的美观舒适以及整体景观空间的协调。这些都要求在施工过程中采用一定的艺术处理手段才能实现。

内容简介

　　景观设计一直都是园林工程建设中十分重要的一部分，园林设计目的往往为满足居住地当地居民对于绿色的要求，进行环境的局部改善，其中景观设计更是可以在保证绿色植被面积的情况下给居民更美的感受，丰富的景观设计设置可以使居民心情更为愉悦，更好地从事生活生产活动。本书《园林工程与景观艺术》将园林工程与景观艺术结合，介绍了园林景观规划设计理论、园林景观组景手法、园林景观种植设计等。《园林工程与景观艺术》适合高等院校景观园林、环境设计及旅游规划等相关专业师生，以及相关从业人员使用，并可供有兴趣的读者阅读参考。

目　录

第一章　园林工程概述

第一节　园林的产生及发展

一、园林概念

（一）国外的"园林"定义

西文的拼音文字如拉丁语系的GARDEN、GARDEN、JARDON等，源出于古希伯来文的GEN和EDEN两字的结合。前者意为鲜花，后者即乐园，也就是《旧约·创世纪》中所描述的充满着果树鲜花，潺潺流水的"伊甸园"。按照中国自然科学名词审定委员会颁布的《建筑·园林·城市规划名词》规定，"园林"被译为GARDEN AND PARK，即"花园及公园"的意思。GARDEN一词，现代英文译为"花园"比较准确，但它的本意不只是花园，还包括菜园、果园、草药园、猎苑等。PARK一词即是公园之意，即资产阶级革命成功以后将过去皇室花园、猎苑及贵族庄园没收，或由政府投资兴建、管理的向全体公众开放的园林。

（二）中国的"园林"定义

我国"园林"一词的出现始于魏晋南北朝时期。陶渊明曾在《从都还阻风于规林》有"静念园林好，人间良可辞"的佳句，沈约《宋志·乐志》亦有"雉子游原泽，幼怀耿介心；饮啄虽勤苦，不愿棲园林"的兴叹。这一时期的园林多指那些具有山水田园风光的乡间庭园，正如陶渊明在《归园田居·其一》所描绘的情景："方宅十余亩，草屋八九间。榆柳荫后檐，桃李罗堂前。暧暧远人村，依依墟里烟。狗吠深巷中，鸡鸣桑树巅。"又如《饮酒》中的："采菊东篱下，悠然见南山。山气日夕佳，飞鸟相与还。"在漫长的园林历史发展中，"园林"的含义有了较大的丰富和发展，人们似乎都明白它的意思，却又没有一个公认的明确的定义。其实，在中国传统文化中，人们又把"园林"和"园"当作一回事。

1.《辞海》中不见"园林"一词，只有"园"。"园"有两种解释：

（1）四周常围有垣篱，种植树木、果树、花卉或蔬菜等植物和饲养、展出动物的绿地，如公园、植物园、动物园等。

（2）帝王后妃的墓地。

2.《辞源》亦不见"园林"，只有"园"。"园"有三种解释：

（1）用篱笆环围种植蔬菜、花木的地方。

（2）别墅和游息的地方。

（3）帝王的墓地。

3.《中文大辞典》收有"园林"一词，释为"植花木以供游息之所"，另收"园"一词，有五种解释：

（1）果园。

（2）花园。

（3）有蓇曰园，《诗·秦风》疏："有蓇曰园，有墙曰囿"。

（4）圃之樊也。

（5）茔域，《正字通》："凡历代帝、后葬所曰园。"

综上所述，在一般文化圈内，"园林"与"园"的概念是混同的。要弄清"园林"的真面目，还需参考一下园林界的解释，而园林界关于"园林"的定义似乎也没有完全确定。

（三）周维权先生曾经有两个著名的观点

1. 园林乃人们为弥补与自然环境的隔离而人工建造的"第二自然"

这一观点表明，当人们远离改变或破坏了的自然环境，完全卷入尘世的喧闹之后，就会产生一种厌倦之感或压抑感，从而产生回归自然的欲望，但人们又不愿或不可能完全回归树巢穴居、茹毛饮血的原始自然环境中，所以就采用人工的方法模拟"第一自然"，即原始的自然环境，而创造了"园林"即"第二自然"。这一观点正确地反映了人类社会、自然环境变迁与园林形成发展关系的一般规律。但是，这里所谓的"第二自然"即是人工自然或人造自然园林，显然没有包括近代以来由美国发起，进而风靡世界的国家公园，即对于那些尚未遭受人类重大干扰的特殊自然景观和对地质地貌、天然动植物群落加以保护的国家级公园。按照国家公园的概念理解，自然风景名胜算是特殊的自然景观，只要采取措施加以保护就属于园林范畴了。而周维权先生认为，自然风景名胜属于大自然的杰作，属于"第一自然"，而并非人工建立的"第二自然"，当然不属于园林范畴。我们认为，从古典园林视角看，这一观点还是值得肯定的，如从发展的视角看就有必要加以修正了。

2. 周先生又认为，园林是"在一定的地段范围内，利用、改造天然山水地貌，或者人为开辟山水地貌，结合植物栽培，建筑布置，圃以禽鸟养蓄，从而构成一个以视觉景观之美为主的赏心悦目，畅情舒怀的游憩、居住环境。"

这一界定，包含园林相地选址、造园方法、园林艺术特色和功能，用来解释中国古典园林则恰如其分，但它不能包容近、现代园林的性质、特色与功能。游泳先生等认为，园林是指在一定的地形（地段）之上，利用、改造和营造起来的，由山（自然山、人造山）、水（自然水、理水）、物（植物、动物、建筑物）所构成的具有游、猎、观、尝、祭、祀、息、戏、书、绘、畅、饮等多种功能的大型综合艺术群体。这一观点是目前所见有关园林的比较完整、系统的定义，它试图从园林的选址、兴造方法、构成要素、主要功能等方面全面诠释园林，不愧为具有较高价值的创新观点，似乎可以作为"园林"一词的经典式定义了。然而，仔细推敲一下，尚有值得商榷之处。

首先，这个园林定义不够简明，仅注释性括号有4个，主要功能有12个且多有重复；其次，不够科学。构园要素中的"物"不能把动、植物和建筑物混用，园林功能中的"猎"业已消失，"尝"意不明，且缺乏文体娱乐等，"艺术群体"指代园林也不准确；再次，表述冗长，尤其是12个功能更为拗口。

根据上述的比较与分析，借鉴古今中外的园林成就，采撷诸家有关"园林"的共识，我们认为园林概念应该有广义和狭义之分。

从这个狭义角度看，我们赞成周维权先生的解说，并略加补充为：园林是在一定的地段范围内，利用、改造天然山水地貌或人工开辟山水地貌，结合建筑造型、小品艺术和动植物观赏，从而构成一个以视觉景观之美为主的游憩、居住环境。

从近、现代园林发展视角看，广义的园林是包括各类公园、城镇绿地系统、自然保护区在内融自然风景与人文艺术于一体的为社会全体公众提供更加舒适、快乐、文明、健康的游憩娱乐环境。

二、园林的形成背景

园林是在一定自然条件和人文条件综合作用下形成的优美的景观艺术作品，而自然条件复杂多样，人文条件更是千奇百态。如果我们剖开各种独特的现象而从共性视角来看，园林的形成离不开大自然的造化、社会历史的发展和人们的精神需要等三大背景。

（一）自然造化

伟大的自然具有移山填海之力，鬼斧神工之技。既为人类提供了花草树木、鱼虫鸟兽等多姿多彩的造园材料，又为人类创造了山林、河湖、峰峦、深谷、瀑布、热泉等壮丽秀美的景观，具有很高的观赏价值和艺术魅力，这就是所谓的自然美。自然美是不同国家、不同民族的园林艺术共同追求的东西，每个优秀的民族似乎都经过自然崇拜→自然模拟与利用→自然超越等三个阶段，到达自然超越阶段时，具有本民族特色的园林也就完全形成了。

然而，各民族对自然美或自然造化的认识存在着较显著的差异。西方传统观点认为，自然本身只是一种素材，只有借助艺术家的加工提炼，才能达到美的境界，而离开了艺术家的努力，自然不会成为艺术品，亦不能最大限度地展示其魅力。因此，认为整形灌木、修剪树木、几何式花坛等经过人工处理的"自然"，与真正的自然本身比较，是美的提炼和升华。

中国传统观点认为，自然本身就是美的化身，构成自然美的各个因子都是美的天使，如花木、虫鱼等是不能加以改变的，否则就破坏了天然、纯朴和野趣。但是，中国人尤其是中国文人观察自然因子或自然风景往往融入个人情怀，借物喻心，把抒写自然美的园林变成挥洒个人感情的园地。所以，中国园林讲究源于自然而高于自然，反映一种对自然美的高度凝练和概括，把人的情愫与自然美有机融合，以达到诗情画意的境界。而英国风景园林的形成也离不开英国人对自然造化的独特欣赏视角。他们认为大自然的造化美无与伦比，园林愈接近自然则愈达到真美境界。因此，刻意模仿自然、表现自然、再现自然、回归自然，然后使人从自然的琅嬛妙境中油然而生发万般情感。

可见，不同地域、不同民族的园林各以不同的方式利用着自然造化。自然造化形成的自然因子和自然物为园林形成提供了得天独厚的条件。

（二）社会历史发展

园林的出现是社会财富积累的反映，也是社会文明的标志。它必然与社会历史发展的一定阶段相联系；同时，社会历史的变迁也会导致园林种类的新陈代谢，推动新型园林的诞生。人类社会初期，人类主要以采集、渔猎为生，经常受到寒冷、饥饿、禽兽、疾病的威胁，生产力十分低下，当然不可能产生园林。直到原始农业出现，开始有了村落，附近有种植蔬菜、果园的园圃，有圈养驯化野兽的场所，虽然是以食用和祭祀为目的，但客观上具有观赏的价值，因此开始产生了原始的园林，如中国的苑囿，古巴比伦的猎苑等。

生产力进一步发展以后，财富不断地积累，出现了城市和集镇，又随着建筑技术、植物栽培、动物繁育技术以及文化艺术等人文条件的发展，园林经历了由萌芽到形成的漫长的历史演变阶段，在长期发展中逐步形成了各种时代风格、民族风格和地域风格。如古埃及园林、古希腊园林、古巴比伦园林、古波斯园林等。

后来，又随着社会的动荡，野蛮民族的入侵，文化的变迁，宗教改革，思想的解放等社会历史的发展变化，各个民族和地域的园林类型、风格也随之变化。就以欧洲园林为例，中世纪之前，曾经流行过古希腊园林、古罗马园林；中世纪1300多年风行哥特式寺院庭园和城堡园林；文艺复兴开始，意大利台地园林流行；宗教改革之后法国古典主义园林勃兴，而资产阶级革命的成功加速了英国自然风景式园林的发展。这一事实表明，园林是时代发展的标志，是社会文明的标志，同时，随着社会历史的变迁而变迁，随着社会文明进步而发展。

（三）人们的精神需要

园林的形成又离不开人们的精神追求，这种精神追求来自神话仙境，来自宗教信仰，来自文艺浪漫，来自对现实田园生活的回归。

古希腊神话中的爱丽舍田园和基督教的伊甸园，曾为人们描绘了天使在密林深处，在山谷水涧无忧无虑地跳跃、嬉戏的欢乐场景；中国先秦神话传说中的黄帝悬圃、王母瑶池、蓬莱琼岛，也为人们绘制了一幅山岳海岛式云蒸霞蔚的风光；佛教的净土宗《阿弥陀经》描绘了一个珠光宝气、莲池碧树、重楼架屋的极乐世界。这些神话与宗教信仰表达了人们对美好未来的向往，也对园林的形成有深刻、生动的启示。

中外文学艺术中的诗歌、故事、绘画等是人们抒怀的重要方式，它们与神话传说相结合，以广阔的空间和纵深的时代为舞台，使文人的艺术想象力得到淋漓尽致的挥洒。文学艺术创造的"乐园"对现实园林的形成有重要的启迪意义，同时，文学艺术的创作方法，无论是对美的追求和人生哲理的揭示，还是对园林设计、艺术装饰和园林意境的深化等，都有极高的参考价值。古今中外描绘田园风光的诗歌和风景画，对自然风景园林的勃兴曾经起到积极的作用。是人类文明的产物，也是人类依据自然规律，利用自然物质创造的一种人工环境，或曰"人造自然"。如果人们长期生活在城市中，就越来越和大自然环境疏远，从而在心理上出现抑郁症，必然希望寻求与大自然直接接触的机会，如踏青、散步等，或者以兴造园林作为一种间接补偿方式，以满足人们的精神需要。

园林还可以看作是人们为摆脱日常烦恼与失望的产物，当现实社会充满矛盾和痛苦，难以使人的精神得到满足时，人们便沉醉于园林所构成的理想生活环境中。田园生活就是人们躲避现实、放浪形骸的最佳场所。古罗马诗人维吉尔（VIRGILE，公元前70年—公元前17年）就曾竭力讴歌田园生活，推动了古罗马时代乡村别墅的流行；我国秦汉时期隐士多田园育蔬垂钓，使得魏晋时期归隐庄园成为时尚。

三、园林性质与功能

（一）园林性质

园林性质有自然属性和社会属性之分。从社会属性看，古代园林是皇室贵族和高级僧侣们的奢侈品，是供少数富裕阶层游憩、享乐的花园或别墅庭园，惟有古希腊由于民主思想发达，不仅统治者、贵族有庭园，也出现过民众可享用的公共园林。近、现代园林是由政府主管的充分满足社会全体居民游憩娱乐需要的公共场所。园林的社会属性从私有性质到公有性质的转化，从为少数贵族享乐到为全体社会公众服务的转变，必然影响到园林的表现形式、风格特点和功能等方面的变革。

从自然属性看，无论古今中外，园林都是表现美、创造美、实现美、追求美的景观艺术环境。园林中浓郁的林冠、鲜艳的花朵、明媚的水体、动人的鸣禽、峻秀的山石、优美的建筑及栩栩如生的雕像艺术等，都是令人赏心悦目、流连忘返的艺术景观。园因景胜，景以园异。虽然各园的景观千差万别，但是都改变不了美的本质。

然而，由于自然条件和文化艺术的不同，各民族对园林美的认识有很大差异。欧洲古典园林以规则、整齐、有序的景观为美；英国自然风景式园林以原始、纯朴、逼真的自然景观为美；而中国园林追求自然山水与精神艺术美的和谐统一，使园林具有诗情画意之美。

（二）园林的功能

园林最初的功能和园林的起源密切相关。中国早期的园林"囿"，古埃及、古巴比伦时代的猎苑，都保留有人类采集渔猎时期的狩猎方式；当农业逐渐繁荣以后，中国秦汉宫苑、魏晋庄园和古希腊庭园、古波斯花园，除游憩、娱乐之外，还仍然保留有蔬菜、果树等经济植物的经营方式；另外，田猎在古代的宫苑中一直风行不辍。随着人类文化的日益丰富，自然生态环境变迁和园林社会属性的变革，园林类型越来越多，功能亦不断消长变化。

回顾古今中外的园林类型，其功能主要有：

1. 狩猎（或称围猎）

主要是在郊野的皇室宫苑进行，供皇室成员观赏，兼有训练禁军的目的；此外还在贵族的庄园或山林进行。随着近、现代生态环境变化、保护野生动物意识增强，园林狩猎功能逐渐消失，仅在澳大利亚、新西兰的某些森林公园尚存田猎活动。

2. 游玩（或称游戏）

任何园林都有这一功能。中国人称为"游山玩水"，实际上与游览山水园林分不开；欧洲园林中的迷园，更是专门的游戏场所。

3. 观赏

对园林及其内部各景区、景点进行观览和欣赏，有静观与动观之分。静观是在一个景点（往往是制高点，或全园中心）观赏全园或部分景区；动观是一边游动一边观赏园景，无论是步行还是乘交通工具游园，都有时移景异、物换星移之感。另外，因观赏者的角度不同，会产生不同的感受，正所谓"横看成岭侧成峰，远近高低各不同"。

4. 休憩

古代园林中往往设有，供园主、宾朋居住或休息；近、现代园林一般结合宾馆等设施，以接纳更多的游客，满足游人驻园游憩的需求。

5. 祭祀

古代的陵园、庙园或众神祇的纪念园皆供人祭祀；近、现代这些园林则具有凭吊、怀古、爱国教育、纪念观瞻等功能。

6. 集会、演说

古希腊时期在神庙园林周围，人们聚集在一起举行发表政见、演说等活动。资产阶级革命胜利后，过去皇室的贵族园林收为国有，向公众开放，园林一时游人云集，人们在此议论国事，发表演说。所以，后来欧洲公园有的专辟一角，供人们集会、演说。

7. 文体娱乐

古代园林就有很多娱乐项目，在中国有棋琴书画，龙舟竞渡，蹴鞠，甚至斗鸡走狗等活动；欧洲有骑马、射箭、斗牛等。近、现代园林为了更好地为公众服务，增加了文艺、体育等大型的娱乐活动。

8. 饮食

在以人为本的思想的指导下，近、现代园林为了方便游客，或吸引招徕游客，增加了饮食服务，进一步拓展了园林的服务功能。然而，提供饮食场所并不意味着到处可以摆摊设点，那些有碍观瞻，大杀风景的场所和园林的发展是背道而驰的。

（三）园林基本要素

1. 建筑

中国园林建筑的特点是建筑散布于园林之中，使它具有双重的作用。除满足居住休息或游乐等需要外，它与山池、花木共同组成园景的构图中心，创造了丰富变化的空间环境和建筑艺术。

园林建筑有着不同的功能用途和取景特点，种类繁多。计成所著《园冶》中就有门楼、堂、斋、室、房、馆、楼、台、阁、亭、轩、卷、厂、廊等14种之多。它们都是一座座独立的建筑，都有自己多样的形式，甚至本身就是一组组建筑构成的庭院，各有用处，各得其所。园景可以入室、进院、临窗、靠墙，可以在厅前、房后、楼侧、亭下，建筑与园林相互穿插、交融，你中有我、我中有你，不可分离。在欧洲园林和伊斯兰园林体系中，园林建筑往往作为园景的构图中心，园林建筑密集高大，讲究对称，装饰豪华，建筑造型和风格因时代和民族的不同而变化较大。

2. 山石

中国园林讲究无园不山，无山不石。早期利用天然山石，而后注重人工掇山技艺。掇山是中国造园的独特传统。其形象构思是取材于大自然中的真山，如峰、岩、峦、洞、穴、涧、坡等，然而它是造园家再创造的"假山"。堆石为山，叠石为峰，垒土为岛，莫不模拟自然山石峰峦。峭立者取黄山之势，玲珑者取桂林之秀，使人有虽在小天地，如临大自然的感受。

3. 水体

园林无水则枯，得水则活。理水与建筑气机相承，使得水无尽意，山容水色，意境幽深，形断意连，使人有绵延不尽之感。中国山水园林，都离不开山，更不可无水。我国山水园中的理水手法和意境，无不来源于自然风景中的江湖、溪涧、瀑布，源于自然，而又高于自然。在园景的组织方面，多以湖池为中心，辅以溪涧、水谷、瀑布，再配以山石、花木和亭、阁、轩、榭等园林建筑，形成明净的水面、峭拔的山石，精巧的亭、台、廊、榭，复以浓郁的林木，使得虚实、明暗、形体、空间协调，给人以清澈、幽静、开朗的感觉，又以庭院与小景区构成疏密、开敞和封闭的对比，形成园林空间中一幅幅优美的画面。园林中偶有半亩水面，天光云影，碧波游鱼，荷花睡莲，无疑为园林艺术增添无限生机。欧洲园林中的人工水景丰富多样，而以各种水喷为胜。

4. 植物

园林植物是指凡根、茎、叶、花、果、种子的形态、色泽、气味等方面有一定欣赏价值的植物，又称观赏植物。中国素有"世界园林之母"的盛誉，观赏植物资源十分丰富。《诗经》曾记载了梅、兰草、海棠等众多花卉树木。数千年来，人们通过引种、嫁接等栽培技术培育了无数芬芳绚烂，争奇斗妍争奇斗艳的名花芳草秀木，把一座座园林，打扮得万紫千红，格外娇美。园林中的树木花草，既是构成园林的重要因素，也是组成园景的重要部分。树木花草不仅是组成园景的重要题材，而且往往园林中的"景"有不少都以植物命名。

我国历代文人、画家，常把植物人格化，并从植物的形象、姿态、明暗、色彩、音响、色香等进行直接联想、回味、探求、思索的广阔余地中，产生某种情绪和境界，趣味无穷。在欧洲园林和伊斯兰园林中，有些园林植物早期被当作神灵加以顶礼膜拜，后期往往要整形修剪，排行成队，整理成各种几何图案或动物形状，妙趣横生，令人赏心悦目。园林中的建筑与山石，是形态固定不变的实体，水体则是整体不动，局部流动的景观。植物则是随季节而变，随年龄而异的有生命物。植物的四季变化与生长发育，不仅使园林建筑空间形象在春、夏、秋、冬四季产生相应的变化，而且还可产生空间比例上的时间差异，使固定不变的静观建筑环境具有生动活泼、变化多样的季候感。此外，植物还可以起到协调建筑与周围环境的作用。

5. 动物

远古时代，人类祖先渔猎为生，通过狩猎熟悉兽类的生活。进入农牧时代，人们驯养野兽，把一部分驯化为家畜，一部分圈养于山林中，供四季田猎和观赏，这便是最初的园林——囿，古巴比伦、埃及叫猎苑。秦汉以降，中国园林进入自然山水阶段，聆听虎啸猿啼，观赏鸟语花香，寄情于自然山水，是皇室贵族适情取乐的生活需要，也是文人士大夫追求的自然无为的仙境。欧洲中世纪的君主、贵族宫室和庄园中都会饲养许多珍禽异兽，阿拉伯国家中世纪宫室中亦畜养着大量动物。这些动物只是用来满足皇室贵族享乐或腐朽生活的宠物，一般平民是不能目睹的。直到资产阶级革命成功后，皇室和贵族曾经专有的动物开始为平民开放观赏，始有专门动物观赏区设立。古代园林与动物相伴相生，直到近代园林兴起后，才把它们真正分开。

四、园林类型

（一）按构园方式区分

构园方式主要是园林规划方式，以此区分为规则式、自然式、混合式三种类型。

1. 规则式

规则式又称整形式、建筑式、几何式、对称式园林，整个园林及各景区景点皆表现出人为控制下的几何图案美。园林题材的配合在构图上呈几何体形式，在平面规划上多依据一个中轴线，在整体布局中为前后左右对称。园地划分时多采用几何形体，其园线、园路多采用直线形；广场、水池、花坛多采取几何形体；植物配置多采用对称式，株、行距明显均齐，花木整形修剪成一定图案，园内行道树整齐、端直、美观，有发达的林冠线。

2. 自然式

自然式园林题材的配合在平面规划或园地划分上随形而定，景以境出。园路多采用弯曲的弧线形；草地、水体等多采取起伏曲折的自然状貌；树木株距不等，栽植时丛、散、孤、片植并用，如同天然播种；蓄养鸟兽虫鱼以增加天然野趣；掇山理水顺乎自然法则。是一种全景式仿真自然或浓缩自然的构园方式。

3. 混合式

混合式是把规则式和自然式两种构园方式结合起来，扬长避短的造园方式。一般在园林及建筑物附近采用规则式，而在园林周围采用自然式。

（二）按园林的从属关系区分

园林可以分为皇家园林、寺观园林、私家（贵族）园林、陵寝（寝庙）园林和公园等类型。

1. 皇家园林

皇家园林属于皇帝个人和皇室私有，中国古籍里称之苑、宫苑、苑圃、御苑等。中国古代的皇帝号称天子，奉天承运，代表上天来统治寰宇，其地位至高无上，是人间的最高统治者。严密的封建礼法和森严的等级制度构筑成一个统治权力的金字塔，皇帝居于这个金字塔的顶峰。因此，凡是与皇帝有关的建筑，诸如宫殿、坛庙乃至都城等，莫不利用其建筑形象和总体布局以显示皇家的气派和皇权的至高无上。

皇家园林尽管是摹拟山水风景的，也要在不悖于风景式造园原则的情况下尽量显示皇家的气派。同时，又不断地向民间私家园林汲取造园艺术的养分，从而丰富皇家园林的内容，提高宫廷造园的艺术水平。再者，皇帝能够利用其政治上的特权和经济上的富厚财力，占据大片的土地营造园林，无论人工山水园或天然山水园，规模之大非私家园林可比拟。

世界其他各国每个朝代几乎都有皇家园林的建置，著名的有古埃及的宫苑园林，古罗马的宫苑园林，古巴比伦的空中花园，法国凡尔赛宫苑，英国的宫室花园等。它们不仅是庞大的艺术创作，也是一项耗资甚巨的土木工事。因此，皇家园林数量的多寡、规模的大小，也在一定程度上反映了一个王朝国力的盛衰。

中国皇家园林有"大内御苑""行宫御苑"和"离宫御苑"之分，外国皇家园林也有类似的制度。大内御苑建置在皇城或宫城之内，即是皇帝的宅园，个别的也有建置在皇城以外、都城以内的。行宫御苑和离宫御苑建置在都城的近郊、远郊的风景地带，前者供皇帝游憩或短期驻跸之用，后者则作为皇帝长期居住、处理朝政的地方，相当于一处与大内相联系着的政治中心。

此外，在皇帝巡察外地需要经常驻跸的地方，也视其驻跸时间的长短而建置离宫御苑或行宫御苑。通常把行宫御苑和离宫御苑统称为离宫别馆。

2. 寺观园林

寺观园林即各种的附属园林，也包括内外的园林化环境。中国古代，重现实、尊人伦的儒家思想占据着意识形态的主导地位。无论外来的佛教或本土成长的胎教，群众的信仰始终未曾出现过像西方那样的狂热、偏执。再者，皇帝君临天下，皇权是绝对尊严的权威，像古代西方那样震慑一切的神权，在中国相对于皇权而言始终居于次要的、从属的地位。统治阶级方面虽屡有帝王佞佛或崇道的，历史上也曾发生过几次"灭佛"事件，但多半出于政治上和经济上的原因。从来没有哪个朝代明令定出"国教"，总是以儒家为正宗而儒、道、佛互补互渗。在这种情况下，宗教建筑与世俗建筑不必有根本的差异。历史上多有"舍宅为寺"的记载，梵刹紫府的形象无需他求，实际就是世俗住宅的扩大和宫殿的缩小。就佛寺而言，到宋代末期已最终世俗化。它们并不表现超人性的宗教狂迷，反之却通过世俗建筑与园林化的相辅相成而更多地追求人间的赏心悦目、恬适宁静。道教模仿佛教，道观的园林亦复如此。从历史文献上记载的以及现存的寺、观园林看来，除个别的特例之外，它们和私家园林几乎没有什么区别。

寺、观亦建置独立的小园林一如宅园的模式，也很讲究内部的绿化，多有以栽培名贵花木而闻名于世的。郊野的寺、观大多修建在风景优美的地带，周围向来不许伐木采薪。因而古木参天、绿树成荫，再以小桥流水或少许亭榭作点缀，又形成寺、观外围的园林化环境。正因为这类寺、观园林及其内外环境的雅致幽静，历来的文人名士都喜欢借住其中读书养性，帝王以之作为驻跸行宫的情况亦屡见不鲜。

在欧洲，宗教神学盛行，且长期实行政教合一制度。因而反映在寺观园林中，从设计规划、布局、造园要素、指导思想到建筑壁画、装饰、雕刻等无不渗透着虔诚的信仰色彩，和中国寺观园林风格有较大差异。但是，为了表现天堂仙界的神秘景象，这些寺观通过修建形态各异的建筑，金碧辉煌的装饰，神圣而富有人性的造像，培育森林草地，栽植奇花异果，引水工程等措施，以增强园林的观赏性，诱使人们对天国乐园的憧憬。另外，有时通过选取远离人烟的山水环境或大面积的植树绿化，以创造寂寞山林，清净修持的宗教环境，尚有天然野趣。

3. 私家园林

私家园林属于官僚、贵族、文人、地主、富商所私有，中国古籍里面称之为园、圣、池馆、山池、山庄、别墅、别业等。私家园林亦包括皇亲国戚所属的园林。

中国的封建时代，"耕、读"为立国之根本。农民从事农耕生产，创造物质财富，读书的地主阶级知识分子掌握文化，一部分则成为文人。以此两者为主体的"耕、读"社区构成封建社会结构的基本单元。皇帝通过庞大的各级官僚机构，牢固地统治着疆域辽阔的封建大帝国。官僚、文人合流的士，居于"士、农、工、商"这个民间社会等级序列的首位。商人虽居末流，由于他们在繁荣城市经济，保证皇室、官僚、地主的奢侈生活供应方面起到重要作用，大商人积累了财富，相应地也提高了社会地位，一部分甚至侧身于士林。官僚、文人、地主、富商兴造园林供一己享用，同时也以此作为夸耀身份和财富的手段，而他们的身份、财富也为造园提供了必要的条件。

民间的私家园林是相对于皇家的宫廷园林而言。封建的礼法制度为了区分尊卑贵贱而对士民的生活和消费方式做种种限定，违者罪为逾制和僭越，要受到严厉制裁。园林的享受作为一种生活方式，也必然要受到封建礼法的制约。因此，私家园林无论在内容或形式方面都表现出许多不同于皇家园林之处。

建置在城镇里面的私家园林，绝大多数为"花园"。宅园依附于住宅作为园主人日常游憩、宴乐、会友、读书的场所，规模不大。一般紧邻邸宅的后部呈前宅后园的格局，或位于邸宅的一侧而成跨院。此外，还有少数单独建置，不依附于邸宅的"游憩园"建在郊外山林风景地带的私家园林大多数是"别墅园"，供园主人避暑、休养或短期居住之用。别墅园不受城市用地的限制，规模一般比宅园大一些。在欧洲和伊斯兰世界，私家园林多以皇亲国戚、贵族及富商大贾园林为主，主要形式有庄园和花园。

4. 陵寝园林

陵寝园林是为埋葬先人，纪念先人实现避凶就吉之目的而专门修建的园林。中国古代社会，上至皇帝，下至皇亲国戚、地主官僚、富商大贾，皆非常重视陵寝园林。陵寝园林包括地下寝宫、地上建筑及其周边园林化环境。

中国历来崇尚厚葬。生前的身份越尊贵、社会地位越高，死后营造的陵园越讲究，帝王、贵族、大官僚的陵园更是豪华无比。营建陵园要缜密地选择山水地形，园内的树木栽植和建筑修造都经过严格的规划布局。虽然这种规划布局的全部或者其中的主体部分并非为了游憩观赏的目的而在于创造一种特殊的纪念性环境气氛，体现避凶就吉和天人感应的观念。但是，陵寝园林仍然具有中国风景式园林所特有的山、水、建筑、植物、动物等五大要素，并且在陵寝选址上，以古代阴阳五行、八卦及风水理论为指导，所选山水地理多为天下名胜，风景如画，客观上具备了，观赏游览的价值。再说，据历史文献记载，每当举行祭祀活动时，吹吹打打，好不热闹，引来老少围观。尤其是皇帝举行上陵礼时，旌幡招展，鼓乐齐鸣，车毂辐辏，仪仗浩荡，引来十里八乡之民赏景观光，往往市面收歇，万人空巷。陵寝园林的观赏娱乐价值由此可见。随着时代的发展，一座座陵寝园林已发展成为独具魅力的文物旅游胜地，转化为山水园林遗产。人们在凭吊古迹，参观文物的同时，品尝陵寝园林之美，自有赏心悦目、触景生情之感。

在欧洲和伊斯兰世界，陵寝园林没有中国那样的讲究排场，但在古埃及和印度的中世纪后期出现过举世瞩目的陵寝园林。如胡夫金字塔、泰姬陵等。与此同时，由于对天体、土地和五谷、树木的敬畏而兴造神苑、圣林的传统，在欧洲和阿拉伯世界却长久不衰，这些神苑、圣林除本身的敬仰、崇拜、纪念意义外，亦具有很高的观赏和游览价值。

5. 公园

公园的雏形可以上溯到古希腊时期的圣林和竞技场。古希腊由于民主思想发达，公共集会及各种集体活动频繁，为此出现了很多建筑雄伟、环境美好的公共场所，为后世公园的萌芽。英国工业革命时期，欧洲各国资产阶级革命掀起高潮，导致封建君主专制彻底覆灭，许多从前归皇室或贵族所有的园林逐步收为政府管理，开始向平民开放。这些园林成为当时上流社会不可或缺的交际环境，也成为一般平民聚会的场所，起到类似公众俱乐部的作用。和过去皇室或贵族花园仅供少数人享乐比较，园林转变为全体居民游憩娱乐和聚会的场所，谓之公园。与此同时，随着城市建设规模的扩大，城市公共绿地大量涌现，出现了真正为居民游憩、娱乐的公园。公园包括城市公园、专业公园（如动物园、植物园等）、公共绿地和主题公园。当生态环境问题受到广泛关注以后，又产生了自然保护区公园（美国最先创立，称为国家公园）。

中国早在西周初期就有向平民开放的灵囿、灵沼和灵台，唐代的曲江池、芙蓉苑亦定期向市民开放，但作为近代意义上的公园是在19世纪末期由西方殖民者在上海、广州等地兴建的，然而，殖民者往往规定"华人与狗不得入内"，说明这些公园并不姓"公"。因此，中国土地上真正为中国人享受的公园是在辛亥革命前后，由孙中山先生为首的资产阶级民主革命先驱者们倡导筹建的。如广州的越秀公园、南京的中央公园、北京的中山公园等。

（三）按园林功能区分

园林功能可以划分为综合性园林、专门性园林、专题园林、纪念性园林、自然保护区园林等。

1. 综合性园林

综合性园林是指造园要素完整，景点丰富，游憩娱乐设施齐全的大型园林。如纽约中央公园、拙政园等。

2. 专门性园林

专门性园林是指造园要素有所偏重，主要侧重于某一要素观赏的园林。如植物园、动物园、水景园、石林园等。

3. 专题园林

专题园林是指围绕某一文化专题建立的园林，如园、民俗园、体育园、博物园等。

4. 纪念性园林

纪念性园林是指为祭祀、纪念民族英雄或祖先之灵，参拜神庙等而建立的集纪念、怀古、凭吊和爱国主义教育于一体的园林。如埃及金字塔、明十三陵、孔林、武侯祠等。

5. 自然保护区园林

自然保护区园林是指为保护天然动植物群落、保护有特殊科研与观赏价值的自然景观和有特色的地质地貌而建立的各类自然保护区园林，可以有组织有计划地向游人开放。如森林公园、沙漠公园、火山公园等。

此外，园林类型还可以按国别划分，如中国园林、英国园林、法国园林、日本园林、印度园林等，不胜枚举。

第二节　园林工程特点与发展历程

一、园林工程的基本概念

（一）园林工程的概念

园林绿化工程是建设风景园林绿地的工程。园林绿化是为人们提供一个良好的休息、文化娱乐、亲近大自然、满足人们回归自然愿望的场所，是保护生态环境、改善城市生活环境的重要措施。园林绿化泛指园林城市绿地和风景名胜区中涵盖园林建筑工程在内的环境建设工程，包括园林建筑工程、土方工程、园林筑山工程、园林理水工程、园林铺地工程绿化工程等，它是应用工程技术来表现园林艺术，使地面上的工程构筑物和园林景观融为一体。

（二）园林工程的含义

城市绿化工程是园林建设的重要组成部分，是城市主休形象和城市特色最直接的体现，是一项重要的基础设施建设。它涉及的内容多样而复杂。与土木、建筑、市政、灯光及其他工程组合在一起，涉及美学、艺术、文学等相关领域，是一门涉及土壤学、植物学、造园学、栽培学、植物保护学、生态学、美学、管理学等学科的综合科学。

环境景观要素由园林建筑、山、水、绿化植物、道路、小品等构成。它们共同组成生活、商业、游憩、生产等不同的室外空间环境。植物作为绿化工程的主体，既结合在其他要素之中，不独立存在，又自成一体，为人们创造宜人、健康、优美的生活和工作环境，具有不可替代的重要作用。

绿化工程广义地说，其研究范围包括相关工程原理、种植设计、绿化工程施工技术、养护管理、施工组织和施工管理等几个部分，是使总体设计意图、设计方案转变成实际环境的一系列过程和技术。狭义地说，绿化工程是指树木、花卉、草坪、地被植物等植物种植工程。

二、园林工程的特点与分类

（一）园林工程的基本特点

园林工程实际上包含了一定的工程技术和艺术创造，是地形地物、石木花草、建筑小品、道路铺装等造园要素在特定地域内的艺术体现。因此，园林工程与其他工程相比具有其鲜明的特点。

1. 园林工程的艺术性

园林工程是一种综合景观工程，它虽然需要强大的技术支持，但又不同于一般的技术工程，而是一门艺术工程，涉及建筑艺术、雕塑艺术、造型艺术、语言艺术等多门艺术。

2. 园林工程的技术性

园林工程是一门技术性很强的综合性工程，它涉及土建施工技术、园路铺装技术、苗木种植技术、假山叠造技术及装饰装修、油漆彩绘等诸多技术。

3. 园林工程的综合性

园林作为一门综合艺术，在进行园林产品的创作时，所要求的技术无疑是复杂的。随着园林工程日趋大型化，协同作业、多方配合的特点日益突出；同时，随着新材料、新技术、新工艺、新方法的广泛应用，园林各要素的施工更注重技术的综合性。

4. 园林工程的时空性

园林实际上是一种五维艺术，除了其空间特性，还有时间性以及造园人的思想情感。园林工程在不同的地域，空间性的表现形式迥异。园林工程的时间性，则主要体现于植物景观上，即常说的生物性。

5. 园林工程的安全性

"安全第一,景观第二"是园林创作的基本原则。对园林景观建设中的景石假山、水景驳岸、供电防火、设备安装、大树移植、建筑结构、索道滑道等均需格外注意。

6. 园林工程的后续性

园林工程的后续性主要表现在两个方面:一是园林工程各施工要素有着极强的顺序性;二是园林作品不是一朝一夕就可以完全体现景观设计最终理念的,必须经过较长时间才能显示其设计效果,因此项目施工结束并不等于作品已经完成。

7. 园林程的体验性

提出园林工程的体验特点是时代要求,是欣赏主体——人的心理美感的要求,是现代园林工程以人为本最直接的体现。人的体验是一种特有的心理活动,实质上是将人融于园林作品之中,通过自身的体验得到全面的心理感受。园林工程正是给人们提供这种心理感受的场所,这种审美追求对园林工作者提出了很高的要求,即要求园林工程中的各个要素都做到完美无缺。

8. 园林工程的生态性与可持续性

园林工程与景观生态环境密切相关。如果项目能按照生态环境学理论和要求进行设计和施工,保证建成后各种设计要素对环境不造成破坏,能反映一定的生态景观,体现出可持续发展的理念,就是比较好的项目。

(二) 园林工程的分类

园林工程的分类多是按照工程技术要素进行的,方法也有很多,其中按园林工程概、预算定额的方法划分是比较合理的,也比较符合工程项目管理的要求。这一方法是将园林工程划分为3类工程:单项园林工程、单位园林工程和分部园林工程。

单项园林工程是根据园林工程建设的内容来划分的,主要定为3类:园林建筑工程、园林构筑工程和园林绿化工程。其中园林建筑工程可分为亭、廊、榭、花架等建筑工程;园林构筑工程可分为筑山、水体、道路、小品、花池等工程;园林绿化工程可分为道路绿化、行道树移植、庭园绿化、绿化养护等工程。

2. 单位园林工程是在单项园林工程的基础上将园林的个体要素划归为相应的单项园林工程。

3. 分部园林工程通过工程技术要素划分为土方工程、基础工程、砌筑工程、混凝土工程、装饰工程、栽植工程、绿化养护工程等。

第三节　中西方园林的美学观念

一、中国园林的美学观

(一) 中国园林的形成

据考证,在殷商时代,中国园林就已具雏形。当时用来豢养野兽供殷王狩猎所用的"囿"，就是从天然地域中截取一块地，在其中根据地势挖池筑台，狩猎游乐，是最古老朴素的园林形态。公元前21世纪周文王修筑的灵台、灵沼就是这种"囿"的典型代表。"王在灵囿，鹿鹿攸伏，鹿鹿濯濯，白鸟濯濯，王在灵沼，于牣鱼跃"（《诗经·大雅·灵台》）。秦汉时期，中国园林通过直接模拟自然山水并注入神话传说，创造了自然仙境，丰富了造园的艺术题材。如上林苑设牵牛织女象征天河，置喷水石鲸，筑蓬莱三岛以象征东海扶桑。而老子的"人法地，地法天，天法道，道法自然。"这种朴素唯物主义的天道观，对中国园林的开发与发展更是影响深远。自魏晋南北朝以来，文人、画家的介入使中国造园深受绘画、诗词和文学的影响。而诗和画都十分注重于意境的追求，致使中国造园从一开始就带有浓厚的感情色彩。如东晋简文帝入华林园，对随行的人说："会心处不必在远，翳然林水，便有濠濮间想"，可以说已领略到园林意境了。

中国古典园林是滋生在中国文化的肥田沃土之中，并深受绘画、诗词和文学的影响。由于诗人、画家的直接参与和经营，中国园林从一开始便带有诗情画意的浓厚感情色彩尤其是山水画对中国园林的影响最为直接、深刻。可以说中国园林一直是循着绘画的脉络发展起来的。中国古代绘画理论著作则十分浩瀚。这些绘画理论对于造园起了很多指导作用。画论所遵循的原则莫过于"外师造化，内发心源"。外师造化是指以自然山水为创作的楷模，内发心源则是强调并非科班的抄袭自然山水，而要经过艺术家的主观感受以萃取其精华。

（二）中国园林的发展

魏晋南北朝时期，是中国古典园林的逐步完善阶段，以崇尚"自然"为宗旨的儒玄、玄佛义理流行于世，人们追求返璞归真，山水审美之风全面兴盛，成为这一时期造园艺术发展的推动力。特别是文人、画家、巧匠逐步涉入，使得园林不再是一种自然风光的再现，人们在造园的同时，一方面通过寄情山水的实践活动取得与大自然的自我协调，并对之倾诉纯真的感情另一方面又结合理论的探讨去深化对自然美的认识，去发掘、感知自然风景构成的内在规律。有关自然山水的艺术领域大力开拓，对自然美的鉴赏遂取代了过去所持的神秘和功利的态度，成为此后中国传统美学思想的核心。刘勰的《文心雕龙》、钟嵘《诗品》、陶渊明的《桃花源记》等许多名篇，都是这一时期问世的，此时期的园林进入了山水画为一体的创作阶段，文人、画家参与造园，进一步发展了"秦汉典范"北魏张伦府苑，吴郡顾辟疆的"辟疆园"，司马炎的"琼圃园"、"灵芝园"，吴王在南京修建的宫苑"华林园"等，都是这一时期有代表性的园苑。这一时期的古典园林，开始进入成熟期，造园时对山水等自然景观有意识地加以改造、调整、加以提炼，精练概括地表现了自然从总体到局部都隐约地透露着诗情画意，强调了山水园林重视和谐的美学思想。

隋朝结束了魏晋南北朝后期的战乱状态，社会经济一度繁荣，萌生出了新的园林形态士人山水园。士人山水园标志着中国园林艺术的发展发生了根本转折。这一阶段的中国古典园林已经能够把自然山岳形象的主要特征，比较精练而集中地表现出来，全面地体现大自然山水景观。人工山水园的筑山、理水已不再运用汉代私园那样大幅度排比铺陈的单纯写实模拟的方法，而是将对诗画的追求审美，运用到园林之中，充分表达山水园林重视和谐、追求综合美并突破对自然美鉴赏所持的神秘和功利的美学思想。

（三）中国园林的审美观

中国园林审美观的确立大约可追溯到魏晋南北朝时代，特定的历史条件迫使士大夫阶层淡漠政治寄情于山水，并从湖光山色蕴涵的自然美中抒发情感。使中国的造园带有很大的随机性和偶然性，他们所追求的是诗画一样的境界。如果说造园主也十分注重于造景的话，那么它的素材、原形、源泉、灵感等就是在大自然中去发现和感受。从而越是符合自然天性的东西便越包含丰富的意蕴。纵观布局变化万千，整体和局部之间也没有严格的从属关系，结构松散，以致没有什么规律性。正所谓"造园无成法"。甚至许多景观却有意识地藏而不露，"曲径通幽处，禅房草木生"，"山穷水尽疑无路，柳暗花明又一村"，这都是极富诗意的意境。

清人王国维说："境非独景物也，喜怒哀乐亦人心中之一境界，故能写真景物、真感情者谓之有境界，否则谓之无境界"。意境是要靠"悟"才能获取，而"悟"是一种心智活动，"景无情不发，情无景不生"。因此造园的经营要旨就是追求意境。中国园林虽从形式和风格上看属于自然山水园，但决非简单地再现或模仿自然，而是在深切领悟自然美的基础上加以概括和总结。明明是自然人工造山、造水、造园，却又要借花鸟虫鱼、奇山瘦水，制造出"宛若天开，浑如天居"的局面。这种创造是顺应自然并更加深刻地表现自然，从而达到寄情、寄理、寄志与自然的目的。

（四）中国园林中的"情""景"交融之美

中国人在追求自然美的过程中，总喜欢把客观的"景"与主观的"情"联系起来，把自我也摆到自然环境之中，物我交融为一，从而在创造中充分地表达自己的思想情感，准确抓住自然美的净化，并加以再现。此乃姜夔所言："固知景无情不发，情无景不生。"将人的情感融汇于自然并强调人在自然环境中的地位。此所谓天与人合而为一。这种天合一的传统文化理念，对中国园林影响深远，这种崇尚自然的思想潮流，对园林艺术的发展起到了积极推动作用，许多文人墨客以寄情于山水为高雅，把诗情画意融合于园林之中。对于建在郊外的规模较大的园林则注意保留天然的"真意"和"野趣"，"随山依水"地建造园林。对于位于城市中的规模较小的园林则注重用集中、提炼、概括的手法来塑造大自然的美景，使其源于自然而高于自然。

"情融于景，景融于情"反映了中国人在造园中的传统哲学思想和审美追求。中国人崇尚自然，造园之时以情入景，以景寓情，观赏之时则触景生情，把自己当作自然环境的一部分。因此中国园林就是把自然的美与人工的美高度结合起来的环境空间产物。辛弃疾的"我见青山多妩媚，料青山见我应如是"正是体现了情景交融、天人合一，渗入大自然的意境。

（五）中国园林中的意境美

1. 何为意境

意境，是内心情感、哲理体验及其形象联想的最大限度的凝聚物，又是欣赏者在联想与想象的中最大限度驰骋的再创造过程。

意境是中国艺术创作中的最高追求，是中国古典美学中经久不衰的命题。作为中国古典文化的一部分，园林也是把意境的创造作为最高的追求。中国园林追求诗的意蕴，画的意境，处处体现一种诗情画意。园林中的意境能引发人们的深思、联想，把物境与心境糅合在一起，情景交融，物我共化。

中国古典园林以写意的手法再现对自然山水的感受，游人置身于园林中，产生触景生情、寓情于景、情景交融的心理活动。另外一方面，意境也是有时节性的，往往最佳状态的出现是短暂的，但又是不朽的，即《园冶》中所谓"一鉴能为，千秋不朽"。如杭州的"平湖秋月""断桥残雪"，扬州的"四桥烟雨"等，只有在特定的季节、时间和特定的气候条件下，才能充分发挥其感染力的最佳状态。这些主题意境最佳状态的出现，从时间上来说虽然短暂，但受到千秋赞赏。

2.园林中意境的体现

古人造园植木，善寓意造景，选用花木常与比拟，寓意联系在一起，如松的苍劲、竹的潇洒、海棠的娇艳、杨柳的多姿、腊梅的傲雪、芍药的尊贵、牡丹的富华、莲荷的如意、兰草的典雅等。特善于利用植物的形态和季相变化，表达人的一定的思想感情或形容某一意境，如"岁寒而知松柏之后凋"，表示坚贞不渝；"留得残荷听雨声""夜雨芭蕉"，表示宁静的气氛。海棠，为棠棣之华，象征兄弟和睦之意。枇杷则产生"树繁碧玉叶，柯叠黄金丸"；石榴花则"万绿丛中红一点，动人春色不宜多。"树木的选用也有其规律："庭园中无松，是无意画龙而不点睛也。"南方杉木栽植房前屋后，"门前杉径深，屋后杉色奇"。利用树木本身特色"槐荫当庭"；"院广梧桐"，梧桐皮青如翠，叶缺如花，妍雅华净，赏心悦目。

（1）从物境到意境

通过形式美感的营造直接以物境塑造意境。山自无言水自无语，然而山水无情人有情，中国文化历来精于托物言志，如用蓬莱、瀛州、方丈三山表达对神仙的向往，北海、颐和园、西湖都在湖中置岛模拟仙山；用松梅竹来表达文人的品行高洁。而古典园林中对孤赏置石的品鉴和运用，堪称用物境的形式美营造意境美的典范。园林的名题如匾额、楹联等也是从物境到意境的重要表达手法。

（2）从意境到意境

预先设定园林的意境，通过对物境形式美的营造达成意境的展现。文人雅士们为表达自己大隐于市、却依然意在朝廷的志愿，常常筑园结庐，广结同类以造声势。如沧浪亭、拙政园都是因意筑景，以景引意，意得于境的营建过程。古典园林还擅长巧妙地运用缩影来完成从意境到意境的表达方式。

（3）缩影

园林通过模拟实物景观或神话传说等理想境界表达个人志趣和对美好生活的遐思、移情、憧憬。缩影是从意境到意境的特例。同样是因意筑景，以景引意，意得于境的过程。特别的是缩影的"意"来源于真实存在的景观、自然风光，或者是有据可查、有源可究的历史文化遗存。缩影也要求造园之先预设定好主题，王昌龄的《诗格》有"欲为山水诗，则张泉石云峰之境；极丽绝秀者，神之于心，处身于境，视境于心，莹然掌中，然后用思；了然境象，故得形似"的句子，造园与诗画同理，要造好山水，只有当山水"神之于心、视境于心、莹然掌中、了然境象"的物境意象成竹在胸后，才能设计建造得出可以产生悠远意境的优秀山水园林。

因此，缩影不是对自然的简单拷贝，而是从蕴涵深刻的历史、文化底蕴的美好意象中提炼、加工的具象形式表现，是"形未成而意先生"的形式美和意象美的整合，超出形式美的物境之上，是对意象美的传达和再现。

（六）中国园林中的自然美

中国园林讲究在园林中再现自然，"出于自然，高于自然"是中国古典园林的一个典型特征。以中国园林中的"叠山""弄水"为例：园林中的"叠山"是模拟真山的全貌，或截取真山的一角，以较小的幅度营造峰、峦、岭、谷、悬岩、峭壁等形象。从它们堆叠的章法和构图上可以看到对天然山体规律的概括和提炼。园林中假山都是真实的山体的抽象化、典型化；园林中各种水体也是自然界中河、湖、海、池、溪、涧、泉、瀑等的抽象概括，根据园内地势和水源的具体情况，或大或小，或曲或直，或静或动，用山石点缀岸矶，堆岛筑桥，以营造出一种岸曲水洞，似分还连的意境。在有限的空间里尽量模仿天然水景的全貌。这就是"一勺则江湖万里"的立意。

崇尚自然的思想在中国园林中首先表现为中国人特殊的审美情趣。平和自然的美学原则，虽然一方面是基于人性的尺度，但与崇尚自然的思想也是密不可分的。例如：造园的要旨就是"借景"。"园外有景妙在'借'，景外有景在于'时'，花影、树影、云影、风声、鸟语、花香、无形之景，有形之景，交织成曲。"可见，中国传统园林正是巧于斯，妙于斯。明明是人工造山、造水、造园，却又要借自然界的花鸟虫鱼、奇山瘦水，制造出"宛若天开，浑如天成"之局面。

中国园林虽从形式和风格上看属于自然山水园，但决非简单地再现或模仿自然，而是在深切领悟自然美的基础上加以萃取、抽象、概括、典型化。这种创造却不违背自然的天性，恰恰相反，是顺应自然并更加深刻地表现自然。中国园林十分崇尚自然美，把它作为判断园林水平的依据。造园者最爱听的评价就是"有若自然"，最担心的评价是人工化、匠气。

（七）中国园林中的含蕴、深邃、虚幻、虚实共生之美

中国造园讲究的是含蓄、虚幻、含而不露、言外之意、弦外之音，使人们置身其内有扑朔迷离和不可穷尽的幻觉，这自然是中国人的审美习惯和观念使然；如果说它注重造景的话，那么它的素材、灵感只能到大自然中去发掘，越是符合自然天性的东西便越包含丰富的意蕴。和西方人不同，中国人认识事物多借助于直接的体认，认为直觉并非感官的直接反应，而是一种心智活动，一种内在经验的升华，不可能用推理的方法求得。中国园林的造景借鉴诗词、绘画，力求含蓄、深沉、虚幻，并借以求得大中见小，小中见大，虚中有实，实中有虚，或藏或露，或浅或深，从而把许多全然

对立的因素交织融会，浑然一体，而无明晰可言。相反，处处使人感到朦胧、含混。

二、西方园林的美学观

（一）西方园林的形成

西方园林，追根穷源可以上溯到古埃及和古希腊，其最初大都出于农事耕作的需要，丈量耕地而发展了几何学。在其发展中，从农业种植及灌溉发展到古希腊整理自然、使其秩序化，都是人对于自然的强制性的约束。西方园林经过古罗马、文艺复兴到17世纪下半叶形成的法国古典园林艺术风格，一直强调着人与自然的抗争。"天人相胜"的观念、理性的追求已体现在西方园林之中。一块长方形的平地、被灌溉水渠划成方格，果树、蔬菜、花卉、药草等整齐种在这些格子形的畦里，通过整理自然，形成有序的和谐，这是世界上最早的规则式园林。

在西方，古人认为艺术美来源于数的协调，只要调整好了数量比例，就能产生出美的效果。艺术中重要的是：结构要像数学一样清晰和明确，要合乎逻辑。用数字来计算美，力图从中找出最美的线型和比例，并且企图用数学公式表现出来。在这种"唯理"美学思想的影响下，西方造园遵循形式美的法则，呈现出一种几何制的关系，诸如轴线对称、均衡以及确定的几何状，如直线、正方形、圆、三角形等的广泛应用，传达一种秩序和控制的意识。西方园林主干分明，功能空间明确，树木有规律栽植，修剪整齐，给人以秩序井然，清晰明确的印象。

（二）西方园林的发展

1.西方古典造园理念

西方古典园林设计理念，强调人战胜自然，一切美符合数学规律，重视理性分析研究，单纯追求视觉分析。

（1）古埃及园林（公元前2600—31）

古埃及是最早具有园林文化的民族之一。他们的国家被可怕的沙漠包围着，被限制在狭窄的河谷地带。尼罗河的洪水造就了古埃及的园林文化。由于人们对早期几何学的精通和对直角的喜爱，结合领土狭窄的伸展形式，古埃及沿着有方向性的道路进行一系列性的园林布置。

（2）古希腊园林（公元前480—146）

西方文化、历史和设计等领域都源于古希腊和罗马文明。思想、观点和设计理念大部分都是沿着古代这条连续性的轨迹继承下来的。希腊人对理性和秩序的追求，创造了占地广、充满理性变化的园林。其理念的中心就是有秩序的和可控制存在的。其中，希腊人对自然地貌具有巨大的热情，使得自然和几何形状结合在一起。著名的作品就是卫城。

（3）古罗马园林（公元前27—公元476）

罗马人是吸收其他文化影响的"名家"。其中，希腊对罗马的影响最大。庞贝的房子和公园就是最好的例子。其轴线明显，空间的增大反映了罗马人对自然的热爱。

（4）欧洲中世纪园林（公元500—1200）

当时正是宗教信仰、神秘主义、直觉和信念左右着中世纪园林理念。园林概念在6～13世纪发生了重大变化。在罗马园林中人们视自身为自然的一部分，而在中世纪园林作为修道院和寺院的附属物而存在。从圣加尔的设计图中可以看出，以长方地块作为规则式园林组合的主要形式。

（5）意大利文艺复兴时期园林

起源于希腊和罗马的传统，主要表现为精炼和扩展的形式。当时人们认为"神为上，人和自然为下"，认为神能明察自然世界。这种思想通过艺术和物质表达出来。人们还认为人类与自然的关系可以从尺度和比例的公式体系中得到提示。

（6）法国规则式园林

与文艺复兴时期人与自然相互作用的观念不同，法国人喜欢主宰自然。当时是财富、智力、人类支配地位高于一切的时代。这种强势的设计理念后来传播到整个欧洲和美洲。法国园林发展了轴线对称式的狭窄景观，延伸该对称到远处。

2. 西方（英国）风景式园林设计理念

英国人排斥法国规则式园林，开始感觉到自然的简单美。学者们打破以往对自然的理念，认为自然田园具有天然和固有的美，"设计田园式园林成为真正道德规范的标志"。英国维多利亚时代（1820—1880年）的园林是意大利、法国、英国和中国园林设计理念的综合。爱德华式园林（1880—1914年）"强调在各种形式花园中自然式种植的价值所在"。英国风景式园林设计理念作为城市公园的主要渊源，对城市开放空间理念的发展作出了巨大的贡献。西方现代园林就是在此基础上发展起来的。

3. 西方现代主义园林设计理念

（1）美国园林（1840—1920年）黄金时代的古典主义

自由主义观点反映在美国园林中。园林常常是其他国家文化的综合。设计师将目光聚集在古典形式上，产生了两种不同的理念。一派认为自然园林景观应具有自然的简单和壮美，强调了乡村景观和如画的景色；另一派则倡导组织规则的景观。

（2）美国现代景观建筑景观中的现代主义

现代园林认为景观应适合场地要求、满足用户需求，重视社会和环境方面的问题，包含了现代日益增多的现代艺术中空间和格式的理念。其实质就是倡导一种崭新的设计理念。这种理念应该源于自然，并且能够在人们的需求与自然之间取得和谐，同时反对浪漫主义和新古典主义，认为园林的主要任务是为人们提供社会活动的场所，而不是过分强调构图。

4. 现代环境运动（1970至今）后现代主义园林设计理念

受《自然设计》的影响，园林概念扩大，如环境计划、开放空间的保留、生态系统的维护。重视土地，把它作为设计的先决条件，倡导从自然生态角度去考虑问题。这就是常说的后现代主义，主要表现为对传统的理解、对场所的重视以及对历史文脉的继承。

（三）西方园林中的形式美

西方美学从它形成的那一天起，就受到了唯心注意美学观的影响。柏拉图、黑格尔认为自然事物美，根源于理念或神。而克罗曼则认为自然美源于人的心灵。他们都忽视、否定自然美。

法国造园家格园莫声称："园林是人工的，是一个构图，我们的目标不是费尽心机去模拟自然景致的偶然性，对我们来说，问题是要把自然风格化。"他说"大自然是无意无识的，它不会把很美的景象给我们留着"，"几乎不能想象一座真正的树木边缘延伸到凡尔赛宫殿的几米之内"。唯心主义的造园美学观夸大地将一切自然美都归结为现象的美，使西方园林仅为建筑领域扩大和延伸，并服从建筑学构图法则。因此，大哲学家黑格尔得出了园林是不完备的艺术的结论。

西方人认为造园要达到完美的境地，必须凭借某种理念去提升自然美，从而达到艺术美的高度，也就是一种形式美。从而西方造园家刻意追求几何图案美，园林中必然呈现出一种几何制的关系，诸如轴线对称、均衡以及确定的几何形状，如直线、正方形、圆、三角形等的广泛应用。尽管组合变化可以多种多样千变万化，仍有规律可循。西方造园既然刻意追求形式美，就不可能违反形式美的法则，因此园内的各组成要素都不能脱离整体，而必须某一种确定的形状和大小镶嵌在某个确定的部位，于是便显现出一种符合规律的必然性。

（四）西方园林中的人工美

西方美学著作中虽也提到自然美，但他们认为自然美本身是有缺陷的，非经过人工的改造，便达不到完美的境地，也就是说自然美本身并不具备独立的审美意义。任何自然界的事物都是自在的，没有自觉的心灵灌注生命和主题的观念性的统一于一些差异并立的部分，因而便见不到理想美的特征。所以自然美必然存在缺陷，不可能升华为艺术美。而园林是人工创造的，理应按照人的意志加以改造，才能达到完美的境地。

从现象看西方造园主要是立足于用人工方法改变其自然状态。西方园林造园材质从砖石到植物大都经过人力加工成理想的形状，突出了人对自然的改造，用规整的阵列和几何形状作为基本的造园布局，加上地广人稀的生存模式，使得西式园林整体上在中轴对称控制下呈现出开阔的视野与恢宏的气势。西式园林注重外在几何秩序的形式美感的同时，更注重园林的功能性，以人为本，很早就有了功能明确的剧场、廊架、迷园、泳池等户外娱乐游憩场所，充分体现人类活动一切为人服务的世界观。

（五）西方园林中的清晰明确、井然有序之美

西方园林主从分明，重点突出，各部分关系明确、肯定，边界和空间范围一目了然，空间序列段落分明，给人以秩序井然和清晰明确的印象。遵循形式美的法则显示出一种规律性和必然性，而但凡规律性的东西都会给人以清晰的秩序感。另外西方人擅长逻辑思维，对事物习惯于用分析的方法以揭示其本质，这种社会意识形态大大影响了人们的审美习惯和观念。

三、中西方园林美学观的对比

（一）中国园林的形式及特点

在中国的园林发展过程中，由于政治、经济、文化、背景、生活习俗和地理气候条件的不同，形成了皇家园林、私家园林、寺庙园林等形式。其中以皇家园林和私家园林的地位最为重要，艺术造诣也最为突出，但寺庙园林在中国分布最广。

在中国北方地区，保存着一些著名的皇家园林，北京的颐和园和北海，以及河北承德的避暑山庄，就是北京地区最著名的皇家园林。不论是南方的还是北方的皇家园林，也不论是封建帝王的皇家宫苑，还是官僚、地主、富商的私人花园，尽管由于地区和园主在政治、经济上所处的地位不尽相同，而在园林的规模、风格等方面表现出各自的特点，但是，它们都是为满足封建统治阶级的享乐生活而建造的，在园林布置和造景的艺术手法上有许多共同之处。这些共同之处，构成了具有浓厚的诗情画意的中国古典园林艺术。

1. 皇家园林

皇家园林追求宏大的气派和"普天之下莫非皇土"的意志，形成了"园中园"的格局。所有皇家园林内部几十甚至上百个景点中，势必对某些江南袖珍小园的仿制和对佛道寺观的包容，同时，出于对整体宏伟大气势的考虑，必需安排一些体量巨大的单体建筑及组合丰富的建筑群落，这样一来往往将比较明确的轴线关系或主次分明的多轴线关系带入到本来就强调因山就势，巧若天成的造园理法中。

2. 私家园林

私家园林大多数是宅园一体的园林，将自然山水浓缩于住宅之中，在园林里创造了人与自然和谐相处的居住环境，它是可居、可赏、可游的园林，是人类的理想家园。私家园林中叠山、石料以太湖石和黄石为主，能够仿真山之脉络气势做出峰峦、丘壑、洞府峭壁、曲岸石矶，或以散置，或倚墙砌壁山等等。

3. 寺庙园林

寺庙园林的产生和发展有着多方面的因素：首先作为"神"的世间宫苑，寺庙园林形象地描绘了道教的"仙境"和佛教的"极乐世界"。其次道教的玄学观和佛教的玄学化，导致道士、僧人都崇尚自然。

寺庙选址名山胜地，悉心营造园林景致，既是宗教生活的需要，也是中国特有的宗教哲学思想的产物。另外，两晋、南北朝的贵族有"舍宅为寺"的风尚。包含着宅园的宅邸转化为寺庙，成为早期寺庙现成的园林。寺庙在古代不仅是宗教活动的场所，也是宗教艺术的观赏对象。寺庙园林的开发，使朝山进香与游览园林胜景结合起来，起到了以游览观光吸引香客的作用。封建统治阶级利用宗教、资助宗教，信徒也往往"竭财以赴僧，破产以趋佛"。寺庙拥有强大的经济力量，具备开发园林的物质条件。

（二）西方园林的形式及特点

西方园林的起源虽然可以上溯到古埃及和古希腊。但到古代罗马时期的园林都没有大的造作。直到15—17世纪，随着文艺复兴，园林才焕发了生机，西方园林形成了意大利、法国、英国三种风格形式。

1. 意大利式园林

意大利盛行台地园林，秉承了罗马园林风格。如意大利费索勒的美狄奇别墅选址在山坡，园基是两层狭长的台地，下层中间是水池，上层西端是主体建筑，栽有许多树木。台地园林是意大利园林特征之一，它有层次感、立体感，有利于俯视，容易形成气势。意大利文艺复兴时期建筑家马尔伯蒂在《论建筑》一书提出了造园思想和原则，他主张用直线划分小区，修直路，栽直行树。直线几何图形成为意大利园林的又一个特征。

2. 法国式园林

法国园林受到意大利园林影响，法国人在16世纪效仿意大利的台地园林。到了17世纪，逐渐自成特色，形成古典主义园林。园林注重主从关系，强调中轴和秩序，突出雄伟、端庄、几何平面。法国的凡尔赛宫园林是其代表作。凡尔赛宫园林分为三部分，南边有湖，湖边有绣花式花坛，中间部分有水池，北边有密林。园中有高大的乔木和笔直的道路，王家大道两旁有雕像，水池旁有阿波罗母亲雕像和阿波罗驾车雕像，表明这座宫廷园林的主题歌颂了太阳神，是积极进取的。这时期的园林把主要建筑放在突出的位置，前面设林荫道，后面是花园，园林形成几何形格网。法国古典主义园林的集大成者是勒诺特尔，他开创了法国园林的特色和新时代。法国园林是西方园林的一种风格和流派。

3. 英国式园林

英国园林突出自然风景。起初，英国园林先后受到意大利、法国影响。从18世纪开始，英国人逐渐从城堡式园林中走出来，在大自然中建园，把园林与自然风光融为一体。早期造园家肯特和布良都力图把图画变成现实，把自然变成图画。布良还改造自然，如修闸筑坝，蓄水成湖。他创造的园林景观都很开阔、宏大。18世纪后半期，英国园林思想出现浪漫主义倾向，在园中设置枯树、废物，渲染随意性、自由性。

（三）中西方园林美学观的对比

中国造园走的是自然山水园的路子，所追求的是诗画一样的境界。如果说它也十分注重于造景的话，那么它的素材、原形、源泉、灵感等就只能到大自然中去发掘。西方园林是雕刻性的，而非绘画性的。强迫大自然符合人工法则雕刻成的立体图案：草坪、水池、花坛都是几何形的，甚至把树木也修剪成各种几何形态——圆球形、半球形、锥形、多角柱形、短墙式绿篱等被称为绿色雕刻。林荫大道又平又直，林园中点缀以人物雕塑、喷泉，使人感觉整齐有序、心旷神怡，富于逻辑性而易于理解，整个园林外在而暴露，游人一览无余。

中西相比，西方园林以精心设计的图案构成显现出他的必然性，而中国园林中许多幽深曲折的景观往往出乎意料，充满了偶然性。西方园林主从分明，重点突出，各部分关系明确、肯定，边界和空间范围一目了然，空间序列段落分明，给人以秩序井然和清晰明确的印象。主要原因是西方园林追求的形式美，遵循形式美的法则显示出一种规律性和必然性，而但凡规律性的东西都会给人以清晰的秩序感。另外西方人擅长逻辑思维，对事物习惯于用分析的方法以揭示其本质，这种社会意识形态大大影响了人们的审美习惯和观念。

羡慕神仙生活对中国古代的园林有着深远的影响，秦汉时代的帝王出于对方士的迷信，在营建园林时，总是要开池筑岛，并命名为蓬莱、方丈、瀛洲以象征东海仙山，从此便形成一种"一池三山"的模式。而到了魏晋南北朝，由于残酷的政治斗争，使社会动乱分裂，士大夫阶层为保全性命于乱世，多逃避现实、纵欲享乐、遨游名山大川以寄情山水，甚至过着隐居的生活。这时便滋生出一种消极的出世思想。陶渊明的《桃花园》中便描绘了一种世外桃源的生活。这深深影响到以后的园林。文人雅士每每官场失意或退隐，便营造宅院，以安贫乐道、与世无争而怡然自得。因此与西方园林相比，中国园林只适合少数人玩赏品位，而不像西方园林可以容纳众多人进行公共活动。

中国造园讲究的是含蓄、虚幻、含而不露、言外之意、弦外之音，使人们置身其内有扑朔迷离和不可穷尽的幻觉，这自然是中国人的审美习惯和观念使然。和西方人不同，中国人认识事物多借助于直接的体认，认为直觉并非感官的直接反应，而是一种心智活动，一种内在经验的升华，不可能用推理的方法求得。中国园林的造景借鉴诗词、绘画，力求含蓄、深沉、虚幻，并借以求得大中见小，小中见大，虚中有实，实中有虚，或藏或露，或浅或深，从而把许多全然对立的因素交织融会，浑然一体，而无明晰可言。相反，处处使人感到朦胧、含混。在说人世与出世，在诸多西方园林作品中，经常提及上帝为亚当、夏娃建造的伊甸园。《圣经》中所描绘的伊甸园和中国人所幻想的仙山琼阁异曲同工。但随着历史的发展西方园林逐渐摆脱了幻想而一步一步贴近了现实。法国的古典园林最为明显了。王公贵族的园林中经常宴请宾客、开会、演戏剧，从而使园林变成了一个人来人往，熙熙攘攘，热闹非凡的露天广厦，丝毫见不到天国乐园的超脱尘世的幻觉，一步一步走到世俗中来。

除绘画外，诗词也对中国造园艺术影响至深。自古就有诗画同源之说，诗是无形的画，画是有形的诗。诗对于造园的影响也是体现在"缘情"的一面。中国古代园林多由文人画家所营造，不免要反映这些人的气质和情操。这些人作为士大夫阶层无疑反映着当时社会的哲学和伦理道德观念。中国古代哲学"儒、道、佛"的重情义，尊崇自然、逃避现实和追求清净无为的思想汇合一起形成一种文人特有的恬静淡雅的趣味，浪漫飘逸的风度和朴实无华的气质和情操，这也就决定了中国造园的"重情"的美学思想。

综上所述，西方园林主从分明，重点突出，各部分关系明确、肯定，边界和空间范围一目了然，空间序列段落分明，给人以秩序井然和清晰明确的印象。主要原因是西方园林追求的形式美，遵循形式美的法则显示出一种规律性和必然性，而但凡规律性的东西都会给人以清晰的秩序感。另外西方人擅长逻辑思维，对事物习惯于用分析的方法以揭示其本质，这种社会意识形态大大影响了人们的审美习惯和观念。

四、中西方园林美学观的差异

园林包含着当时的创造者及其时代所留下来的文化心理与审美意识，所以，中西方园林文化的差异实质上是由中西方不同的文化心理和精神气质决定的。中西方园林文化的差异主要体现在对自然的认知观、思维方式与造园思想、园林意境与审美情趣、造园构景手法与总体风格等几个方面。

（一）起源的差异

中国以汉民族为主体的文化在几千年长期发展的过程中，孕育出"中国园林"这样一个历史悠久、源远流长的园林体系。公元前11世纪周文王筑灵台、灵沼、灵圃可以说是最早的皇家园林。春秋战国到西汉时期，迅速发展的园林已具雏形。园林的功能由早先的狩猎、通神、求仙、生产为主，逐渐转化为后期的游憩、观赏为主。由于原始的自然崇拜，帝王的封禅活动，人们尚未建构完全自觉的审美意识。然而"师法自然"作为中国园林一脉继承的基本思想已扎下了根，它以自然为审美对象而非斗争对象。这一思想形成过程是基于人顺乎自然、复归自然的强大力量，这种朴素的行为环境意识是由稳定的文化固有思想决定的。

西方园林的起源可以上溯到古埃及和古希腊。地中海东部沿岸地区是西方文明的摇篮。公元前3000多年，尼罗河沃土冲积，适宜农业耕作，但因其每年泛滥，退水后需丈量耕地而发展了几何学。古埃及人根据自己的需要灵活用之于园林设计，成为世界上最早的规则式园林。公元前五百年，以雅典为代表的自由民主政治带来了园林的兴盛，古希腊造园就如古希腊建筑一样具有强烈的理性色彩，是通过整理自然，形成有序的和谐。古希腊被古罗马征服后，造园艺术亦为古罗马所继承，并添加了西亚造园因素，发展成了大规模庭院。到此，西方园林雏形基本上形成了。萌芽时期的西方园林体现着人类为更好地生活而同自然界的恶劣环境进行斗争的精神，它来自于农业生产者勇于开拓、进取的精神。

基于其地理环境不尽相同，对自然的态度和观念的不同，中西方传统园林发展产生了迥异的结果。西方园林从一开始就是与自然抗争，并试图征服自然来产生他们认为的和谐美。而中国园林一开始就建立在尊重自然的基础上去模仿自然、再现自然，他们利用自然的可持续性在为自我服务的同时"创造"出自然式的园林，成为人与自然和谐、相融的自然美的园林风格。

（二）自然认知观方面的差异

在处理人与自然的关系上，中西方有着截然不同的态度。中国文化重视人与自然的和谐，而西方世界则以征服自然、改造自然、战胜自然为文化发展、文明演进的动力意大利园林的典型代表朗特别墅的花园设计以水景为主，表现出泉水出自岩洞涌出，到形成急湍、瀑布、河、湖，一直泻入大海的全过程。而中国园林讲究的是"天人合一"，是"出于自然而高于自然"。如中国江南的私家园林，在造园中运用以少胜多、以小胜大等造园构景手法，加之中国园林所特别具有的借景、透景、漏景、补景——将自然再现于园林中但又赋予高于自然的意趣。

中西方在自然观，即在人与自然关系问题上的差异是中西文化基本差异的重要表现。总体而言，中国文化比较重视人与自然的和谐，而西方文化则强调征服自然、战胜自然。西方文化强调征服自然、战胜自然的思想渊源，可以追溯到基督教经典《圣经》。圣经认为，世界和人都是上帝创造的。上帝按自己的形象造人，派他们去管理自己所创造的一切。《圣经》上说，人和自然本来相处得很好，由于人类始祖亚当和夏娃犯罪，偷吃了禁果，受到了上帝的惩罚，人必须终生劳苦、汗流满面，才能生存。这些说法中隐含着一系列对人与自然关系的思想观念。其一，人是凌驾于自然之上的，有统治自然界的权力；其二，人与自然界是敌对的；其三，人只有在征服、战胜自然的艰苦斗争中才能求得生存。这些思想观念的影响非常深远，在很大程度上造就了西方文化在自然观上的基本态度。正是由于征服自然和战胜自然的观念在西方文化中的深远影响，以至于思想家们都不愿花力气去讨论这个问题本身，他们讨论最多的是如何征服自然和战胜自然。

1. 近代西方自然观对人与自然关系的认识具有如下特征：

（1）主客体二分

认为精神与物质、主体与客体、人与自然是根本不同的两个领域，由此引发出主体如何认识客体，人类如何征服在于自己的自然的问题。

（2）宣扬人类理想至上论或自然科学万能论

认为人类依靠科学和理性，在征服自然、改造自然方面有无限的能力，自然只不过是人类征服和改造的对象，虽然具体的个人力量是有限的，但人类的力量却是无限的，人在改变自然的进程中，今天克服不了的困难将来必能克服。西方强调发展科学，崇尚人类理性的力量，高扬科学主义和理性主义的大旗。

西方自工业革命以来在利用自然、改造自然、使自然为人类服务方面取得了巨大的成绩。然而对人与自然的关系，西方态度的基本倾向是向自然作斗争，将自然仅仅理解为认识和征服的"对象"，使得人们对自然采取的是一种无止境地追求和占有的态度。主客二分学说，是指主体与客体、思维与存在、人与自然的二分对立的学说。在西方思想界，主客二分学说长期占据着主导地位。在古希腊学中主体与客体、心灵与自然是浑然一体的。

西方的园林中水多是以动态的形式出现的，如喷泉、瀑布等，他们将水作为一种造园的对象处理，目的在于它的流动性、声音和雕塑性。同时，这些喷泉、瀑布也是人们视觉中心，总的来说，水作为一种无形的物体，在西方造园家手里可以随心所欲，任意雕塑。因此，多为几何图形的喷泉、瀑布等，它不是反映物体而是表现自然的美感，尤其现代科技发展，在水中可以加上声、光，更增添水的造型美感，如音乐喷泉。

西方园林艺术中的树木、或园、或方、或成伞形、球形等，都要经过人来塑造，树生长要依附人的意志行事，力图表现一种几何美，被称为绿色的雕塑。

西方古典园林中的雕塑是具象的、写实的，非人物即飞禽、走兽，通过对它们的深入刻画来表现人物的内心世界和动物的灵性，进而创造不同的园林氛围。西方古典园林选择用地时，即使丘陵山地，也要修成水平台地，处处表现人工雕塑的痕迹。

2. 中国天人合一的古典园林思想

然而，在人与自然的关系问题上，中国古代思想家的观点大体可分为两种类型。一是以荀子为代表的征服自然说，一是以老庄为代表的服从自然说。这两种学说虽有一定的影响但都没有成为主流。占主导地位的是以《周易大传》为代表的天人协调说。这一学说，自汉宋以后，又逐步融入"天人合一"的观念之中，并得到进一步的发展和发挥。需要指出的是，"天人合一的思想不仅仅是一种关于人与自然关系的学说，而且是一种关于人生理想，人的最高觉悟的学说。其基本思想包括：第一，人是自然界的一部，是自然系统不可缺少的一个主导要素。第二，人应该服从自然界存在的普遍规律。第三，人类社会的道德原则和自然原则是一致的。第四，人生的理想是天人的协调。

由此可见，中国古代的天人合一的学说，并不否认人对自然进行改造、调节、控制和引导。其区别于西方征服自然学说的地方在于它认为人在自然界中处于辅助的地位。人既应改造自然，也应适应自然；人类活动的目标不是统治自然。而是通过调整、改造使自然更符合人类的需要。与此同时，还必须注意不破坏自然，让自然界的万物都能生存发展。

中国古代思想家不把人与自然的关系看作敌对关系，而是看作统一的关系，以天人合一、人与自然的和谐交融为最高理想。在中国传统思想中，人与自然的关系问题是以天人关的命题表述出来的。"天"是指外在于人类的客观世界，即大自然界。"人"则是指人类或人类社会。所谓"天人之际"则以此为本意。对天人关系即人与自然关系的理解，中西方有不同的取向。如果说，西方强调对立的一面，强调人对自然的改造和征服，那么，中国哲学则强调天与人统一的一面，强调人对自然的崇尚和协调。

总的看来，中国的自然美理论呈现出显著的描述性的经验形态和突出的实用价值，西方的自然美理论则显示出强烈的思辨色彩和明显的理性意识。从魏晋以后，中国的自然美理论愈来愈精细、翔实、完备，并渗透到山水画、园林设计及建筑等许多艺术领域开启了自然审美的新风尚。

3. 中国古典园林"崇尚自然"的寓意和艺术是独具匠心和变化万端的。主要有以下几个方面：

（1）模山范水，象天法地，"有若自然"

这是运用人力，巧夺天工，艺术地再现自然的天地万物及其壮丽景观。如东汉桓帝时，大将军梁冀的园林就呈现出"深林绝涧，有若自然"的景色；南朝刘宋时，戴颙"出居吴下，吴下士人共为筑室，聚石、引水、植林、开涧，少时繁密，有若自然"；北宋开封城内的皇家园林，以成熟的叠山艺术，再现山岳的壮丽景色："东南万里，天台雁荡凤凰庐阜之奇伟，二川三峡云梦之旷荡，四方之远且异，徒各擅其一美，未若此山并包罗列，又兼其绝色"，宋徽宗重用苏州造园世家朱勔，以太湖石作石料，修建艮岳，并包罗列江南的奇山异景，使宋徽宗赏心悦目，欣然命笔作记。以上数例，足以证明，直接再现自然界的天然景色，这是古典园林效法"自然"的首要艺术特色。这一艺术特色，在现代园林的规划和设计中，尤为突出。例如，在自然水景的设计中，要求水池岸边自然曲折，每个凸凹的半径不等，长短有异，避免重复的曲折出现。不仅如此，水池还要近似方形（苏州网师园、北京圆明园的福海），近似狭长形（苏州狮子林、拙政园）或带状（苏州环秀山庄）。由此再进一步将大小水池同人工瀑布、溪流串联在一起，使之更加显得自然，变化多端。在人造瀑布时，多取散落式，使水流随山坡落下，让山石将布身撕破，成为各种大小、高低不等的分散瀑流，旁边种植耐水的繁荣昌盛灌木，水势并不汹涌，缓缓下流，颇觉自然。也可在直落式的瀑布下，设落水潭，潭内置有耐冲击的坚石，当水柱落到潭中石上，可造成水雾飞溅的野趣景观，令游人过此，仿佛置身于天然图画之中。

（2）因地制宜，布局灵活，顺应自然

古典园林在布局上，非常注重因地制宜，因山顺势，变化有致，曲折多端的手法。扬州的瘦西湖，就是利用扬州北城的护城河和天然河道所形成的建筑与自然环境融为一体的园林。使瘦西湖"虽全是人工，而奇思幻想，点缀天然，即阆苑瑶池，琼楼玉宇，谅不守此。其妙处在十余家之园亭台而为一，联络至山，气势俱贯"。又如北京的颐和园，也是一个利用天然山水加以人工改造而成的皇家园林。

（3）山水喻道，潜心会意，复归自然

中国古典园林艺术"崇尚自然"，还表现在以自然山水作为园林景观的主题，以山水之品性象征"玄之又玄，众妙之门"的形而上之"道"，使人们在寄情山水之际，领悟大道，返璞归真，回复自然。早年来过中国的瑞典造园学家欧·西润就说过："水从来就是园林中的重要组成部分，但是中国园林中水的范围更大，所占的地点更为突出"。近代刘敦祯先生也指出："多数园林以曲折自然的水池为中心，形成园中的主要景区"。这种突出水景艺术的造园手法，决非偶然，而是中国道家"贵柔守雌"哲学思想在园林艺术上的折射。

（三）思维方式与造园思想方面的差异

自古以来，西方人的思维习惯倾向于探究事物的内在规律性，喜欢用明确的方式提出问题和解释问题。16—17世纪全欧洲自然科学的进展，使计算成为理性方法的实质，几何学是主要的科学。他们所制定的绝对的艺术规则和标准就是纯粹的几何结构和数学关系，以代替直接的感性的审美经验，用数字来计算美，力求从中找出最美的线型和比例，并且企图用数学公式表现出来。而中国的传统思维方式则具有重关系的特色。从老庄哲学开始就强调人与自然的融合，进而达到情感、精神的超脱。

西方的花园设计和建造是西方哲学家思维美学思想的具体体现：用数和几何关系来确定花园的对称、均衡和秩序。而中国哲学家是倾向于整体考察的辩证思维，这种辩证思维强调整体关照、系统把握、有机联系、动态平衡与天人合一。这些思想都体现在中国园林的设计和建造中。

（四）传统文化的差异

中国造园走的是自然山水园的路子，所追求的是诗画一样的境界。如果说它也十分注重于造景的话，那么它的素材、原形、源泉、灵感等就只能到大自然中去发掘。越是符合自然天性的东西便越包含丰富的意蕴。因此中国的造园带有很大的随机性和偶然性。不但布局千变万化，整体和局部之间也没有严格的从属关系，结构松散，以致没有什么规律性。正所谓"造园无成法"。甚至许多景观却有意识的藏而不露，"曲径通幽处，禅房草木生"，"山穷水尽疑无路，柳暗花明又一村"，"峰回路转，有亭翼然"，这都是极富诗意的境界。中西相比，西方园林以精心设计的图案构成显现出他的必然性，而中国园林中许多幽深曲折的景观往往出乎意料，充满了偶然性。西方园林主从分明，重点突出，各部分关系明确、肯定，边界和空间范围一目了然，空间序列段落分明，给人以秩序井然和清晰明确的印象。主要原因是西方园林追求的形式美，遵循形式美的法则显示出一种规律性和必然性，而但凡规律性的东西都会给人以清晰的秩序感。另外西方人擅长逻辑思维，对事物习惯于用分析的方法以揭示其本质，这种社会意识形态大大影响了人们的审美习惯和观念。中国造园讲究的是含蓄、虚幻、含而不露、言外之意、弦外之音，使人们置身其内有扑朔迷离和不可穷尽的幻觉，这自然是中国人的审美习惯和观念使然。和西方人不同，中国人认识事物多借助于直接的体认，认为直觉并非感官的直接反应，而是一种心智活动，一种内在经验的升华，不可能用推理的方法求得。中国园林的造景借鉴诗词、绘画，力求含蓄、深沉、虚幻，并借以求得大中见小，小中见大，虚中有实，实中有虚，或藏或露，或浅或深，从而把许多全然对立的因素交织融会，浑然一体，而无明晰可言。相反，处处使人感到朦胧、含混。

中西园林文化的重建、发展，应是园林背后的文化意识、观念的重建。首先应基于各自合理内核的一面，然后针对不足相互汲取对方有价值的一面。具体地说，就中国文化而言，重视社会、道德的合理性，扬弃个体的软弱性，汲取西方文化重视个体独创性、科学性的合理内核，摒弃个体的封闭、隔绝性。人类千百年来创造的文化内涵博大精深，浩瀚无边的宇宙有更多更好的东西等待人们去发掘、去掌握。因此，要加强交流往来，把中西方文化的精髓融会贯通，结合两方面的优点更多更好地运用于园林设计中。

（五）园林意境与审美情趣方面的差异

意境，即不满足于追求事物的外在模拟和形似，要尽力表达某种内在的神韵，重视整体境界给人的情绪的感染效果。意境是中国园林艺术设计的名师巨匠们所追求的核心，是中国园林艺术的精髓，也是使中国园林艺术具有世界影响的内在魅力。以老庄为代表的道家哲学，主张酷爱自然，提倡自然之美。意境在中国园林、特别是中国古典园林艺术中得到了独特的体现。中国园林追求诗的意蕴，体现画的境界，处处表现出一种诗情画意。中国园林中的诗文、楹联、题刻等拓宽了园林的意境，使人们产生了无尽的遐想。

如苏州拙政园中的"与谁同坐轩""雪香云蔚亭""远香堂"等。而造园家又惯常使用画画的笔法，以有限的笔墨塑造无限的意境，可谓"城市山林，壶中天地，人世之外别开幻境"。而西方园林则是通过园林的大面积，加上透视，从而体现所要求的意境。西方的意境满足于追求事物的外在模拟和形似，强调人工美或几何美，认为人工美高于自然美。这种数学式的或说几何的审美思想一直顽强地统治着欧洲的文化艺术界，西方的几何形园林风格正是在这种"唯理"的美学思想的影响下而逐渐形成的。

（六）造园构景手法与总体风格方面的差异

中西方园林设计尽管运用相似的造园要素：山、水、植物、建筑等，但在造园构景中却有较大的相异之处。西方园林设计中，对山石的运用局限性较大，大部分用作雕塑的材料，也有岩石园、洞穴和假山的出现。对水的运用十分重视，如意大利花园中流动的水，法国花园平静宽阔的水镜；植物也构成了西方园林设计的一个重大要素，如古罗马的绿色雕刻，法国花园的各种花坛等；建筑在西方园林中从来都是构图的中心，花园是为建筑服务的，园林是建筑和自然之间的过渡，花园设计的原则要服从建筑设计的大局，而在中国园林设计中，对山石的运用极为重视，假山石的设计更是占有重要的地位，江南私家园林中，绝大多数有着脍炙人口的假山设计，如苏州网狮园、拙政园等；中国园林中的理水，是一种以少胜多的典范，水在中国园林中绝不可没有，大部分情况下，还起着园林的构图中心的作用，如北京的颐和园，苏州的拙政园、留园等；中国园林中，也非常讲究植物设计，正所谓"一年四季皆有景，一天四时观景变"；建筑在中国园林设计中起着画龙点睛、空间转换、供人小驻等作用，它不是建筑与自然之间的过渡，而是自然的缩影和提炼，是出于自然而高于自然的直接展现。

（七）受宗教影响方面的差异

在古代，世界各国的意识形态领域，大体上都是由宗教观念统治着，基督教统治着欧洲各国，在中国主要有佛教等，宗教思想的传播和发展对园林文化的发展产生了重要影响。在道家学派看来，万事万物都由"道"产生，"道"是虚与实，无限与有限的统一，所以要把握事物的本体和生命，就不能被孤立的"象"所局限，而应该突破"象"，追求象外之象。这一点体现在园林学上，就是注重园林意境的营造。

在欧洲的社会生活中，宗教显得更为重要和普遍，而在中世纪的欧洲基督教是最有势力的时期，寺院十分发达，园林便在寺院里得到发展，形成了寺院式园林，整个寺院的总体布置好比一个小城镇一般，有教堂建筑，有僧侣居住的生活区、医院、客房、学校药圃、果园和游憩的庭园部分。

（八）中西方园林美学观差异的原因

中西园林间形成如此大的差异是什么原因导致的呢？这只能从文化背景，特别是哲学、美学思想上来分析。造园艺术和其他艺术一样要受到美学思想的影响，而美学又是在一定的哲学思想体系下成长的。从历史上看，不论是唯物论还是唯心论都十分强调理性对实践的认识作用。公元前6世纪的毕达哥拉斯学派就试图从数量的关系上来寻找美的要素，著名的"黄金分割"最早就是由他们提出的。这种美学思想一直顽强地统治了欧洲几千年之久，强调整一、秩序、均衡、对称、推崇圆、正方形、直线等。欧洲几何图案形式的园林风格正是这种"唯理"美学思想的影响下形成的。

　　与西方不同，中国古典园林是滋生在中国文化的肥田沃土之中，并深受绘画、诗词和文学的影响。由于诗人、画家的直接参与和经营，中国园林从一开始便带有诗情画意的浓厚感情色彩。中国画，尤其是山水画对中国园林的影响最为直接、深刻。可以说中国园林一直是循着绘画的脉络发展起来的。中国古代没有什么造园理论专著，但绘画理论著作则十分浩瀚。这些绘画理论对于造园起了很多指导作用。画论所遵循的原则莫过于"外师造化，内发心源"。外师造化是指以自然山水为创作的楷模，而内发心源则是强调不可呆板地抄袭自然山水，而要经过艺术家的主观感受以萃取其精华。

第二章 园林设计

第一节 园林设计概述

一、园林设计概念

（一）园林设计的定义

园林设计是研究运用艺术与技术方法处理自然、建筑和人类活动间的复杂关系，以达到自然和谐、生态良好、景色如画之境界的一门学科。具体讲，园林设计就是在一定的地域范围内，运用园林艺术和工程技术手段，通过改造地形（或进一步筑山、叠石、理水）、种植树木、花草，营造建筑和布置园路等途径创作而建成的美的自然环境和生活、游憩境域的过程。它包括文学、艺术、生物、生态、工程、建筑等诸多领域，同时，又要求综合各学科的知识统一于园林艺术之中。园林设计的最终目的是要创造出景色如画、环境舒适、健康文明的游憩境域。一方面，园林是反映社会意识形态的空间艺术，园林要满足人们精神文明的需要；另一方面，园林又是社会的物质福利事业，是现实生活的实景，所以，还要满足人们良好休息、娱乐的物质文明的需要。

（二）设计理念

园林设计与中国传统文化关系密切，体现了传统文化天人合一的精神内涵，表达了人与自然和谐相处的意蕴。以苏州园林为代表，园林设计讲究多种技巧，而整体理念始终一贯，即人与环境的和谐。关于这一理念，中国传统文化有一专门的学问来研究，即"风水学"。因为现代过激的文化理念，现代人将传统的"风水学"弃之如遗。风水学固然有很多糟粕，但也保留了许多有益的内容，我们应以辩证的眼光来看待问题，而不宜一味地盲目否定。

（三）园林设计的依据与原则

1. 科学依据

在任何园林设计过程中，要依据有关的科学原理和技术要求。如在建造园林前，设计者必须详细了解公园所在地的水文、地质、地貌、土壤状况，这些科学依据既可为园林的地形改造、水体设计等提供物质基础，又可避免在建造中产生水体漏水、土方塌陷等工程事故。同时在种植各种花草、树木时，也要根据植物的生长要求，生物学特征以及不同植物的喜阳、耐阴、耐旱、怕涝等生态习性进行配植。所以，园林设计的首要问题是要有坚实的科学依据。

2. 社会需要

园林属于上层建筑范畴，它要反映社会的意识形态，为广大人民群众的精神与物质文明建设服务。所以，园林设计要体察广大人民群众的心态，了解他们对公园开展活动的要求，创造出能满足不同年龄、不同兴趣爱好、不同文化层次游人的需要。

3. 功能要求

园林设计要根据广大群众的审美要求、活动规律、功能要求等方面的内容，创造出景色优美、环境卫生、情趣健康、舒适方便的园林空间。因此，园林空间应当富于诗情画意，处处茂林修竹、绿草如茵、繁花似锦、山清水秀、鸟语花香，令人流连忘返。

4. 园林设计的原则

"适用、经济、美观"是园林设计必须遵循的原则。园林有较强的综合性，所以，要求做到适用、经济、美观三者之间的辩证统一，三者之间相互依存、不可分割。园林设计首先要考虑"适用"的问题，所谓"适用"，一层意思是"因地制宜"，具有一定的科学性；另一层意思是园林的功能适合于服务对象，即使是皇帝，在建造帝王宫苑颐和圆明园时，也要考虑因地制宜。如颐和园原先的瓮山和瓮湖已具备大山、大水的骨架，经过地形整理，仿照杭州西湖，建成了以万寿山、昆明湖为山水骨架，佛香阁为全园构图中心，主景突出的自然山水园。园林设计在考虑是否"适用"的前提下，其次考虑的是"经济"问题。实际上，正确的选址，因地制宜、巧于因借，本身就减少了大量投资，也解决了部分的经济问题。经济问题的实质，就是如何做到"事半功倍"，尽量在投资少的情况下办好事。再次，在"适用"、"经济"的前提下，尽可能地做到"美观"，即满足园林布局、造景的艺术要求。在某些特定条件下，美观要求可处于最重的地位。实质上，美和美感本身就是一个"适用"，也就是它的观赏价值。总之，在园林设计过程中，"适用、经济、美观"三者之间不是孤立的，而是紧密联系不可分割的整体。

（四）园林设计八忌

1. 忌追求高档，豪华，远离自然，违背自然。

2. 忌盲目模仿，照搬照抄，缺乏个性。

3. 忌缺乏人文关怀，不顾人的需要。

4. 忌只注重视觉上的宏伟、气派、高贵及堂皇的形式美，而不顾工程的投资及日后的管理成本。

5. 忌忽视与当地环境的和谐统一，破坏整体的生态环境。

6. 忌对园林植物随意配置。

7. 忌只注重一种植物，忽视园林植物配置的多样性。

8.忌只注明园林植物的种类,不明确具体品种和规格。

二、园林设计方法与问题

(一) 园林设计方法

1.轴线法

一般轴线法的设计特点是由纵横2条相互垂直的直线组成,控制全园布局构图的"十字架",然后,由两主轴线再派生出若干次要的轴线,或相互垂直,或成放射状分布,一般左右对称,图案性十分强烈。轴线法设计的规则式园林最适合于大型、庄重气氛的帝王宫苑、纪念性园林、广场园林等,如中国故宫内的御花园、印度泰姬陵等园林设计精品。北京紫禁城的御花园位于紫禁城中轴线的尽端,设计者将它的中轴线和故宫的轴线重合。建筑布局按照宫苑模式,主次分明、左右对称,园路布置亦是纵横规整的几何式,山、池、花木在规则、对称的前提下有所变化,其总体设计于严整中又富于变化,显示了皇家园林的气派,又具有浓郁的园林气氛。

2.山水法

东方园林,以中国古典园林为代表的自然山水园可说是山水法设计的典范。山水法的园林设计特点,就是把自然景色和人工造园艺术,包括园林五大要素的改造巧妙地结合,达到"虽由人作,宛自天开"的效果。山水法园林设计"巧于因借","精在合宜"。一是借景可分园内借和园外借;二是凡是人的视线所及,必须做到收进关好能成景的形象。如颐和园西边的玉泉山、玉泉塔,远看好像在园内,为颐和园的组成部分,可实际距离相隔约1km。再如承德避暑山庄附近的磬锤峰,专为观赏日落前后的借景,这些借景,均起到为园林增辉添彩的作用。

3.综合法

所谓综合法是介于绝对轴线法、对称法和自然山水法之间的园林设计方法,又称混合式园林。由于东西方文化的长期交流,相互取长补短,使园林设计方法更加灵活多样,逐渐地形成现代中国自然山水园的风格。

(二) 园林设计中存在的有些问题

1.设计者职业道德缺失,过度追求利益,忽略了园林设计的长远性、实际性

从最初的植物栽植到稳定的植物群落组成,园林设计其实是一个动态的过程,这就要求设计者在进行设计时,一定要综合考虑当地的地形、地貌、周边环境以及当地的历史文化特色等,切忌盲目设计,闭门造车。然而,当前有些设计者缺乏基本的职业素质,不以业主的要求为出发点,不考虑当地的经济和环境条件,一味追求奢侈豪华,植物配置必有古木大树和大草坪,理水必有喷泉,铺装必有大理石等等,尽管在初期起到了整齐、壮观的震撼效果,但是因为缺乏生命力,不能彭显自己的个性特色,使得这种设计只能昙花一现,时间一长,就暴露出各种问题。

2.设计理念出现偏差,过度追求猎奇的世俗化、潮流化

近年来,欧风、日风开始席卷中国园林设计领域。大家经常可以看到,一个小小的园林绿地却容纳了以水、常绿植物、柱廊为基本要素的欧洲园林和以山水庭为特色的日本园林。诚然，欧洲园林和日本园林都有其各自的风格和精华之处，但是不分场地大小，不根据当地的文化历史背景，一味追求猎奇，过分堆砌，反倒将潮流化变为世俗化。

3.园林植物随意配置，忽略了配置的多样性

植物是有生命的个体，园林植物为园林设计注入了血液。植物本身的生命美、色彩美、姿态美、风韵美、人格化以及多样性的特征，极大地增加了设计的艺术性和层次感。园林景观效果和艺术水平的高低，很大程度上取决于园林植物的配置和选择。园林植物运用得当，对于园林设计无异于锦上添花，运用不当，则画蛇添足。结合我们身边的实际案例，不难发现，有部分设计在植物的配置方面不够专业，出现了以下问题：忽略对植物具体品种和规格的要求；或注重平面绿化，或注重立体绿化，忽略二者的结合；忽略彩叶树种和常绿树种的配置。

4.园林设计缺乏人文关怀，忽视了人的需求和多样化的审美情趣

园林景观是人化的自然，园林其实是一种被动艺术，随时接受游人的观瞻、评说和品位。设计过程中出现的那些硬质铺装的大广场，空间足够宽敞，但是由于缺乏一些功能性设计，比如供休憩的座椅、可以遮阴的树木等，使得该设计大而不实，游离于人的需求之外。还有有些园林小品的设计，缺乏与人们的沟通，或过于抽象，人们难于理解表达的深意；或设计的内容和形式深度不够、缺乏创新，与当地文化、历史不统一，造成人们心理上的割裂感。以人为本成了商业炒作的喊头或当作宣传的一句空口号。

5.园林设计过于注重改造自然，忽略了对生态环境的保护

在中国人的意识中，"天人合一"为最高境界，人本自然是园林设计的精髓。园林设计中的筑山、叠石、理水、营造建筑和布置园路，难免会对自然环境和生态环境进行一定的改造和破坏，但是过于追求大手笔大动作，开山劈石，挖河注水，或是用乔木、灌木、草木、地被大肆配置复层结构模式，提高绿量，标榜所谓的生态园林，所有这些都出于控制自然的理念，违背了师从自然、改造自然、归于自然的原则，势必功亏一篑。

（三）对园林设计的几点反思

1.设计者应提高自身修养，加强职业道德，以认真负责的态度，平和宁静的心态来对待设计

设计者既要继承中国传统园林的文化精髓，又要学习国外园林的精华，理解角色定位，坚守心灵净土，摒弃市场化、利益化、浮夸化、形式化，恪守职业情操，紧跟时代步伐，一切以自然、生态、人的需求为设计的出发点，设计出令人们满意的作品。

2.园林设计应坚持因地制宜、经济适用的原则

欧洲园林以规则和对称为其特征，中国园林则以自然、淳朴为其特色。园林设计中的因地制宜原则就是根据当地的自然地貌，因山势、就水形，达到景自境出，并结合当地的文化历史背景，确立主题。与颐和园毗邻的圆明园，原先的地貌是自然喷泉追布，河流纵横。圆明园根据原地形和分期建设的情况，建成平面构图上以福海为中

心的集锦式的自然山水园。由于因地制宜，适合于各自原地形的状况，从而创造出各具特色的园林佳作。

3. 园林设计应遵循科学依据

园林设计关系到科学技术的方面很多，有水利、土方工程技术方面的，有建筑科学技术方面的，有园林植物、甚至还有动物方面的生物科学问题，涉及到每个方面都有严格的规范要求。种植花草树木，要根据植物的生长要求，生物学特性，根据不同植物的喜阳、耐阴、耐旱、怕涝等不同的生态习性，根据植物的花期、色相、姿态等进行合理配置。

4. 园林设计应正确定位，以人为本，体现对普通人的关怀

园林设计的最终目的就是要创造出和谐完美、生态良好、景色如画的游憩境域，既满足人们精神文明的需要，又满足人们良好休息、娱乐的物质文明需要。因此，园林设计应体察广大人民群众的心态，了解他们的审美需求、活动规律、功能要求，正确定位，以人为本，面向大众，创造出满足不同文化层次、不同年龄阶段、不同爱好的游人的需要的作品，确保形式服从功能，功能体现人情味。

5. 园林设计应遵循与当地环境和谐统一的原则，保护生态环境

设计者不能跳出当地环境，孤立地进行设计；也不能违背立地条件，大刀阔斧地改造自然。生态主义设计意味着在现有的知识和技术条件下，人为的过程与生态过程相协调，对环境的破坏降到最小。以生态学的原理与实践为依据，将是园林设计发展的趋势，并应贯穿整个设计过程的始终。只有应用生态平衡原则创建的生态系统才可能稳定，绿地系统与自然地形地貌才能协调，群落结构才能稳定。

（四）植物配置

不论是何种工程类型，在利用植物进行园林设计时，必须明确各自的设计目的，然后根据需要和实际条件合理选取和组织所需植物。

园林设计在取舍植物时要考虑以下几个要点：

1. 初步设计要考虑不同规格植物的科学搭配

首先要确立大中规格乔木的位置，这是因为植物的配置，特别是大中规格乔木的配置将会对园林设计的整体结构和景观效果产生最大影响。较矮小的植物只是在较大植物所构成的结构中发挥更具人格化的细腻装饰作用。

2. 园林设计布局要着眼于植物品种的合理组合

选用落叶植物时，首先考虑其所具有的可变因素，使其通过植物品种的合理搭配产生独特的效果。选用针叶常绿植物时，必须坚持"适地适树、因地制宜"的原则，在不同的地方群植以免过于分散。在一个园林设计布局中，落叶植物和针叶常绿植物的使用，应保持一定比例和平衡关系，后者所占的比例应小于前者。也可将两种植物有效组合，使之在视觉上相互补充。

3. 园林设计布局要考虑植物的色彩因素及叶丛类型

叶丛类型可以影响一个园林设计的季节交替关系，以及可观赏性和协调性。在园林设计中，植物配置的色彩组合与其他观赏性相协调，可起到突出植物的尺度和形态作用。在处理设计所需要的色彩时，应以中间绿色为主、其他色调为辅。而在一年四

季的植物色彩配置方面，要多考虑夏季和冬季的植物色彩，因为这两个季节在一年中占据的时间较长。假如在布局中使用夏季为绿色的植物作为基调，那么绚丽的花色能为一个布局增添活力和兴奋感，同时也能吸引观赏者注意设计的某一重点景致。

4.园林设计要考虑植物质地条件

在一个理想的园林设计中，粗壮型、中粗型及细小型三种不同类型的植物应按比例大小均衡搭配使用。质地条件不满足，园林设计也会显得杂乱无章。

5.园林设计布局要合理选择植物的种类或确定其名称

在选取和布置乔灌木、花草、竹类等植物时，应有一种普通种类的植物，并以其数量优势而占主导地位，从而确保园林设计布局的统一性。

第二节　园林轴线设计

一、轴线的基本理论

（一）轴线的起源

在早期的园株景观设计中就可看到对称手法的运用，它比轴线更早被大家所了解和应用，所以要找到轴线的起源需要从对称入手。轴线作为对称与旋转的中心线，在自然界的物质要素和社会现象中普遍存在。有些轴线是能够被人们直接看到的，而有些却是隐现的，不能被直接看见；有些是固定的、死的，有些是动态的、活的。轴线在园林空间中起到联结的功能，也就是将各个组成要素串联起来。任何事物都是有因果来源的，轴线能够成为园林景观设计中的经典手法，并在园林中被广泛关注和运用，究其原因，主要有四点：

1.对自然界的模仿

人类获取意象的源泉是自然界及宇宙中包罗万象的事物，作为主体的人类对自然客体做出最基本的反应，模仿的方式就这样产生了。在人类早期的岩画"作品"中，我们可看到他们自身的形象，模仿的昆虫、野兽。据资料记载，艺术起源于人类模仿的本能很早就被古希腊的哲学家发现了。自然界中的所有形式的产生都是源自它本身。

生活在原始社会的人类只是本能地按照社会活动中感觉到的秩序来认识世界，但是他们并不知道产生的原其实形成秩序的最基本、最普遍的方式就是对称，无论是天上飞的还是地上跑的，无论是外在形式还是内在结构，对称都随处可见。对称使事物变得简单和清晰，易于辨别，而这恰恰是我们的祖先所需要的。

2.对秩序美的向往

由于原始社会中生产力的落后，人们吃的是糟糠之食，住的是不见天日的洞穴，用的是粗糙简陋的器物，毫无美感和秩序可言。这和对称形成的秩序美对比明显，也正是由于他们的日常生活中有序的缺失，才体现出这种构图方式的无限魅力。因而，轴线对称图形堪称是"在迷乱中创造了秩序，在混沌中创造了世界，在黑暗中创造了光明"。原始艺术，如：陶器、壁画等，是轴线对称构图的早期灵感源泉，它们有很多相同的特征，如对称、重复等。它们旨在创造一种有序的形态，但是这样的作品一旦形成，可能人类更关注的是它的艺术价值而不是实用性。

3. 对太阳的崇拜

在原始人类生活的很多地方，都普遍存在一种社会现象，那就是太阳崇拜，轴线的方位是太阳赐予轴线最有意义的地方。太阳永恒不变地东升西落，这让原始人认识到了最初的方位感，确定了东南西北这4个方向，从而使这个世界上的所有活动有序地进行。

太阳的东升西落，四季的重复变幻等现象，在现在看来是极其寻常的，但是对原始人来说却都是神秘的。他们对世界的认识来源于生活实践，它们知道太阳可给人们带来温暖和光明，但是他们不明白其中的缘由，所容易把它当成神秘的"救世主"。

其实，太阳的运动是有规律可循的，它是有方向性的。所以生活中建筑的布局和太阳紧密相关，这是为了满足人们照射阳光的需求，东西向轴线也就由此诞生。南北轴线是在东西轴线的基础上发展而来的。经过一段时间的生活，祖先觉得东西向的建筑夏季炎热、冬季寒冷，居住起来并不舒适。经过摸索，他们最终发现只要旋转90度，就可实现理想的居住由此看来，东西轴线和南北轴线都体现了人类对太阳的崇拜。

4. 对路径概念的借鉴

凯文·林奇是这样定义路径的："大自然界中的人们时时刻刻通过或者可能通过的道路"。因此，在园林空间中，人们的活动路线是行为和交通方式的双重体现。假如将园林空间分为交通和使用两部分，那么我们可知道前者是其动态组成部分，后者是其静态组成部分。运动和静止两种状态的融合就体现出了园林的本质。由于路径将决定一个人何种方式体验一座园林，所以可以通过它来感知园林，比如空间的转换、结构的转折等。路径的形式决定着空间的动态效果，轴线能够引导空间形成秩序，加强控制和管理。

（二）轴线的概念

随着社会的发展，轴线的概念越来越广泛，含义越来越丰富，内容也越来越复杂。但是现在关于轴线还没有一个权威的定义，通过资料可查询到的解释，都是在不同的学科领域从不同的角度有所侧重的论述。

在中国古文献中曾多次提到了"轴"，但是并没有明确地提到"轴线"。南朝宋文学家鲍照的诗句中是第一次出现"轴"字的，"拖潜渠，轴昆岗"。古代《辞海》中对"轴"解释为：本意是指轮轴：轴，所以持轮者也。可将其引申为抒轴，也就是织布的器具。《朱子语类》则对"枢轴"的概念进行了更加细致的描述。在《梁思成文集》中，"主要中线"和"中轴线"曾多次被梁先生提及。"平面布局……多座建筑组合而成……主要中线之成立"。

弗朗西斯·D.K.钦提出："空间中的两点相连接形成了一条线，这就是轴线，要素等需要沿着这条线布置"。勒·柯布西耶指出："轴线、圆形、直角都是几何真理，都是我们眼睛能够量度和认识的印象，否则就是偶然的、不正常的、任意的，几何学是人类的语言。约翰·O.西蒙兹提出："在景观规划设计中，轴线是连接两点或更多点的线性要素"。艾定增指出："空间轴线是由空间限定物的特征而引起的也理上的空间轴向感"。还有专家提出："轴线可能是人类最早的现象……刚刚学会走路的小朋友也喜欢沿着轴线走……轴线是建筑中的秩序维持着……轴线是一条导向目标的线。"

二、园林轴线设计

（一）轴线设计类型

偌大的中国景观项目种类繁多，各个项目的现状条件和基地状况也都各不相同，面对复杂的项目背景，我们需要从景观的角度灵活对待，这就衍生化了形式各异的轴线类型和组合方式，对这些类型进行一个整体的归纳总结，能够有效地指导今后的园林景观设计。

1. 按数量划分

（1）单轴

单轴是指空间中只有唯一的一条轴线，通过它将园林景观的各个要素和序列串联起来。单轴是园林设计中最简单的类型。齐康教授指出"单轴是原型意义轴的结构，是纯粹而明晰的线性基准"。这里的线包括三个方面的含义，它们分别是由水体、建筑、植物等实体要素组成的"轴向空间线"，存在于空间的无形"形式控制线"，游人视觉或心理上产生的"感官延续线"。单轴形成的空间往往呈现对称的格局，并且导向性很明显、秩序严谨。然而纯粹的单轴限定景观要素与空间要素向单一方向发展和延伸，所形成的景观缺乏其他方向上的纵深感，给人比较单薄的空间感受所在实际景观设计过程中，特别是项目规模比较大的，很少只由一条单一轴线贯穿始终的，通常会通过转折、偏移、重复等变化手段来适应新的环境。

（2）组合轴

组合轴线是指由若干条依然保留线性状态的单轴组合而成的复杂轴线系统。组合轴主要包括六大类型，它们分别是主次轴线、十字轴线、放射轴线、平行轴线、网格轴线和多轴并置。

①主次轴线

主次轴线通常会有长轴和短轴之分，也就是主要轴线和次要轴线。一般情况下，长轴只有一条，主导整个园林景观空间，形成空间序列；而短轴有若干条，辅助主轴组织附属景观空间，是整个园林的支脉。主次轴线形式能够根据功能与形式的需要，利用主轴与次轴的结合达到总体上"较强的单轴向感"。总体来说，主次轴线相互作用、相互映衬，达到突出主体、活泼配景的目的。

②十字轴线

十字轴线是由两条不分主次的轴线垂直相交构成。两条轴线向不同的垂直方向展开，前后左右都对称的空间形态也就随即形成了。十字轴线在构图上对称、均衡、规整、有序，给人一种庄严肃穆的感觉。在它的交叉点上会形成聚焦空间，吸引人们的视线，因此这个位置一般用来设置主体景观，是园林景观序列中的高潮部分。

③放射轴线

放射轴线是指一条单一轴线一个核心空间为圆也进行有规律的旋转，形成一种具有福射冲击力的空间形式。设计放射轴线有可能是自身空间构图的需要，也有可能是受外部环境的影响，但它们最终的目的都是为了获得景观空间形式的统一和融合。核心空间在各条轴线的衬托下处于视觉目的主导地位，统领整个活动空间。放射状的布局方式能使总平面在构图上形成强烈的形式美感，从而使各个要素获得了形式上的统一。

④平行轴线

平行轴线是利用轴线进行一次或多次平行移动产生若干条轴线，通过这些轴线的组合形成多轴空间形态结构。这些平行的单轴共同构成整体空间，却又相对独立，它们共同的方向和庭势引导园林景观空间形态和观赏视线，形成均衡、稳定、有序的空间特性。

⑤网格轴线

网格轴线是指多组单轴通过平行移动和垂直旋转而形成的网状空间结构。通过这种结构布局平面，可使空间有条理、有秩序。最常见的是网格形式是相互正交、量度相等、方向对称的正方形网格，还可能是30°、45°、60°的轴网系统，也可能是三向、四向的网格轴线，更有可能是多种网格轴线相互叠加、层层渗透，共同构成园林景观空间。

⑥多轴并置

多轴并置是由多种轴线多样的方式组合而成的网状系统结构，其中多种轴线包括主次、十字、平行等，多样的方式包括旋转、并列、交叉等。通过多种轴线的交错关联叠加复合来营造层次丰富的园林景观空间，从而带给游人者步移景异的空间体验。

2.按感知划分

（1）实轴

实轴是指分布在园林景观空间中的轴线组成要素，呈现出一种连续不断的特性。实轴的组成单元能够被人直接感知。实轴作为组织形式的参考线，由各种实体要素组成，如：水体、建筑、道路、植物等；此外，景观要素间的对称布局也是形成实轴的一种方式，因为园林景观单位具有同一性的对称轴，可以形成连续而无形的形态基准。

（2）虚轴

在一定的情况下，组成园林景观轴线的要素形态连续性太差，这时候就需要通过游人的视觉和心理来延续这种必要的连续性，由此产生了虚轴。虚轴非常特殊，它更多地表现为观念性轴线。齐康教授曾提出："虚轴一般出现在两个或多个相距一定距离的群体各组成部分之间，群体要通过轴线关系将部分统一为一个整体，但各部分之间的领域缺乏必要的连续性限定因素，致使各部分之间的轴线关系很弱，这时观者的视觉与心理就会起作用，使部分之间建立较强的心理联系"。

3.按形态划分

（1）直轴

直轴是指按照一定的线性基准将各个园林景观要素进行排列形成一种外观形态呈直线状的轴线。在景观设计过程要充分考虑场地的现状条件和想要表达的氛围为来合理利用直轴，否则因其极端平衡状态容易表现出拘谨、保守、刻板、严肃又缺乏张力的形态。

（2）曲轴

在组织园林空间时，还有一种更加自由的组合方式，那就是在保持整体均衡的前提下，采用不完全对称的形式，将各个要素灵活地沿轴线布置。这样形成的轴线一般都不是直线，而是一条曲折变换的流动曲线，那就是曲轴。曲轴控形态和秩序的能力没有直轴好，结构也比较自由松散；也正是因为这样，曲轴才能营造出灵活多变的空间，使其充满弹性，增强趣味性。

4. 按内涵划分

（1）历史轴线

历史轴线是指通过轴线形成的景观空间为时空载体，以此来表达某个城市、某个场地等的重要历史文化价值。每个项目场地因其不同的环境背景，在经历历史漫漫发展之后积淀了一些个性化的东西，这就需要景观设计师充分发掘和利用这些场地特征，历史为轴，历史为脉，创造出既延续场所精神而又焕然一新景观。

（2）时间轴线

在尊重文化和考虑空间特征的前提下，常常以时间为线索来编排空间轴线。时间虽融入了线性空间，但又不是依附于空间被动存在，它也有自身的行为体系。人们通过回忆、思考、顿悟、想象过去、现在与未来，在运动的过程中超越线性时空，从而产生复杂感知。

（3）纪念轴线

纪念轴线是较为突出的园林轴线之一，常常将时间、人物、历史等内容作为空间单元串联形成完整的纪念性空间序列，用纪念时间、人物、事件等及它们所代表的伟大精神。

（4）视觉轴线

视觉抽象是指物象刺激过人们的视线之后，我们的思维可将复杂物体进行一种简单、抽象的想象。图形沿着轴线不断延展，动态形式就可以被完善，这样有助于我们景观设计师把握其总体结构状态，领悟其内在序列。作为一门与视觉相关的艺术，它旨在运用多种设计手法来组织景观要素，塑造丰富的空间，让人们得到视觉上的完美体验。

（5）心理轴线

心理轴线是一种臆想中的轴线，它具有暗示、指引等作用。它不仅是思维上的逻辑线，也是心理上的感应线，通过园林景观实体要素的引导与限定来激起人们心理上的共鸣。

（6）生态轴线

保护环境为主导思想，通过植物、水体等生态要素构成，展示生态教育、防止水土流失、调控洪水、保护生物多样性的线状或带状景观，这就是生态轴线。中国在快速发展的过程不可避免地带来了很多环境问题，景观破碎化，生态轴线便越来越广泛应用于景观设计中，为中国的景观环境略尽绵薄之力。

（二）轴线设计要素

在园林景观的规划设计中，各个组成要素既有各自的功能性，又有相互组合、相辅相成地构成统一变化的整体。随着园林设计师对景观各个要素的灵活运用和巧妙组织，景观轴线日渐凸显出其功能和地位，其设计要素与园林六大实体要素相一致，它们通过不同的组合方式和变化手法形成轴线景观空间。

1. 地形

地形是构成任何景观空间的基本骨架，是其他设计要素展开布局的基础。通过对地势因地制宜的调整可形成平坦地形、凸地形、凹地形等进而分隔轴线空间，控制人们的观景视线。送些不同高度和坡度的地形对轴线的营造、加强甚至减弱起到了至关重要的作用，它们可丰富空间序列的变化。同时，地形本身经过艺术化处理也是轴线内一抹亮丽的风景，具有美化空间的作用。此外，地形还可改善轴线空间内的气候条件，如朝南的坡向可增强冬季的阳光。

2. 水体

水是园林的灵魂，自古就有"无水不园"之说，水景的运用可使园林轴线空间充满生机。由于水的千变万化，在组景中常借水之声、形、色及利用水与其他景观要素的对比、衬托和协调来构建富有个性化的园林景观。在轴线空间中，通常将水景布置在空间的中心，也就是视线集中的焦点，从而进一步强化景观序列。

3. 植物

在风景园林的设计过程中，经常借助植物来进行整体构图并建构空间，植物的布局关系对总体景观效果的影响很大。在中轴线空间中，植物设计应和整体格局相统一，灵活运用给人壮观、开阔感的植物群体和有形体、色彩美的植物个体，来形成带给人不同感受的空间。植物还可通过温度和冠幅的变化影响空间感。将植物材料组织起来可引导游人的视线，开辟轴线空间的透景线、加强焦点并安排对景等，如杭州花港观鱼运用了大面积的草坪来提供开阔的视线，同时草坪在树丛的围合下很好地控制了游人的视线方向。

4. 道路广场

道路是园林的脉络，是联系各景点的纽带；广场是园林道路系统的组成部分，也是道路的结点和休止符；道路广场是轴线各个空间联系的桥梁，也是轴线景观的一个序列。道路广场能够组织交通、引导游览。它本身既是路，也是景，它的形状、大小、色彩、高低、铺装样式等都能影响轴线景观的形成。广场的形状、大小和轮廓边缘的设计可以给人们一种暗示，使人们形成一条心理上的轴线；广场的高低起伏和色彩渐变能够带给人们视觉和空间序列上的变化；广场的铺装样式和材质的不同，可让人们对空间进行一种潜意识的区分，分清主次和节奏变化，如：整体铺地能够强化轴线空间形态，烘托大气、壮观的景观氛围。

5. 园林建筑

园林建筑种类很多，包括亭、廊、轩、榭、舫等。在轴线空间中，园林建筑经常起到统领空间序列的作用，它是轴线起止、终止或高潮所在。在西方传统园林设计中，建筑一般位于轴线的端点，而且建筑中心一般也就是园林景观的主轴；而在东方传统园林设计中，建筑大多呈院落式布置，而且往往是景观的高潮所在，园林景观围绕建筑布局甚至融入其中。园林建筑作为轴线空间的标志物通常会在三位体量方面取得明显的效果，如天坛祈年殿充分展现了独特体形，突出了宏大、凝重、圣洁、向上的形象，成了全组景象的主体和视线观赏的焦点，丰富了中轴线的景观效果。

6. 园林小品设施

园林小品是指园林景观空间中的多种设施，具有纪念、装饰、供游人休息、娱乐等功能。一般体量较小，精美灵巧，富有特色，常见的有雕塑、景墙、座椅等，它们点缀了园景，丰富了园趣。

景观小品在园林轴线空间中组织景色，吸引视线，作为一种无形的纽带，引导人们有节奏、有韵律地从一个空间进入另一个空间。和整体环境相匹配的园林小品题材和形态，能带给人诗情画意的感受。园林小品有时候可作为一个垂直要素出现，突出和加强了轴线空间，延长了景深。

（三）轴线设计特征

1. 连续性

在轴线景观空间的形态构成中，实体要素经过重复、突出、强调等形成具有变化态势的连续图形，这就是连续性。从人的视觉感受和心理角度出发，轴线的连续性能反映出"格式塔"完形效应的最佳形式，是强烈的秩序感、形式感和空间美感的来源。园林景观要素在轴线的作用下，产生联系、保持连续，但是如果由于某些因素而使轴线的连续性很差，则会大大影响空间的秩序感和轴向美感。

2. 控制性

园林设计中的轴线能直接影响景观框架的形成，从而控制整个园林环境。在一个园林景观项目中往往同时存在多条轴线，但是一般只有一条主要轴线，这条轴线控制着整个园林景观空间，形成空间序列。这种控制性既包括各个景观要素现在构成的局部或整体形态，也包括未来的动态演化和发展。

3. 统一性

轴线的统一性是指把园林景观的各个构成要素之间组织起来，形成相互统一的整体。路易斯·康曾经说过一句经典的话语，那就是"秩序支持整一"。也就是说，有秩序作为基础，多方面的要素才能统一起来。通过形状、大小和方向等的变化和统一，轴线可获取一些空间中的形式规律，并以此获得格式塔完形即达到整体秩序的和谐。轴线因其强烈的几何秩序，贯穿各个空间之后，可将原本混乱不堪的现象彻底转变为有序统一的环境。

4. 方向性

在园林空间中，单个景观线性要素或多个非线性形体通过串联后具有一定长度，这样便有了方向性。具有方向性的轴线能影响人们的视觉感知，进而引导人们的行进路线。但是当一个几何形体各个方向长度相差不多、对比不明显、相对平衡时，则方向感较差；当长度相差较多、对比明显时，则方向感较强。在园设计中可充分利用方向性原理来处理园林线性空间，比如狭长的道路景观、水体空间等，达到引导进景观视线和组织空间序列的效果。

5.均衡性

在空间中，各种园林设计要素可形成不同的线性形体，这种不同性可体现在形状上，可以体现在大小上，又或是方向上等。尽管如此，人们仍能感觉其分量相等，没有主次之分，这是一种动态的平衡，也就是均衡性。设计师需要协调空间各要素之间的关系使它们达到合适的状态来保证整体的均衡，给人一种平衡稳定的空间感受。

（四）轴线设计规律

1.对称规律

史春珊先生曾说过："所谓对称，即沿一条轴线使两侧的形象形同或近似，这是一种强有力的传统构图形式。根据按形式美法则来看，这两者都在"均衡率"法则的统率下，是一种具体构形手法。

（1）绝对对称

对称是形态聚合的重要规律，对称是指事物围绕着点、线或者面这样的轴心进行旋转变化后仍保持不变。对称图形形成轴线空间并强调出线性方向，由此吸引人们的注意，从而产生一条垂直于它们的轴线。对称可通过平移、旋转、反射、扩大的方式来实现，他们之间相互配合、同时使用即可衍生出多种其他的操作手法。这些手法为设计师提供了丰富的创作手段，拓展了设计思路，使轴线的水平和竖向空间更加多样化。

（2）相对对称

相对对称又叫次对称，也就是说有些元素打破了轴线空间的绝对对称而使其局部发生了变化。随着中国景观行业的不断发展，大家的审美意识和观念也发生了变化，人们不再喜欢过于呆板、拘束、单纯的绝对对称，而是更偏向于轻松、活泼、自由地相对对称。在实际的景观设计中由于现状地形等复杂因素的影响，也很难做到完全对称。次对称是一种运动中的平衡，能让游人在视觉上产生张力，变化与跳动中去探索、去发现，从而带来更加美妙、有趣的风景。

2.变异规律

在园林景观设计中，多种类的轴线通过不同方式，达到空间自然变换的目的，促进园林空间的转变，这就是轴线变异。在现代园林景观设计中，轴线主要包括四种变异类型，它们分别是："元素""关系""结构""系统"变异。

（1）元素变异

随着现代社会材料和工程技术手段的不断创新，园林设计中轴线的组成元素也随之发生了变异，设计师通过将地形、水体、植物、道路等实体要素和色彩、质感、声音、光影等形式要素结合起来，形成一些更为丰富、独特甚至突出、怪异的轴线空间，它们往往能引起人们的关注，也可能承受更多的争议，但是对景观设计行业的发展方向影响很大。如玛莎·施瓦兹设计的西安世博迷宫园充分考虑了光影和人的幻想，运用青砖、玻璃等创造了一个不同往的、变化莫测的奇异迷宫世界。

（2）关系变异

在景观设计过程中，轴线网络的整体关系发生变化所引起的园林的布局形式、空间秩序的转变，从而形成多样化、多层次的景观效果。它包含两个方面的内容：插入活跃元、轴线隐现。

插入活跃元素要将曲线、斜线及突出的点甚至不同秩序的形体和图案等异构元素引入严谨规整的景观轴线空间中，从而打破过于单调、没有生气的格局，使其更加富有艺术魅力。轴线隐现是指在现代景观设计中，轴线不再像传统设计手法那样严格、明显，而是逐渐变得模糊。它在保持整体轴线空间的方向感的同时，从清晰可见过渡到时隐时现，在有序和无序中并存着。

（3）结构变异

随着景观历史转折性的发展，出现了"解构主义"，它向传统设计提出了挑战，反对各种功能、形式和结构之间的复杂关系，提倡颠倒一切设计规律，自由地进行分解和拆离。园林轴线的结构变异表现在肢解和重构两个方面。园林轴线的肢解是因为有关系变异这个基础才实现的，结构被肢解后就由一个整体变成了多个个体，这些个概念相互独立又相互联系，随即就出现了"之间"，这使得"两者兼顾""衔接过渡"，"联系""冲突"可以在被肢解的结构上成长，也给人们带来了更多的特别、另类的感官享受。肢解是重构的前提，重构则是肢解的目的。轴线系统被肢解以后有多种选择，它可以和本身系统的某部分，也可和其他系统结构进行组合，从而形成新的或直或曲的轴线系统。

（4）系统变异

园林的轴线系统通过本身在不同层次上叠加穿插和旋转变换可实现变异，通过和其他不同系统也可实现变异。轴线根据需要构成的结构系统进行不同层次的叠加穿插，然后进行去除或保留，或者多结构混合组合，从而形成理想的园林轴线空间序列。

旋转变换是对局部轴线进行旋转从而产生一部分不规则、不拘束的空间，改造和丰富园林空间形态。德国慕尼黑机场凯宾斯基酒店外环境就是由著名景观设计大师彼得·沃克运用系统变异的手法设计的经典案例。首先，他用黄杨篱围合成了一个正方形的景观单元，通过红色碎石和绿色草地将空间划分成多个部分之后将这个正方形的景观单元与旅馆建筑成倾斜式组合，倾斜角度约10°，并在每个景观单元中留出了必要的步行道路。最后，酒店大房和黄色玻璃光带的垂直相交形成了两条大的轴线格局。

（五）轴线设计思路

1. 城市文脉整合法

园林景观是城市整体景观的组成单元，园林景观格局对城市景观内在秩序有着一定的影响。城市文脉的范围比较广泛，它主要包括历史遗迹、人文景观、城市整体环境和基地周围环境等。因此，轴线设计需要对这些要素进行充分的挖掘和利用，增强景观的地域归属感。只有从文脉中吸取灵感，才能发现隐藏的秩序并展开深入研究，园林形式的语言才能表述准确。具体落实到轴线设计上，就是在区域走访和现场调研的基础上，努力找到城市区域方位内和基地环境中可能影响轴线设计的主要因素，然后吸取脉络，形成秩序和结构。

2. 景观框架设计法

景观设计师一旦开始进行设计构想，就会着迷于其中，并试图用最好的方式来表达自己的思维，而在图纸上通过轴线勾勒出景观空间的形态框架是一种非常有效的方法。所以，我们以轴线为骨架进行创作，能帮助我们更好地把握空间的整体表达。一般来说，我们在写作之前都会在脑海中形成文章的框架，而通过轴线建立景观架构的过程就和它一样，这样之后的设计就能有条不紊地进行。此时，即使有些次要的辅助空间发生一定程度的变化甚至偏离都不会影响总体的空间结构。

3. 空间秩序组织法

事物各个要素的内在结构、组织方式和存在形式受秩序的影响和控制，另外秩序也是使事物之间得到有规律的、和谐的安排或布置的重要因素。因此，设计师们一直致力于轴线空间秩序的研究以提升景观空间的设计潜力。组织轴线空间秩序包括两个方面的内容，它们分别是形成序列和塑造层次。空间序列是空间在时间上的变化所形成的动态知觉现象。游览者不能在同一时间和地点体验所有不同的空间，而是以运动的方式循序渐进，这样连接起来就形成了秩序。"层次"是指空间中各种不同要素的地位有差异，可通过分级来理解。一个整体由很多空间组成，一个空间又由很多要素组成，它们的性质不同，扮演的角色不同，重要性也就有差异，这就需要有效地组织空间层次。

3. 情感氛围渲染法

作为一名设计师，他总是希望自己营造空间能够吸引住游人，希望人们能够领悟自己的设计意图，从而得到世人的认可。所以，在营造园林景观的过程中要站在游人的角度去思考问题，从他们的感官和心理出发，力图同时实现景观表现力和环境感染力的提高。轴线种类繁多，应用广泛，它既能形成规则大气的空间，又能形成灵活小巧的空间；它可带给人均衡稳定的感受，又可以带给人自由活泼的感受，所以通过轴线来渲染情感氛围是一种非常重要的设计手法。

第三节　园林设计与现代构成

一、现代设计

现代设计是为现代人和现代社会提供服务的一种积极的思维活动，是科学与艺术、实用与装饰的结合，是一门涉及众多学科的实用型科学。其核心内容包括三个方面，即计划、构思、成形，现代设计受现代社会审美标准、现代市场经济技术条件和现代人的心理生理需求等诸因素的制约具体来说，现代设计具有实用性、经济性和美观性几个特性。

实用性体现在现代设计要求设计师在合理的前提下，尽可能地满足人们的多元化需求，注重秩序和表现形式上的简洁和实用。而经济性表现在现代设计要求低消耗，设计要考虑到为大众服务的目的，同时也是为设计的实现提供有力保障。美观性源于对人们的精神和心理需求的尊重，"人文主义和高科技的渗透和融合是美观性原则的内在表征"。现代设计不仅强调产品的美观性，同时对于实用性的要求也高于历史上的任何时代。

由于现代技术的发展与传达方式比从前更为便捷快速，计划通过设计以及传达后的实施或具体应用的周期大大缩短了，现代技术导致实施过程和应该发生与时代同步的变化，这是现代设计不同于以往的传统设计的重要原因。同时，又因为现代设计的服务对象是社会中的全体大众，带有很强的普适性，在形象上趋于朴实简单，没有传统的装饰性细节，强调理性和功能主义的特点，这些都是现代设计的特点。

现代设计不能同于工程技术，后者的关键是解决物与物之间的关系，而前者在于解决人、物与环境之间的关系，以人为本。以园林设计为例，如何协调我们生活环境中的各种问题，解决好每一个具体场所中的矛盾就是设计的目标。

现代设计又不简单地等同于美术，后者是为了表达艺术家本人的情感和观念，前者是为了他人、为市场、为社会服务。根据不同的市场活动，现代设计可以分为几大范畴现代产品设计、现代平面设计、广告设计、服装设计、纺织品设计等，当然还包括现代建筑设计，在建筑设计中又包括现代室内和环境设计。如果把园林设计纳入广义的建筑大系中，那么理应有园林设计的内容。人们对于所处的国家、城市环境的最直观的看法，就来自于园林设计。

由于现代构成诞生于世纪至年代，因而在论文中所谈及的有关园林设计的内容多指世纪以后的现代园林设计，为特指。

二、现代构成

现代构成诞生于20世纪20—30年代，它的核心理念萌生于19世纪末到20世纪初西方绘画艺术从具象向抽象转化的探索之中，后经俄国先锋派运动和荷兰"风格派"探索运动的充实，最终在德国包豪斯学院形成了一套完整的理论体系。

俄国先锋派运动是二十世纪初国际现代运动的重要内容之一，它包含了至上主义和构成主义。其中，马列维奇是俄国至上主义的创始者和代表人物。"至上主义"也称为"绝对主义"，主张用一些方形、三角形和圆形作为新的符号进行绘画创作。按照马列维奇的理论，艺术创作中最经济的方法就是在白色底子上的黑色方块或者黑色底子上的白色方块。"至上主义"否定传统绘画中强调的明暗、透视、空间、题材、色彩、立体感、物像和情感，认为"简化是我们的表现，能量是我们的意识。这能量最终在绘画的白色沉默之中，在接近于零的内容之中表现出来。"这些理念对现代设计有很大的影响。同时期以塔特林代表的构成主义，也称"结构主义"，是一场抽象的雕塑运动，采用非常规的材料如木材、金属、玻璃、塑胶等加以焊接、粘贴组合，创作出立体性作品，对于后来的艺术设计在非传统性材料的使用上产生了非常大的影响。构成主义强调结构，提出设计要为社会服务，这种思想很好地契合了十月革命后的社会思潮，带有浓郁的政治意味，最具代表性的作品有弗拉基米尔·塔特林在1920年设计的"第三国际"纪念塔方案图。然而遗憾的是由于政治上的原因，构成主义运动并没有在本国更进一步地发展下去。作为20世纪初国际现代运动中另一个重要的试验性运动——荷兰"风格派"运动综合了俄国构成主义和德国现代主义的思想，"以蒙德里安的纯粹抽象为前提，建立一种理性的、知性的、富于秩序和完全非个人的绘画、建筑和设计风格"。风格派认为艺术应该用一种抽象的手法，在基本几何形体的组合变化来体现和谐的空间。风格派最重要的代表作是里特维德于1924年设计的"施罗德住宅",简单的形体在明快的色彩烘托下,现代感十足。而最终将这些思想融合在一起的是在德国包豪斯学院中,并形成了现代构成的体系,还成为一种设计的教学方法,密斯·凡·德·罗设计的巴塞罗那世界博览会德国馆如同他提出的"少即是多"的设计口号都成了现代设计的里程碑。

(一)现代构成的形式法则

现代构成的形式法则可以从现代构成的形式法则以及形式美原则两个方面进行分析论述。形式法则是现代构成的基础,而形式美原则是人们进行形式组合的基本原则和审美标准。经过多年的设计实践,人们逐渐总结出了现代构成中的形式法则,它能帮助人们对于形式进行基本的把握,把事物的基本情感语言用抽象的形式准确地表达出来。

1. 集群化

集群化是基本形体重复构成的一种特殊形式,也可以看成是超基本形。它不能以中心点、中心线为基准向四周连续发展扩散,具有较强的独立性,可以作为符号、标志的形式出现,适宜于远观。对于基本形式要求相似或相近,并具有方向上的共性,集群化之后形象上应该基本保持一致,应避免过尖、过细和零碎,要能够让人们感受到整体性和力量感的基本特征。

2. 重复

单独的形式如果连续出现两次以上,就构成了最简单的重复。重复来源于人们对大自然的观察,比如人类的身体、树叶、花瓣等,但是每一个单体都会有一些轻微的差异,应该说大自然中并没有纯粹的重复形象。重复包括单纯的重复、近似重复和连续重复三大类,三者也是相互关联的。单纯的重复也就是基本形反复排列出现,形成形象的连续性、再现性和统一性,体现了一种平静的单体重复,如路灯、行道树等近似重复的目的在于在重复的主题下,增添趣味性,使重复出现的形象更为突出,首先是形象上的近似,然后是大小、色彩、排列和肌理的相同,局部出现不同,相同的内容和形体占主体,差异的只占少数连续是重复的一种特殊形式,连续是没有开始没有终结没有边缘的一种严格的秩序形式,连续又可以分成二方上下或左右连续和四方上下左右连续。

3. 渐变

渐变也称渐移,是以类似基本形渐次地、循序渐进地逐步变化,呈现一种有阶段性的调和秩序,是有规律的变化。渐变可以有形状的渐变、大小的渐变、方向的渐变、位置的渐变、色彩的简便等,既可以单独使用,也可以混合使用。渐变的形式是有开始和终结的,这种重复的渐变或有比例地重复渐变,就形成了节奏感。能够引人入胜,引导人的思绪逐渐进入设计的意图之中。

4. 发散与密集

发散与密集是自然界中最为常见的一种现象,许多动物、植物都有发散的结构现象,如树叶、羽毛等。发散和密集都是多个基本形围绕着一个中心点的过程,好像光源发射的光芒,向外放射所呈现的视觉形象,但是发散和密集的基本形不可以太大,数量也不能够太小,在统一的方向上,色彩、肌理的不断变化,不会导致最终的结果。发散和密集的主要形式有离心式、移心式、向心式、多心式等，然后选择的基本形最少要重复三次，依据基本形的方向性进行发射和集结。其前提是中心的确立，中心可以在同一平面内，也可以不在。发散式有规律的密集，而密集区是不规律的发散，只是在基本形的选择上是明确而相似的。离心的发射能够吸引人们的眼球，能给人一种强烈的震撼力，产生炫目、光芒般的视觉效果而移心式的陀螺旋状痕迹，具有强烈的运动感，能够形成曲面的效果同心式具有视觉的绝对集中感多心式有明显的空间感的特征。

5.变异

形象的变异构成是满足人们的夸张、滑稽的审美心理需求的形式，犹如让人发笑的哈哈镜，通过自然形象的变异、扭曲，使其吸引观众的目光，产生愉悦的情绪，在不知不觉之中接受了设计思路。变异构成是指形象的变化虽与原型相比发生了较大的差异，但并不改变形象的基本面貌。变异的方法有切割法，即为了设计的部分的需要，常将形象做必要的切割处理，经过各种方法重新拼贴后，能够得到新的形象，形象的切割方式具体说来有纵向式、横向式、弧线式、斜线式等还可以使用格变法，即在原有形象上按照一定的方式打格，在设计图纸所画出的新格式上，按照原有格位的布局移至变形部位，成为新的变异形象。

6.对比与统一

对比与统一是相对而言的，二者是相互依存，互为前提的，缺一不可。对比是指将两个不同的因素并置在一起，他们带给人的不同的视觉感受，即为对比将两个相同的要素并置在一起时，它们能给人的共同感觉是形成一个整体，就是统一。在设计中，平衡的感觉非常重要，如何能将对比和统一这两种形式组织好，使其成为具有趣味的讯息表达。从达到的方法来说，可以有方向上的对比和统一、大小的对比和统一、位置的对比和统一、明暗的对比和统一在设计中应用的原则就是依据不同的对象，来确定对比与统一的因素、形式和量化关系。

（二）构成的基本组成要素

1.点

点依附于线、面而存在，但是点本身就能够产生非常多的变化，其大小和形状会给人们带来截然不同的视觉感受。点是一切物体在视觉上呈现的最小的状态，应该说点是没有面积的，任何相对较小的形态，无论形状如何都具有点的特征和属性。点是高度抽象以及简洁的，在设计构成中应用广泛，形式丰富灵活。

点具有以下特性：

（1）"点"的相对性

任何点都是相对而言的。当面积比和体量比十分悬殊的时候，相对小的形态和体量才裁夺成为点。一辆载货卡车停在我们身边时，它是一个巨大的体块，但是如果我们从飞机上俯瞰城市，它却会成为人海在中的一个点。

（2）"点"的定位性

由于点的较小的形态特征，造成点对图形和形态在视觉感受上的集中和向心的势态，因而它具有定位性。点在画面中具有收缩性，它不仅对周围的边沿有一种"向心力"，而且能够从较大的形态中分离出来，吸引人的目光，引起更多的关注，让视觉在其上相对停留，从而对视觉产生特殊的定位效果。而边缘不规则的形态，由于面积和体量较小引起了视觉的忽略，而更趋向于圆形，面积越小，越像圆点。

（3）"点"的点缀性

点对平面和环境都能起到点缀的效果，很多复杂的设计和装饰都是从最基本的点开始的，这是最原始也是最现代的做法。点可以放置在不同的位置、不同的层次上，加上虚实组合以及色彩的变化，可以极大地丰富作品。

2. 线

线由点的连续移动和终结组成。所谓线条美是指线条所围合空间的大小、比例等。克利曾经说过"一幅画是一条线在散步"，这句话也反映了线的自由和个性。线是一种形式，是由面转折而来的，决定面的轮廓，所以线所具有的视觉性质是很重要的。

（1）垂直线

垂直线有直截了当、干脆明快、坚实稳重、动势、刚劲挺拔的感觉。垂直向上蕴含积极进取、健康向上的意义，象征光明、未来和希望；垂直向下则感觉更加牢固。

（2）水平线

水平线有宽阔、平稳、延展之感，能使人联想到地平线、大地，可以引申为平实、牢固、安静等感受。向右延伸的水平线，具有自然舒畅的流势，表达平稳连续的时空；向左延伸，与视觉自然流线相反。

（3）斜线

斜线具有飞跃方向感和运动感，它的应用会使空间更具艺术性，向上感，不至于太严肃；折线具有不安、焦虑感，但是连续出现的折线，则会由波浪线一样的递进感，可以引导视线自然过渡。

（4）几何曲线

曲线是直线运动方向改变所形成的轨迹，因此它的动感和力度都比直线要强，表现力和情感也更加丰富。圆形和圆弧具有圆满，高贵和张力感。"S"形线具有优雅、回旋感以及柔韧感。在园林中，多样重复的"S"线形还传达植物的生长和蔓延的感觉；波浪线，是重复的折线柔化后的感觉，他们都具有延伸和波动的感觉，具有方向感和很强的动感，当波浪线重复并且错位地排列时，在视觉上还会产生连体的错觉，以及流动的错觉；漩涡形富有向心和弹力感，通常用于引导视觉中心。

（5）自由曲线

自由曲线有活泼、轻快、随意、软弱的感觉，极富有表现力和张力。是跟自然界联系最为密切的一种线形，能与各种几何形体进行搭配。

（6）线的粗细

除了线的形状，它的粗细也直接影响设计的情感表达。粗线显得强劲、笨拙、迟钝而有力，男性化；细线显得秀气、敏锐、柔弱又锐利，女性化。线的粗细本身就能够形成空间的感觉，同时利用线条方向的微妙变化和改变，还能体现出复杂的凹凸感和三维的空间感觉。

（7）线的闭合与开放

闭合的线给人工整、完整、冷淡的感觉；开放的线给人活泼、亲和的感觉。闭合和开放的结合能够很好地丰富整体效果，呈现出生动有趣的表达方式。

3. 面

面是点和线的运动轨迹或者集合，面是承载物质的基底。在现代构成中包含两个概念，一个是作为容纳其他造型要素的二维空间的面，一个是作为理性视觉要素的面，就是说一个十成托的载体，一个是有边界形态的，有相对面积的一块视觉要素。这样就决定了面的构成有视觉要素和视觉平面的两种含义上的构成。

作为视觉要素的面，其形态最大，它的大小、位置、形状、虚实、层次在整个构成效果中是最直接和重要的，作为承托其他要素的面，比点、线更具有图形和形态的象征性和替代感，更具有对其他要素的包容性和整合性。在园林设计中作为视觉要素和承托的载体，同时也具备了这两者的设计条件。

（1）量感

在构成中，"面"相对"点""线"视觉效果较大，因而有更大的量感，放大比例的"点"和缩小长宽比的"线"会接近面的特性，当达到一定强度时，成为抽象的面。面的量感通过面积的大小、明度对比、虚实对比、空间层次等关系构成。

（2）可辨识性

面依据外轮廓具有了可辨性，我们称之为形或形象。面按照轮廓线的变化大体可分为，直线形的面，几何曲线形的面、自由曲线形的面和偶然形的面。在园林设计中，不同形象的面产生不同的艺术效果，应用于不同的空间，其主要取决于边缘线的性格。当几何形的轮廓线闭合，几何形内的面又被填充时，面的量感较足。如圆形或者正方形的面被完整地填充，这个形就有坚实、庄严、稳定、充实的感觉。一般来讲，单纯的直线要比复杂的，以及有空洞或凹陷的直线更有体量感和充实感当形的轮廓线闭合，直线形内是中空的，这种形态"线"的感觉要比"面"的感觉强烈。当轮廓线逐渐变粗，中空的面积逐渐变小，这个直线形的"面"的感觉也在逐渐增强；当轮廓线不闭合或者没有明确的轮廓线时，面的感觉也会变弱。这种情况一般是，用线或点的集合排列形成一定的面积，由于点与点之间，或者线与线之间相互的吸引力而形成的面的感觉。

（3）面的立体感

这里说的是二维面上的视觉立体感，而非真实的三维空间或者实体。在二维中，立体感是通过人视觉的错觉实现的。在平面中，有透视感的斜面和有明暗对比的面是最有效表现立体感的形式，而有立体感的形式相对单纯的面，更能给人的视觉以冲击力。传统的绘画和表现空间的效果图就是利用了透视，在二维上传达三维的立体感。

4. 色彩

在人类生活的发展过程中，色彩始终散发着独特的魅力。色彩构成具有非常重要的是美学研究价值，是现代构成的重要组成部分。色彩是节奏表达的重要方面，通过色彩的组合可以表达出丰富的情感。在现代设计中，色彩的存在同样跨越了视域，能散发出更多生活气息。纵观设计史的发展，色彩的理论随时都在更新，它几乎没有一个固定的概念，任何约定俗成都可以在特定的环境下被打破。

色彩基本上可以分为三类基色、间色和第三色系。就有色光而言，有三种基色红黄蓝。当它们成对结合时产生间色，所有的间色混合在一起时就成了白色。彩虹色谱是白色光通过七棱镜折射分离而产生的，使所有颜色排列的基础。色彩有许多属性，一部分是生理上的感受，一部分是人的心理上的，红色至黄色范围内的颜色被称作前进性颜色，因为它们十分突出；而蓝色至绿色范围内的颜色却在显得在退却。色彩构成的加入可以说为设计注入最有特点的成分。色彩构成有以下两种主要方式。

（1）空间混合

纺织品中的彩色织布，近看和远看的色彩肯定不一样。近看能分辨出经纬交织的彩色纱线的交织点，远看却只能看到色彩混合的色调，这就是空间混合作用的结果。空间混合是指各种颜色的反射光快速地先后刺激或同时刺激人眼，空间混合也可以称作并列混合、色彩的并置，其明度是被混合色的平均明度。空间混合的作品近看色彩丰富，远看色调一致，色彩有动感，适于表现光的感觉。

（2）色彩推移

色彩推移构成是现代构成上律动构成的色彩形式，是一种有规律、有联系、有秩序的运动构成。在进行色彩推移构成的时候，一个色阶连着一个色阶，每一个色阶上都含有上一色阶的内容成分，有节奏的变化，使画面充满联系，从而形成美好的新秩序。按照色彩的不同组成和特性，色彩推移又可以具体分为明度推移、色相推移、纯度推移和冷暖推移四种。

三、现代构成在园林设计中的应用

（一）园林设计与现代构成关系

现代构成作为一种造型美学法则，不仅仅可以运用于绘画、雕塑等纯粹的装饰性学科中，也可以作用于对于园林设计中平面的布局、形体的塑造和空间的组合上，它为园林设计尤其是现代园林设计注入了理性的力量。

现代构成理论在园林设计中实现的原因有二：园林设计也属于视觉艺术的一种园林设计，也属于现代设计中的一部分，园林设计的视觉心理与现代构成的视觉心理之间共同之处在于两者都是在研究"看"。

1.园林设计是视觉艺术的一种

人类通过视觉感知世界，艺术的本质就是作为情感符号并通过形态语言来表达。一系列的视觉心理趋向的研究表明，如抽象、概括等手法为现代构成理论提供了心理学的前提。心理学家研究视觉艺术，揭示人们的感觉来源，并告诉大家什么样的符号因素可以带来什么样的感情变化，视觉艺术正是通过人类情感符号的表达来创造艺术世界的艺术，他们的语言是形态语言。园林设计可以纳入视觉设计的研究范畴，园林设计也是美与和谐的艺术，它们在这一点上是共通的，那么作为同样起源于视觉艺术的现代构成，它同时对园林设计具有意义。

2.园林设计是现代设计的一部分

从现代设计的范畴可知，园林设计同建筑设计一样是属于现代设计范畴的。它不仅存在于当下的现代社会中，为人们服务，而且其创作手法与审美标准都符合时代气息。虽然园林同建筑一样，有着悠久的发展历史和辉煌的成就，但是时代又赋予了他们新的内涵和形式，在技术标准和理性的设计原则前提下，艺术性也成为人们关注的焦点。园林设计毫无疑问是现代设计的一部分，有许多关于艺术认知和创作的理论能够通用并使用于园林设计中，但是作为实用性很强的艺术设计，它也有其自身的特点，园林设计的功能性和每个场地的独特性是其区别于许多其他种类设计的关键。园林除了给人带来平面和空间上即二维和三维的不同感受之外，还有一个必不可少的因子，那就是——植物，植物四季中会呈现出不同的景象，随着时间的推移，植物的生长会给设计本身注入生机和活力，带来无限的情趣。这里说的就是园林设计的又一特性——时空的构成设计。

3. 园林设计与现代构成的视觉心理

园林设计的视觉心理与现代构成的视觉心理都是在研究"看"，这种"看"有一定的规律性和选择性，是对所观察事物的一种概括和提炼，并且注入观者的经验和主观目的，是有目的的"看"，这种"看"的规律具有普遍的意义。二者兼具简单化、平衡性的特点。

具体来说，"简单化"是指人对看到的事物有简单化的倾向，也就是说我们的认知系统对有规则的、简单的、完整的以及平衡的事物图示有偏好，同时对于复杂的形体也喜欢把它分解成为简单的形体来理解，零碎的喜欢将他们联系整合起来观察。这种心理倾向，也是人们对艺术形态抽象化的心理基础"平衡"是指力的均衡，在人们观看事物的时候，有一些结构尤其是在平面图形中他们在视觉心理上给我们传达了一种心理的"力"。在复杂的图形中，只有各种力达到平衡，画面才会变的稳定而完整。那么我们可以在设计中借助于这些图形和结构关系来引导不同的心理感受，以表达设计意向。

4. 现代构成是园林设计的一种方法

纵观人类历史的发展，无论东方还是西方，最初的园林都是从模仿或改造大自然开始的，东方的秀美山川成为人们创造的精神源泉而西方传统园林，最远可以追溯到古埃及的园林，在那里自然的风光并不可观，气候炎热、土地瘠薄，因而取而代之的是经过人工改造的第二自然，即使在早期的西方园林中我们已经能够看到矩形的场地以及水池，还有明显的中轴线，可以说早已有了简单的构成影子。虽说东方传统园林中多是以自然式的风景园林居多，并没有形成系统性的类构成的理论，但精辟的见解、闪光的思想并不缺乏。《老子》中说"朴散则为器"。"朴"系未经加工的木材，意思是说只有将木材进行加工，才能做成器具。石涛在《画语录》中强调"太古无法、太朴不散，太朴……散而法立矣。"这就是将对象分解，以便重新造型的思想。而中国画论中很早就已经有了"构图"思想，一作"章法"，又作"布局"。东晋顾恺之称作"置陈布势"，南齐谢赫称作"经营位置"。这与构成艺术的构图如出一辙。然而如何在保证自身特色的同时，将三大构成的设计理念引进现代园林设计当中，是需要深入思考的，在此我们不一一展开。但是那时的园林中有着各个时代传统的形式和细节，正如西方的模纹花坛、中国传统造园的"一池三山"，那时的园林有着其当时独特的魅力，有着深深的烙印，而现代园林设计则不再强调那些具有装饰意味的图案和造园中对自然的模仿，现代源自传统，是对传统要素的抽象和高度概括，而现代构成也正是这样的语言和模式，它完全有理由成为园林设计的有效方法。

随着社会的发展、全球化进程的加剧，东西方文化在不断地碰撞和交融，尤其是伴随工业时代的到来和现代设计的兴起，在包豪斯学院里完善成一体的现代构成业已成为众多园林设计师的设计方法。现代构成教给人们的是一种态度，一种对设计的态度，那就是对于自然的提炼。

（二）现代构成在园林设计中的适用性

现代园林在设计理念和形式语言上都明显区别于传统园林，这得益于对现代设计语汇的吸收和融合。现代构成是对现代艺术中影响深远的一门艺术学科，它对现代园林设计的影响也是极为明显的。构成艺术已经全面融入了现代园林设计之中，成为现代园林形式的重要特征之一。

1. 现代园林设计运动的形成与发展

19世纪中期欧美的城市公园运动拉开了现代园林设计的序幕，受英国公园理论的启发，法、德、美等国先后加入和开展了现代公园的建设活动。在这个运动的初期并没有形成新的风格，而是以兼收并蓄的折衷主义风格为主，设计的理念徘徊在对传统的依恋和对现代的渴望之中。

20世纪初，在西方出现的现代主义运动使文化艺术领域在思维方法和形式外貌上都发生了根本的改变，也改变了人们的欣赏习惯和评判标准。也正是这场运动使西方园林逐渐克服了混杂的风格，而呈现出比较纯净的现代风格。现代主义运动的一个重要的阵地就是德国的包豪斯学校，正是它孕育出构成艺术。而构成艺术系统理论的形成则是吸收了俄国先锋派运动和荷兰"风格派"的核心理念。作为产生于同一时期的两个现代艺术流派，先锋派和风格派在理念和形式风格上有很多相似的地方在思想上受到立体主义的影响，在造型上注重形体的内在结构，在艺术表现上远离客观物象，在形式上追求抽象性，以抽象的点、线、面作为构成作品的基本语汇，作品风格呈现出理性而严谨的几何结构。

这些内容被包豪斯吸收后，又表现为鲜明的包豪斯风格强调功能、注重结构、反对装饰、形式简约、注重技术美和机械美，在形式上强调几何造型。包豪斯作为现代主义设计真正意义上形成和确立的标志已成为共识，它对现代园林设计的影响也是深远的。

1936年，包豪斯校长格罗皮乌斯在哈佛大学讲学时，他的思想深刻地影响了当时正在哈佛大学设计研究所学习园林的三位青年设计师爱克勃、丹尼尔·凯利和罗斯。他们发表了一系列开创性的论文，对19世纪的英国浪漫主义自然园林随意性地模拟自然和当时盛行的新古典主义矫揉造作的装饰进行了尖锐的批评，提出了功能主义的设计理论，从而有力地推动了现代园林设计的发展。现代设计语言在现代园林设计中的运用是非常鲜明的，很多成功的园林设计都是纯粹运用构成语言设计的具有强烈现代风格的作品。欧洲的传统园林在整体布局上也呈现出严谨的几何结构，并用中轴线统领，其中所蕴含的理性哲学思想在构成艺术中依然是清晰可辨的。而这种哲思以构成艺术的语言形式反映在园林中时，则不再拘泥于传统的形式和风格，而呈现出鲜明的现代风格；在整体构图上摈弃了完全对称性，而追求非对称的动态平衡。在局部设计中不再刻意追求繁琐的装饰，更多强调抽象要素点、线、面独立的审美价值以及它们在空间组合结构上的丰富性，同时追求良好的服务和使用功能及空间的多用途性。

现代园林设计运动的发展历经了许多的思想革命，如工艺美术运动、新艺术运动、抽象艺术的兴起、俄国先锋派运动、荷兰"风格派"运动等等，这些运动的兴起无不反映出人们对更好生活方式的向往和追求，同时这些运动不断推出新的理论和实践的方法，促成了现代园林朝更好的方向发展。在这些过程中，现代构成逐步成形，它适用于所有的设计领域，当然也包括了园林设计。而无数前辈艺术家在园林领域的探索也促成了包括现代构成在内的许多现代设计理念的进一步完善。

2. 现代构成在园林设计中的具体应用

构成艺术的基本要素就是点、线、面、体、色彩、肌理等等。构成的原理就是把这些基本要素按照形式美规律进行创造性的组合。构成艺术在园林设计中的应用就是要把点、线、面、体等概念性的要素物化，置换成具体的园林设计要素如地形、植物、山石、水体等。这些要素除了基本的生态属性外，还承载着形式上的审美功能和象征、隐喻等功能。

在现代园林设计中，有的园林从整体到局部都贯穿着构成艺术，有的园林在总体布局上虽是传统的，但为了适应现代人的审美趣味，在局部园林的创造上也大量使用构成的语汇进行深入而细致的改进。由建筑师伯纳德·屈米主持设计的巴黎拉·维莱特公园工，就是深受构成艺术的影响，以纯粹的形式构思为基础的现代公园设计。公园整体结构是由点、线、面三个要素系统相互叠加而成，极具现代风格，完全突破了传统园林的模式，从而能够从众多的竞争方案中脱颖而出。构成艺术强调理性而严谨的几何结构，这种特征在构图上则以逻辑性的秩序骨格重复、渐变、发射等体现出来。

由彼得·沃克设计的剑桥中心屋顶花园，用重复的点状预制混凝土方砖和重复的线状低矮花坛图案以及半圆形的咖啡平台组合在一起，显示出清晰的结构和简洁的形态，充分体现了构成艺术的特征。由彼德·沃克设计的另一件作品美国得州福特沃斯市的伯奈特公园二的整体结构就是以重复骨格为基础的网状道路组成的"米"字形图案，产生了强烈的图案效果，公园的路网为规则式，而期间的种植却是自由式的种植方式，整个广场形式简洁，空间尺度亲切，是西方现代设计的代表作之一。

由丹尼尔·凯利设计的美国达拉斯市的喷泉水景园，就是建立在与环境相适宜的尺度与比例的风格之上的经典之作。水、种植坛、喷泉、步道等在网格组织的限制中显得井然有序，很好地解决了形式、功能与使用之间的矛盾。全园采用网格布局方式，除了道路和铺装，所有网格的交点上全是池塘，水池中心也不例外，用圆形树池栽树，每个网格的中心设置喷泉，有地形落差的地方用跌水以实现。整个广场的元素就是方、圆，但是严谨的、和谐的几何比例结构，通过布局、尺度等多方面的考量，最终创造了美丽的室外空间。

美国加州的圣·荷塞广场公园中部的一小块喷泉广场，也采用网格结构设计，22

个喷头安装在网格交点上，喷泉早晚、昼夜呈现出不同的景观，游人可游乐于其中，形式与功能的和谐充分体现出现代园林的风格特色。

园林设计是一门注重平面与立体形态知觉的艺术。构成艺术的表现形式在空间方面可分为平面构成和立体构成在形态要素方面可分为色彩构成、肌理构成、光的构成、动的构成等。这些丰富的构成艺术形式在园林设计中相互穿插和融合，为营造丰富多样的美的园林形式提供了多种可能性。

总之，构成艺术从思想和实践上都为现代园林设计提供了丰富的源泉和借鉴，也为探寻具有现代美的园林形式提供了明晰的方向和多种可能性。

第四节　现代园林生态设计

一、现代园林生态设计概念

（一）生态

"生态"是目前使用频率较大的一个词。在英语中，"生态"与"生态学"同属于"Ecology"一词。一般认为，"Ecology"是从希腊文"oikos"（原意为房子、隐蔽所或家庭）和"logos"（原意为学科研究或讨论）衍生而来，字面上理解是：研究生物住处的科学。真正明确提出生态学概念的是德国动物学家赫克尔，他在1869年首次提出生态学概念并把它定义为研究生命有机体与其外部环境之间相互关系的科学，由此可知，生态学是作为生物学的一门分支学科而诞生的。一百多年来，生态学以生物个体、种群、群落、生态系统等不同层次的单元为研究对象，从各个侧面研究生态系统的结构与功能，深化了对人类自身及其周围环境之间关系的认识。1971年，美国生态学家奥德姆的论著《生态学基础》问世，他把生态学定义为研究生态系统的结构和功能的科学，这标志着现代生态学基础理论已经成熟。

生态学认为，自然界的任何一部分区域都是一个有机的统一体，即生态系统。生态系统是一定空间内生物和非生物成分通过物质的循环、能量的流动和信息的交换而相互作用、相互依存所构成的生态学功能单元。生态系统具有自动调节恢复稳定状态的能力，达到能量流动和物质流动的动态平衡，即生态平衡。然而随着社会技术的发展，人类生活质量的提高，人们在短时期内肆意掠夺、开采地球储存了几百万年的大量自然资源，用于工业提炼、制造产品和生活享受，由此资源消耗最终产生的大量废气、废水、废渣肆虐并破坏了地球生态系统的生态平衡，同时也困扰着地球上生活的人类。

全球的环境问题终于引起了人们的普遍关注，人口激增、能源短缺、资源匮乏和环境污染等人类生态问题，把生态学研究从早期偏重于生态的自然属性和动物生态的某些社会特征，转向由人类这一特殊有机体所组成的生态系统。保护人类的生活环境，顺应和保护自然生态，创造适宜人类生存与行为发展的物质环境、生物环境和社会环境，已成为当今世界具有迫切性的问题。而园林生态设计的研究正是为探讨这个问题而出现的，同时也是时代特征的表现。

总的来说，对"生态"的理解已呈现多样化趋势，即："生态"是指一种自然，是自然界（包括人类）的和谐；"生态"是指一种环境，是生物生存的环境、自然环境、人类生存的环境；"生态"是指一种适应，是生物对环境的适应，人对环境的适应；"生态"是一种综合，是多因素的综合作用的系统；"生态"是整体；"生态"是发展，是演变，是动态演化等等。

（二）生态设计

"设计"是一种将人的某种目的或需要转换为具体的物理形式或表达方式的过程。它是人类有意识塑造物质、能量和过程以满足预想的需要与欲望。传统的设计理论与方法，是以人为中心，从满足人的需求和解决问题为出发点进行的，而无视后续的设计的实施，即：使用过程中的资源和能源的消耗以及对环境的有排放。

生态设计新的思想和方法是从"以人为中心"的设计转向既考虑人的需求，又考虑生态系统的安全的生态设计。将设计作品的生态环境特性看作是提高环境品质，增强社会形象表现力的一个重要因素。设计作品中考虑生态环境问题，并不是要完全忽略其他因子，如社会特性、美学特性等。因为仅仅考虑生态因子，作品就很难被社会接受，结果其作品的潜在生态特性也就无法实现。

因此，生态设计实质上是用生态学原理和方法，将环境因素纳入作品的设中，从而帮助确定设计的决策方向。它既要为人创造一个舒适的空间小环境，同时又要保护好周围的大环境。

具体来说小环境的创造，包括健康宜人的温度、湿度、清洁的空气、好的光声环境以及具有长效多适的、灵活开敞的空间等；对大环境的保护，主要反映在两方面即对自然界的索取要少和对自然环境的负面影响要小。

其中前者指对自然资源的少费多用，包括节约土地，在能源和材料的选择上贯彻减少使用、重复使用、循环使用以及利用可再生资源替代不可再生资源等原则；后者主要指减少排放和妥善处理有害废弃物以及减少光、声污染等。

生态设计是一个过程，一种"道"，而不是由专业人员提供的一种产品。通过这种过程使每个人熟悉特定场所中的自然过程，从而参与到生态化的环境和社区的建设中。生态设计是使城市和社区走向生态化和趋于更可持续的必由之路。生态设计是一种伦理。它反映了设计者对自然和社会的责任，是每个设计师的最崇高的职业道德的体现。已故园林设计师佐佐木说过，景观设计师可以给地球带来深刻的变化，同样，他也可能陶醉在钟情于细枝末节般的艺术的自我表现之中。有了对社会和土地的责任感，园林设计师才有可能选择前者。生态设计也是经济的，生态和经济本质上是同一的，生态学就是自然的经济学。两者之所以会有当今的矛盾，原因在于我们对经济的理解的不完全性和衡量经济的以当代人和以人类为中心的价值偏差。生态设计强调多目标的、完全的经济性。

（三）现代园林生态设计

美国现代风景园林先驱西蒙兹在1960年担任美国风景园林协会主席时，积极倡导改善人居环境是风景园林师的社会职责。他强调通过"设计师、政府和公众的共同努力来解决问题",建造良好的生活环境,形成良好的生活方式。所以从本质上说,园林的核心是生态,园林设计就是对土地和室外空间的生态设计。那么究竟如何定义园林生态设计呢?这是一个至今难有完整统一答案的问题。

在此,我们结合众多学者诸多有益的见解,对现代园林生态设计提出一个系统的概念认识:

1.现代园林生态设计是现代园林设计体系的一个重要内容,是现代园林新的发展趋势。它贯穿于从场地整体到局部地段和微观细部的设计及其实施、管理全过程。

2.现代园林生态设计是从整体出发,综合考虑了生态功能和环境美学以及人的需求而进行的三维空间设计。

3.现代园林生态设计综合考虑了生态效益、经济效益、社会效益和美学原则,其目标是改善人居生活品质、提高生态环境质量,并最大程度减少人类对场地生态环境的干涉和影响。

4.现代园林生态设计是一种塑造生态环境的过程,也是一项长期渐进的、不断完善的维护管理过程。

现代园林生态设计的研究是当今时代特征的表现,它既是生态学与园林设计交叉渗透的产物,又是自然科学和社会科学如美学、心理学等多学科结合的产物。现代园林设计与生态学的结合,给园林赋予了更丰富的内涵,从而推动现代园林设计走向更为自由、活跃的多元发展趋势。

二、现代园林生态设计指导思想及设计原则

(一)园林生态设计指导思想

"可持续发展"已成为世纪话题,在自然科学和社会科学的各个领域里被热烈而广泛地讨论,园林界也不得不卷入到这一热潮中。从城市规划到城市设计,从建筑设计到园林设计,几乎所有研究都必谈"可持续发展"。那么可持续发展究竟是如何产生?其真正内涵又是什么?

1.可持续发展战略思想的来源

20世纪以来,尤其是二战以后,许多国家相继走上了工业化为主要特征的发展道路。他们在创造辉煌的现代工业文明同时,却一味滥用赖以支撑经济发展的自然资源和生态环境,使地球资源过度消耗,生态急剧破坏,环境日趋恶化,人与自然关系达到空前紧张的程度。面对严峻的全球环境危机,人类不得不开始重新审视自己的社会经济行为,深刻反思传统的发展观、价值观和环境观,并被迫理性地探索新世纪的发展模式和战略,试图冲破昔日牺牲生态环境、盲目追求经济增长的樊笼,寻求一条既能保证经济增长和社会发展,又能维护生态良性循环的全新发展道路。而"可持续发展"战略正是在这一背景下应运而生的。

1987年4月,以布伦特兰为主席的世界环境与发展委员会向联合国大会提交了研究与报告《我们共同的未来》,报告明确提出了"可持续发展"的概念。1992年里约热内卢的世界环发大会又一次将这一概念提到前所未有的高度,会上发表的《里约热内卢宣言》和《21世纪议程》标志着可持续发展思想在世界范围内得到共识。大会定

义可持续发展为"在满足我们当代人需求的同时，又不能对后代人满足其自身需求的能力构成危害的发展"。他们认为其中包含两个重要概念：一是人类要发展，要满足人类的基本发展需求；二是人类要适度限制，不能损害自然界支持当代人和后代人的生存能力。

2. 可持续发展的内涵

可持续性发展思想其实源于生态学，即所谓的"生态持续性"。它主要指自然资源及开发利用程度间的平衡，主要内容包括应节约使用资源，并尽量少用不可再生资源如矿产资源、生物多样性等；应有条件地、谨慎地使用可再生资源，如太阳能、风能、森林等；应尽量减少废弃物，减少对自然的污染。

可持续发展的提出，根本是源于解决环境与经济的矛盾问题，它是一种立足于环境和自然资源角度提出的关于人类长期发展的战略和模式，它特别强调环境承载力和资源的永续利用对发展进程的重要性和必要性。可持续发展鼓励经济增长，但它不仅要重视经济增长的数量，更要依靠科学技术进步提高经济活动的效益和质量；可持续发展的标志是资源的永续利用和良好的生态环境。经济和社会的发展要以自然资源为基础，同生态环境相协调。要实现可持续发展，必须使自然资源的耗竭速率低于资源的再生速率，必须转变发展模式，从根本上解决环境问题。发展的真实本质应该是改善人类生活质量，提高人类健康水平，创造一个保障人们平等、自由和教育的社会环境。因此可持续发展的最终目标是谋求社会的全面进步。

总而言之，可持续发展应包括以下几个方面：一是经济的发展，其中最主要的是社会生活质量的改善；二是合理利用资源，这里主要指可耗竭资源，包括能源、水资源、土地资源等；三是环境保护，包括自然环境和人文环境；四是发展的长远性；五是发展的质量；六是发展的伦理，主要指发达国家的可持续发展进程不得以对欠发达国家的环境破坏和资源掠夺为前提。可持续发展是全球纲领性的发展战略，它是建立在平等、和谐、共同进步的基础之上的。

3. 基于可持续发展理论的园林生态设计指导思想——建立整体生态设计观

对于注重生态的园林设计而言，设计师应了解生态学的一些基本概念如生态系统的结构和功能、物质循环、能量流动等，借鉴可持续发展与生态学的理论和方法，从中寻找影响设计决策、设计过程的内容。如果园林设计师准备以努力关注环境和承担环境责任的态度从事设计，就需要采用整体综合研究的生态思维和观点来看待园林设计。

生态思维的一个最重要特点是强调整体研究的重要性和必要性。因为在生态系统之中和不同生态系统之间存在着一个表示相互关系和相互作用的网络模型，其中系统每一部分的变化都会影响系统整体的运作。对于注重生态的园林设计而言，应该汲取生态整体思想的观点。园林景观作为隶属于更大范围生态系统的子系统，应关注构成景观子系统中能量和物质材料的人工输入与输出，即输入各级产品的生产提炼、装运、使用和最终废弃等所导致的资源耗费；输出的废水、废弃物和再利用物质的环境影响等。

生态学家指出，生态系统处于一种活跃的状态，生态系统间的相互作用也是动态的，它们的相互依存关系随时间变化而不断变化。作为一个独立生态子系统的园林景观同样是动态系统，即园林景观与特定设计地段的生态系统之间的相互作用是动态变化的。建立一个园林景观需要考虑建设及使用全过程，其与周围环境的生态相互作用，通常需要检验组建景观的能量和物质材料流动和材料从生产、加工到运输使用中的生态影响。由于生物圈中物质流动是一种循环的模式，且考虑到地球上资源的有限性，故提倡建设环境中的材料等有效资源应用也应是一种循环的状态。这不仅能减少对自然生态系统的影响，同时也有利于后代持续地获取资源。

（二）园林生态设计原则

1. 尊重自然原则

一切自然生态形式都有其自身的合理性，是适应自然发生发展规律的结果。一切景观建设活动都应从建立正确的人与自然关系出发，尊重自然，保护生态环境，尽可能小的对环境产生影响。

自然生态系统一直生生不息地为人类提供各种生活资源与条件，满足人们各方面需求。而人类也应在充分有效利用自然资源的前提下，尊重其各种生命形式和发生过程。生态学家告诉我们，自然具有强自我组织、自我协调和自生更新发展的能力，它是能动的。人类在利用它时，应像对待朋友一样去尊重它，并顺应其发生规律，从而保证自然的自我生存与延续。如城市雨后的流水，刻意地汇集阻截它，必将促使其产生强大的反压制力，给给排水装置和相关市政设施造成很大冲击，甚至灾难。相反，顺应它的自然径流过程，设计模仿自然式溪流的要素和形式，主动引导并利用它，这不仅可将美丽的自然景观重现于市民眼前，增强城市自然审美品质，并提高市民生态意识，同时也可有效地避免资源的浪费和对环境的威胁。因此，在园林生态设计中，尊重自然应是能被社会接受的最基本的前提之一。

2. 乡土性原则

任一特定场地的自然因素与文化积淀都是对当地独特环境的理解与衍生，也是与当时当地自然环境相协调共生的结果。所以，一个合适于场地的园林生态设计，必须先考虑当地整体环境和地域文化所给予的启示，能因地制宜地结合当地生物气候、地形地貌进行设计，充分使用当地建材和植物材料，尽可能保护和利用地方性物种，保证场地和谐的环境特征与生物的多样性。

3. 高效性原则

当今地球资源严重短缺，主要是由于人类长期利用资源和环境不当所造成的。而要实现人类生存环境的可持续，必须高效利用能源，充分利用和循环利用资源，尽可能减少包括能源、土地、水、生物资源的使用和消耗，提倡利用废弃的土地、原材料包括植被、土壤、砖石等服务于新的功能，循环使用。其中主要包括4R原则，即更新改造（Renew）、减少使用（Reduce）、重新使用（Reuse）、循环使用（Recycle）。

更新改造在这里通常是指对工业废弃地上遗留下来质量较好的建、构筑物进行的改造，以满足新功能需要。这样可大大减少资源的消耗和降低能耗，还可节约因拆除而耗费的财力、物力，减少扔向自然界的废弃物。

减少使用这里是指减少对不可再生资源如矿产资源的消耗、谨慎使用可再生资源如水、森林等，和减少对自然界的破坏；预先估计排放废气、废水量，事先采取各种措施，最后还包括减少使用和谨慎选用对人体健康有危害的材料等。

重新使用是指重复使用一切可利用的材料和构件如钢构件、木制品、砖石配件、照明设施等。它要求设计师能充分考虑到这些选用材料与构件在今后再被利用的可能性。

循环使用是根据生态系统中物质不断循环使用的原理，尽量节约利用稀有物资和紧缺资源，这在废污水处理及一些垃圾废物的循环处理中表现明显，如目前常用于市政浇灌及一些家庭冲厕、洗车等的中水利用系统。

4. 健康、舒适性原则

健康持久的生活环境包括使用对人体健康无害的材料，符合人体工程学、方便使用的公共服务设施设计，清洁无污染的水体等；舒适的景观环境则应当保证阳光充足，空气清新无污染，光、声环境优良，无光污染，无噪声，有足够绿地及自由活动空间等。城市中一个健全的景观系统能够改善不利的气候条件，吸收雨水，减少噪音，清洁空气，提供令人愉快的视觉景观，同时也能为野生动物提供生活场所，使人们直接观察到自然的进程，提醒我们记住人类是自然的一部分。所以设计关注以"人"为本，其中的"人"不仅仅是指狭义的人类，它还包括所有与人类息息相关的各种动植物及自然环境，因为没有它们"健康"、自在的存在，也就没有人类健康舒适的生活。

三、现代园林生态设计方法

现代园林生态设计是要把人与自然、环境更紧密联系在一起。它表达了人类渴望与自然亲近、并与自然融合共生的愿望。随着公众生态意识的增强和生态科学技术的发展，人们对园林生态设计手法的探索也在持续进行。人与自然和谐共处的愿望在这些设计手法中得以表达。无论过程或结果，无论表象或本质，它们都体现了设计师对人与自然之间生态关系的思索与探究。

（一）清洁能源利用与节能

任何一种能源的开发和利用都给环境造成了一定的影响，尤其以不可再生能源引起的环境影响最为严重和显著，它们开采、运输、加工、利用等环节都会对环境产生严重影响，如造成大气污染、增加大气中温室气体的积累和酸雨的发生等。而开发使用清洁能源和可再生能源则是改善环境、保护资源的有效途径，因为通过使用像太阳能和风能这样的更新能源，可减少燃烧煤炭、石油等不可再生能源，从而减少空气污染、水体污染和固体废弃物。

清洁能源主要是指能源生产过程中不产生或极少产生废物、废水、废气的优质可再生能源，包括太阳能、风能、地热能、水能、生物质能和海洋能等。

降低能源需求，减少能量消耗，使用高效节能技术，使用可更新和高效的能源供应技术，是利用清洁能源及节能的根本原则。

1. 太阳能利用

太阳能是洁净的、可再生的、丰富且遍布全球的自然能源。它取之不尽、用之不竭，具有很大的利用潜力。对太阳能的利用主要包括两方面：一是太阳热能利用，即太阳用作热水的加热源，为不同用途提供热水；二是太阳能光电利用，即将太阳能转换成电能，用作制冷或照明的能源。目前世界各国通常都把太阳能利用作为节能的有效手段。太阳能利用目前在建筑领域开发应用已较为成熟，主要包括太阳能采暖和太阳能采光。

（1）太阳能采暖

建筑上利用太阳能采暖可分为被动式系统和主动式系统。被动式太阳能采暖是靠建筑物构件本身如墙壁、地板等来完成太阳能的集热、储热和散热的功能，不需要管道、水泵等机械设备。被动式太阳能采暖，建筑技术简单，就地取材，不耗费（或较少）常规能源，它的缺点是冬季平均供暖温度较低，尤其是连阴天，必须补充辅助能源。

最近出现的一种将太阳能加热、地下冷却和空气循环相结合的新型太阳能住宅（简称为SEA住宅）较好地解决了普通太阳能房屋容易发生的问题，如南北侧房间温差大等，使室内温度常年维持在比较舒适水平。据证，在气候温和地区SEA住宅几乎可以不使用商用能源就能进行加热和冷却。

主动式太阳能采暖系统是由太阳能集热器、管道、散热器以及储热装置等组成的强制循环太阳能采暖系统。这种系统调节、控制方便、灵活，人处于主动地位，但开始投资大，技术复杂，中小型建筑和居住建筑较少采用。

（2）太阳能采光

采光包括天然采光和光电转换提供的照明能源采光。太阳能天然采光是指把清洁、安全的太阳天然光引入建筑室内照明，以起到节约资源和保护环境的作用。通常采用以下方法：合理设计采光窗；采用新技术，扩大天然采光范围，如采用高透过率的光导纤维或导光管等。通过太阳能光电池装置提供的电力能源，是直接将太阳辐射转化为电能。这种技术在国外目前有应用，但由于光电池系统生产成本、光电转换率和自身能耗等问题，因此要实现光电池技术的广泛应用，仍还有很长一段时间。如在德国南部城市弗莱堡，正兴建中的沃邦生态村，居民使用的2/3以上能量是由屋顶安装的太阳能光电板生产的电力供给的。在格森喀什城的太阳能生态村，每户住宅拥有$4m^2$的太阳能集热板和8 m^2平太阳能光电板，足以供给他们需要的2/3以上的热水和一半的电能。在国外，经济实用的太阳能蓄电已颇为常见，造型美观的蓄电构筑物也是层出不穷。在荷兰通往比利时的高速公路上，时常能看到镶有高约6～8m的太阳能板，类似方尖碑造型的太阳能蓄电站。需电站规模不大，这种储电站成L形，成角的一方面向北，而凹处从两侧立面成90°。

在园林设计领域，场地自身作为公共开放空间，就拥有得天独厚的通风、采光、采暖等优越条件，再加上园林设计师人性的设计如夏有遮阴、冬有日晒的小环境营造，就更容易让人们忽视了场地上对太阳能的充分利用。

2.风能利用

风能是潜力巨大的能源，有专家曾指出，如能将地球上1%的风能利用起来，即可满足整个人类对能源的需求。由于发电成本不断下降，风力发电是目前增长最快的能源。在风力资源比较丰富的地区，利用风能发电是十分可靠的动力来源。利用风能发电通常采用传统风车或风轮的形式。但在荷兰斯切尔丹市，设计师伊格雷特为了使传统风车适应城区环境，借助先进的工艺技术，结合太阳能光电池系统设计了一个具有强烈视觉效果的太阳风车。他将其建造在一个能供人行走的玻璃平台上，玻璃平台的内部装有太阳能电池板，水平安装的太阳能电池板在阳光照射下变热，当气流通过玻璃平台下的水平空腔时，太阳能电池板就可得到冷却。空腔通向太阳风车中部的垂直风道，风道里的热空气上升时驱动。为了能以风力发电，太阳风车的三个风叶做太阳风车成了螺旋状，而构筑物的主体部分则起到了垂直转动轴的作用。这个的运作原理太阳风车输出的电力出售给当地的电力公司。

在景观设计中风能应用也有可行性，如作为水体的循环流动的动力能源，即用风能替代电能进行水的提升，从而推动景观水体运动，据研究，考虑电能到机械能的转换效率、能量损失及其他能量损失，采用风能替代电能全年可节约用电约8.7万KW•h。

3. 其他清洁能源利用

未来地下冷或热能将会仅次于太阳能成为非常重要的可再生能源。因为这种能源普遍存在，几乎没有限制且易于获得。利用地热能一方面既没有污染物排放，也不生成污染物，对生态和环境有利，另一方面运作费用极低。目前德国只有很少一些利用地热的试验性设计，而在瑞士已比较普及，钻井1600个，与热泵一起发挥作用，这样做所带来的好处是瑞士大气中二氧化碳排放量大约是德国的50%。研究表明，越靠近地表面的土壤温度受到气候条件的影响越大，而在地下8～10m深的位置，土壤温度达到了一个比较稳定的数值，而这就是可以在设计中应用的冷源。目前地热能在建筑领域的开发应用技术已较成熟，冷媒可以通过流经这些区域，经过降温直接用于空调系统。

此外，高效的清洁能源的开发利用还包括生物能的利用（如利用稻草、秸秆等农业废料制造沼气或发电，利用厌氧发酵池产生沼气等）、潮汐能发电以及水能、海洋能的使用（如利用生物能作为生活用能及标志性景观火炬照明能源）等，相信随着人们对环境与资源保护意识的提高，优质高效洁净能源将在21世纪有长足发展。但在我国就目前而言都还处于示范阶段，推广应用还有待时日。

（二）水资源的循环利用

水是园林景观构成中的重要元素之一。有了水的滋润，环境中的草木、土地才能得以欣荣。一定面积的水体，可以丰富景观、隔离噪音、调节小气候等。但水不只是风景中一个优美的装饰，它更是设计者必须优先考虑到的一个处理的难题。众所周知，水资源短缺和水污染加剧已成为遏制当今全球经济发展的一大瓶颈，同时也威胁着人类的生存与健康。因此，为解决水资源短缺的矛盾，景观设计师们正尝试通过收集雨、污水并处理后再生利用的方式，以节约景观和建筑用水，减轻水体污染，改善生态环境，并创造出优美的自然景观奇迹。

1. 雨水资源利用

雨水资源利用不仅是狭义地利用雨水资源和节约用水，它还具有减缓城区雨水洪涝和地下水位的下降，控制雨水径流污染、改善城市生态环境等意义。雨水资源利用目前在建筑及景观设计中得到较大尝试，并已发展成为一种多目标的综合性技术。它主要涉及雨水的收集、截污处理、储存和景观应用等流程。

（1）建筑屋顶雨水收集

通常单户建筑屋顶雨水收集，是利用屋檐下安装的雨落管道把水汇集到专门的蓄水桶中，经过沉淀和过滤的自然净化作用后，雨水慢慢溢出流下。如果蓄水桶下是绿地，则直接对绿地进行浇灌，如是可渗透性地面如生态硬质铺装等则直接回灌入地下。

（2）地面雨水收集利用

在城市中应用最多的还是地面雨水的收集。由于城市存在大量不透水硬质铺装，导致大量地面雨水无法渗入地下。如果只通过人工管道系统将雨水直接排入江、河、海，不仅因其流量大、杂质多对城市给排水装置造成巨大压力，而且以其携带的大量污染物质也加剧了江、河、湖、海等受水体的生态负担，造成一定程度的环境污染影响。因此如何有效收集利用地面雨水，并将其过程及应用与城市景观建设和环境改善结合起来，将是今后景观设计师们面临的一大课题。

2. 废、污水处理与利用

污水是由于人类活动而被玷污的天然洁净水，即是指因某种物质的介入而导致水体物理、化学、生物或放射性等方面特性的改变，这从而影响了水的有效利用，危害人体健康或破坏生态环境。废污水形成主要源于居民生活污水、工业排放废水或农村灌溉等废水的污染。通常表现为各种江河湖泊等接受污染的受水体形式。如果将废污水进行净化和再生利用结合起来，去除污染物，改善水质后加以回用，不仅可以消除废污水对水环境的污染，而且可以减少新鲜水的使用，缓解需水和供水之间的矛盾，取得多种效益。作为缓解水资源稀缺的重要战略之一，废污水资源化正日益显示出光明的应用前景。

（1）废污水处理方法

废污水处理是利用各种技术措施将各种形态的污染物质从废水中分离出来，或将其分解，转化为无害和稳定的物质，从而使废水得以净化的过程。具体处理方法根据生态平衡要求可包括物理处理法和生物处理法。

①物理处理法

这是利用物理作用来进行废污水处理的方法，主要用于分离、去除废污水中不溶性悬浮物。通常使用的处理设备和具体方法有隔栅与筛网、沉淀法以及气浮法。隔栅由一组平行的金属栅条制成的具有一定间隔的框架。将其斜置在废水流经的渠道上，可去除粗大的悬浮物和漂浮物。筛网是由穿孔滤板或金属构成的过滤设备，可去除较细小的悬浮物。沉淀法的基本原理是利用重力作用使废水中重于水的固体物质下沉，从而达到与废水分离的目的。气浮法的基本原理是在废水中通入空气，产生大量细小气泡，使其附着于细微颗粒污染物上，形成比重小于水的浮体，上浮至水面，从而达到使细微颗粒与废水分离。

②生物处理法

利用微生物氧化分解有机物的功能，采用一定人工措施营造有利于微生物生长、繁殖的环境，使微生物大量繁殖，以提高微生物氧化分解有机物的能力，并使废水中有机污染物得以净化。根据采用的微生物的呼吸特性，生物处理可分为好氧生物处理和厌氧生物处理。

好氧生物处理法是利用好氧微生物在有氧环境下，将废水中的有机物分解成二氧化碳和水。好氧生物处理效率高，使用广泛，主要工艺包括活性污泥法、生物滤池、生物接触氧化等。

厌氧生物处理法是利用兼性厌氧菌和专性厌氧菌在无氧条件下降解有机污染物的处理技术，最终产物为甲烷、二氧化碳，多用于有机污泥、高浓度有机工业废水的处理，一系列厌氧处理构筑物如厌氧污泥床、厌氧流化床、厌氧滤池等。另外，利用在自然条件下生长、繁殖的微生物处理废水的自然生物处理法也有应用，它工艺简单，建设与运行费用较低，但净化功能易受自然条件制约，主要处理技术有稳定塘和土地处理法。

（2）废污水处理结合利用

对废污水进行处理并结合景观设计在国内尚属较新的课题，它要求设计者不仅要熟知水文、生态、环境及社会专业知识，能深入掌握污染来源、处理及生态环境治理原则和方法，同时还需有较高的景观设计及艺术修养。对待这种课题的挑战，我们极需借鉴国外一些相关专业方面成功的案例，同时，根据场地实际情况系统科学地调查分析，以提出具有一定景观价值的解决问题的设计方案。试想，通过一系列鲜明的景观要素，结合环境科学与生态工程技术，让废污水处理工艺在一个个跳跃动听的"音符"中为游人展现出一副优美的自然画面，是一个多么令人愉悦的经历，这样的景观不仅提升了环境的视觉品质，同时也能极大地激发市民的生态觉悟意识。

（三）循环使用建筑材料

自工业革命后出现的大批重要工业、运输基地，经过几十甚至上百年的辉煌发展历程，在二十世纪六七十年代随着后工业时代的到来和城市产业布局的调整，逐渐衰落、倒闭。

由此那些纵横交错的铁路、公路、运河、高大的烟囱、堆料场，以及大量质量很好的建构筑物都被闲置与废弃。这些质量、结构良好的构筑物，见证了场地上产业兴盛、衰败的发展史，同时也记载着原有的历史风貌，对它们进行再生性循环利用便具有极大的经济、社会和生态意义。

通常在场地开发中，对这些具有一定历史文化、景观或生态价值的建、构筑物材料采取的再利用对策包括以下：

1. 构筑物的改造设计

建构筑物改造设计在历史性建筑保护利用上表现明显。由于建筑物质寿命通常比其功能寿命长，且建筑内部空间具有更大灵活性，与其功能并非严格对应，因此建筑可在其物质寿命之内历经多次变更、改造。在具有历史意义的工业废弃场地上进行园林设计，也应根据原有建构筑物条件和新的使用需求，对一些质量很好的构筑物进行改造设计。其中常采用的更新手段包括：

（1）维持原貌

即部分或整体保留构筑物外观形式，加以适当修缮，维持其历史风貌，处理成场地上的雕塑，成为一种勾起人们往昔回忆的标志性景观。通常这些构筑物只强调视觉上的标志性效果，并不赋予其使用功能，例如在美国西雅图市煤气厂公园，园林设计师哈格保留了一组劣迹斑斑的深色裂化塔，它们赫然昭示着历史与过去的回忆。又如在杜伊斯堡北部风景园，园林设计师拉兹把50～60m高的大型旧鼓风炉保留了下来，经过稍加处理后，作为市民攀登与远眺的最好切寇；另外，原工储煤仓遗留下来的许多高大的混凝土构筑物也被就势保留，并加以利用成为现今众多登山爱好者的攀岩训练场。

（2）新旧更替

即以原有构筑物结构为基础，在材料或形式上进行部分添加或彻底更新调整，赋予构筑物新的功能或新形式，最终将历史与现代自然地穿插融合，产生一种新旧交织的风格，从而使构筑物更具历保留下来的高炉史时空感。例如在美国西雅图煤气厂公园有一处游乐宫，其实就是一组涂上明亮的红、橘黄、蓝及紫色的压缩塔和蒸汽机、涡轮机组，这些色彩鲜亮、经过安全处理的器械构件犹如巨大的各式玩具，保留用作攀登的混凝土构筑物给游人带来无穷的乐趣和思考，成为儿童和大人们一起玩耍的乐园。

2. 废弃建造材料的再利用

废弃建造材料主要指场地上原有的废置不用的建造材料、残砖瓦砾以及一些工业生产的废渣及原材料等。众所周知，景观建设从建设材料的生产到建造和使用过程都需要消耗大量的自然资源和能源，并且产生大量污染，例如每生产10吨熟料水泥要排放1吨二氧化碳和大量烟尘。因此，尽量节省原材料，采用耐久性强、对环境无害的废弃建造材料，这是节约能源、高效利用资源、减少环境污染的有效措施。

通常对废弃场地上的废弃材料进行循环利用有两种方式：第一种方式是重现废料面貌，将其稍加修缮处理后展示，以呈现具有历史含义的独特景观。例如在杜伊斯堡北部风景园中，园林设计师拉兹就大量利用了场地上废弃的建造材料。在铸件车间发现的49块大铁砖被用来铺设"金属广场"，这些方形铁砖被冲洗干净后整齐地按正方形格网排列在广场上，犹如一件极简主义的艺术作品令人怦然心动；废旧的铸铁沿螺的废铸铁庭园小景旋线形整齐地排列；与野生的地被植物共同组合成一副优美的庭园小景；一些废弃的高架铁路和路基被作为公园中的空中游步道和地面步行系统的一部分，以满足人们漫步、游息的需要，成为人们登高赏景的好去处，同时也具有独特的历史识别性。

第二种方式是对废弃材料另行加工利用，处理成建设材料的一部分，看不到其原有面貌，从而完全地融入到公园建设之中。如杜伊斯堡北部风景园中，一些砖块和石头被碾碎后用于混制混凝土；原先厂区里堆积的焦煤、矿渣及矿物成为一些植物培育的基质材料，或用作铺设地面面层的材料。

这种原有"废料"的利用不仅极大地保留了场地的历史产业信息，显示了设计师对历史的尊重，同时也最大限度地减少了对新材料和相关能源的耗费，展示出一种崭新的科学理性精神。

4.废物再生利用

这里的废物主要是指容易收集、运输、加工处理并回收利用的固体废物。它通常是在社会的生产、流通、消费等一系列活动中产生并在一定时间和地点无法利用而被丢弃。固体废物具有鲜明的时间和空间特征，是在错误时间放在错误地点的资源。从时间方面讲，它仅仅是在目前的科学技术和经济条件下无法加以利用，但随着科学技术的发展以及人们的要求变化，今天的废物极可能成为明关的资源；从空间角度看，废物仅相对于某一过程某一方面无使用价值，而并非在一切过程或一切方面都没有使用价值。另外由于一些固体废物含有有害成分，因此任其扩散，极易成为大气、水体和土壤环境的污染"源头"。所以对固体废物进行污染防治和资源化综合利用变得极为有意义。

通常固体废物资源化有3种途径，即物质回收，如直接从废弃物中回收纸张、玻璃、胶制品等物质；物质转换，即利用废物制取新形态的物质，如利用废玻璃和废橡胶生产铺路材料；利用炉渣生产水泥和其他建设材料；利用有机垃圾生产堆肥等。以及能量转换，即从废物处理中回收能量包括热能或电能，如通过焚烧处理有机废物回收热量，进一步发电；利用垃圾厌氧消化产生沼气，作为能源向居民供热和发电。

第三章　园林工程管理

第一节　园林工程管理概述

一、园林工程施工管理与时俱进的重要性

目前，随着我国园林工程设计和施工水平的不断提高，施工企业的不断发展壮大，市场竞争也越来越激烈，要想在激烈的市场竞争中求生存求发展，就必须提供优质、合理低价、工期短、工艺新的园林工程产品，从而与时俱进。但是，要生产一个品质优良的园林工程产品除合理的设计、工艺、施工技术水平、材料供应等外，还要靠科学有效的施工现场作为前提。我们知道，施工现场管理水平的好坏取决于随机应变能力、现场组织能力、科学的人财物配置，以及市场竞争能力。实际上，园林工程在开始建设以前，就已经审查了建设企业的资质与条件。同时，还对施工企业的技术管理水平进行了考察对比。这样做的目的主要是看企业能否保证园林工程的施工质量和履约能力如何。现场施工管理是园林工程施工在施工中对上述各投入要素的综合运用和发挥过程，所以，控制管理在园林施工中具有十分重要的地位和作用。要想在扩大市场竞争能力，必须首先要着力抓好施工现场管理，与时俱进，只有搞好了园林工程施工现场的管理，才能提高施工质量、节约成本，提升企业的竞争能力，不断的开拓新的市场。

二、园林工程施工管理内容与作用

（一）施工流程视角的园林施工管理内容

1. 工程施工前准备

应详细了解工程设计方案，以便掌握其设计意图，并到现场进行确认考察，为编制施工组织设计提供各项依据。据设计图纸对现场进行核对，并依此编制出施工组织设计，包括施工进度、施工部署、施工质量计划等。认真做好场地平整、定点放线、给排水工程等前期工作。同时，做好物质和劳动组织准备。园林建设工程物资准备工

作内容包括土建材料准备、绿化材料准备、构（配）件和制品加工准备、园林施工机具准备等。此外，劳动组织包括管理人员，有实际经验的专业人员以及各种有熟练技术的技术工人。

2. 工程施工管理

对园林绿化工程施工项目进行质量控制就是为了确保达到合同、规范所规定的质量标准，通过一系列的检测手段和方法及监控措施，使其在进行园林绿化工程施工中得以落实。

（1）工艺及材料控制

施工过程严格按绿化种植施工工艺完成，施工过程中的施工工艺和施工方法是构成工程质量的基础，投入材料的质量不符合要求，工程质量也就不能达到相应的标准和要求，因此严格控制投入材料的质量是确保工程质量的前提。对投入材料从组织货源到使用认证，要做到层层把关。

（2）技术以及人员控制

对施工过程中所采用的施工方案要进行充分论证，做到施工方法先进、技术合理、安全文明施工。施工人员必须要有一定的功底和园林建设的基础、专业水准，才能将设计图纸上复杂的多维空间组景和植物的定位、姿态、朝向、大小及种类的搭配，通过对施工图纸的设计理念要有所感悟和配合，调整与创造最佳的工程作品。应牢牢树立"质量第一，安全第一"的思想，贯彻以预防为主的方针，认真负责地做好本职工作，以优秀的工作质量来创造优质的园林绿化工程质量。

（3）工程质量检验评定控制

做好分项工程质量检验评定工作，园林绿化工程分项工程质量等级是分部工程、单位工程质量等级评定的基础。在进行分项工程质量评定时，一定要坚持标准、严格检查，避免出现判断错误，每个分项工程检查验收时均不可降低标准。

（4）工程成本控制

园林绿化施工管理中重要的一项任务就是降低工程造价，也就是对项目进行成本控制。成本控制通常是指在项目成本形成过程中，对生产经营所消耗的能力资源、物质资源和费用开支，进行指导、监督、调节和限制，力求将成本、费用降到最低，以保证成本目标的实现。

3. 工程后期养护管理

加强园林绿化工程后期养护管理是园林绿化工程质量管理与控制的保证。园林绿化工程后期养护管理不到位，将严重影响园林绿化工程景观效果，影响工程质量。因此，必须加强园林绿化工程后期养护管理工作，确保工程质量。

（1）硬质景观的成品保护

因园林景观工程建成后大多实行开放式管理，人流量大，人为破坏严重，因此对成品的保护尤为重要。在竣工后，应成立专门的管理机构，建立一整套规章制度，由专人管理，对于出现损坏及时维修。

（2）绿化苗木的养护管理

绿化苗木的养护管理是保持绿化的景观效果、保障园林工程整体施工质量的重要举措。

（二）工程项目视角的园林施工管理内容

工程开工之后，工程管理人员应与技术人员密切合作，共同搞好施工中的管理工作，即工程管理、质量管理、安全管理、成本管理及劳务管理。

1.工程管理

开工后，工程现场行使自主的工程管理。工程速度是工程管理的重要指标，因而应在满足经济施工和质量要求的前提下，求得切实可行的最佳工期。为保证如期完成工程项目，应编制出符合上述要求的施工计划。

2.质量管理

确定施工现场作业标准量，测定和分析这些数据，把相应的数据填入图表中并加以运用，即进行质量管理。有关管理人员及技术人员要正确掌握质量标准，根据质量管理图进行质量检查及生产管理，确保质量稳定。

3.安全管理

在施工现场成立相关的安全管理组织，制定安全管理计划，以便有效地实施安全管理，严格按照各工程的操作规范进行操作，并应经常对工人进行安全教育。

4.成率管理

城市园林绿地建设工程是公共事业，必须提高成本意识。成本管理不是追逐利润的手段，利润应是成本管理的结果。

5.劳务管理

劳务管理应包括招聘合同手续、劳动伤害保险、支付工资能力、劳务人员的生活管理等。

（三）管理的作用

园林工程的管理已由过去的单一实施阶段的现场管理发展为现阶段的综合意义上的对实施阶段所有管理活动的概括与总结。随着社会的发展、科技的进步、经济实力的壮大，人们对园林艺术品的需求也日益增强，而园林艺术品的生产是靠园林工程建设完成的。园林工程施工组织与管理是完成园林工程建设的重要活动，其作用可以概括如下。

1.园林工程施工组织与管理是园林工程建设计划、设计得以实施的根本保证。任何理想的园林工程项目计划，再先进科学的园林工程设计。其目标成果都必须通过现代园林工程施工组织的科学实施，才能最终得以实现，否则就是一纸空文。

2.园林工程施工组织与管理是园林工程施工建设水平得以不断提高的实践基础。理论来源于实践，园林工程建设的理论只能来自于工程建设实施的实践过程之中，而园林工程施工的管理过程，就是发现施工中存在的问题，解决存在的问题，总结、提高园林工程建设施工水平的过程。它是不断提高园林工程建设施工理论、技术的基础。

3.园林工程施工组织与管理是提高园林艺术水平和创造园林艺术精品的主要途径。园林艺术的产生、发展和提高的过程，实际上就是园林工程管理不断发展、提高的过程。只有把历代园林艺匠精湛的施工技术和巧妙的手工工艺与现代科学技术结合起来，并对现代园林工程建设施工过程进行有效的管理，才能创造出符合时代要求的现代园林艺术精品。

4.园林工程施工组织与管理是锻炼、培养现代园林工程建设施工队伍的基础。无论是我国园林工程施工队伍自身发展的要求，还是要为适应经济全球化，努力培养一支新型的能够走出国门、走向世界的现代园林工程建设施工队伍，都离不开园林工程施工的组织和管理。

三、园林施工管理存在的问题与措施

（一）园林工程建设中的问题

1.相关管理人员素质参差不齐

由于园林工程施工不同于单纯的建筑施工或公路施工，园林工程施工要求从决策者、设计者到施工者、验收者等都必须具备相应的学科知识。但目前我国绝大部分相关管理人员并不具备这些专业知识，以至于在具体施工管理过程中无法做好管理工作。解决这个问题的对策则需要加强园林施工管理队伍的建设和培养锻炼，与时俱进地引进先进的管理方法和人才。

2.园林施工组织设计不完善

园林工程施工的前期，要对必要投入进行科学合理地规划和利用，这都取决于施工组织设计的真实性和有效性。前期施工组织设计如果不准确，既是对整个工程进度、质量的极大不负责任，也必将导致整个施工过程中各环节的衔接不当和工期延误。因此要提高对施工组织计划的重视程度，它是整个工程项目的纲领。

这个问题的解决对策，首先应该确立园林施工组织计划的唯一性，即确保计划是针对某一园林工程专门制定的，杜绝照抄照搬，更应与时俱进。其次应对工程项目进行专门的考察，制定符合该项目的施工预算和计划，并对植物的种植时间等进行严格的编排，这样才能有效地促进园林工程的施工进度，保证施工质量。

3.对设计交底和图纸会审工作缺乏重视

一项园林工程的实施及其最终效果如何，需要完全体现在设计图纸上。只有通过建设单位、设计单位和施工单位严格进行设计交底工作与图纸会审工作，才能确保设计的可行性与合理性。但目前许多设计单位和建设单位都不重视这方面的工作，因而造成了设计漏洞和园林施工单位因未完全领会设计意图而影响工程进度等情况发生。

针对这个问题，良好的对策应严格执行园林设计图纸的交底和会审工作。园林设计图纸的好坏直接影响到整个园林工程施工的好坏。设计图纸交底和严格会审能够及时发现设计中的缺陷和问题，并在园林施工前及时纠正，避免施工过程中出现更大的损失。

4.园林施工建设队伍结构不合理

目前，我国园林施工建设队伍结构普遍较为单一。在多数情况下，园林建设被当成了一般的工程建设，虽然有土建方面的人才，但他们对于生物学和美学方面却不甚了解；有些项目在施工中虽然邀请了一些园林方面的专家加入，但是在统一协调方面的工作却做得不够充分，从而造成了在管理上缺乏全局意识，出现施工漏洞。

解决这个问题要从切实提升园林施工人员的技术水平方面入手。我国的建筑市场施工人员队伍普遍存在着素质低、施工技术水平落后等情况，这需要建设单位严格选择有资质的施工入伍，并且在施工之前针对工程的具体情况进行必要的进场前人员培训，各施工单位在进行人员招聘时也要更加严格，防止滥竽充数的人员混入施工队伍当中。

（二）加强园林施工管理的措施

1. 切实做好施工前准备工作

在掌握设计意图的基础上，根据设计图纸对现场进行核对，编制施工计划书，认真做好场地平整、定点放线、给排水工程等前期工作。

2. 严格按设计图纸施工

绿化工程施工就是按设计要求艺术地种植植物并使其成活，设法使植物尽早发挥绿化美化的过程、所以说设计是绿化工程的灵魂，离开了设计，绿化工程的施工将无从入手；如不严格按图施工，将会歪曲整个设计意念，影响绿化美化效果、施工人员对设计意图的掌握、与设计单位的密切联系、严格按图施工，是保证绿化工程的质量的基本前提。

3. 加强施工组织设计的应用

根据对施工现场的调查，确定各种需要量，编制施工组织计划，施工时落实施工进度的实施，并根据施工实际情况对进度计划进行适当调整，往往能使工程施工有条不紊，保证工程进度。在工程量大、工期短的重点工程施工上有十分显著的作用，特别是在园林工程上更加有必要加强施工组织设计的应用，施工组织机构需明确工程分几个工程组完成以及各工程组的所属关系及负责人、注意不要忽略养护组、人员安排要根据施工进度，按时间顺序安排。

4. 坚持安全管理原则

在园林施工管理过程中，必须坚持安全与生产同步，管生产必须抓安全，安全寓于生产之中，并对生产发挥促进与保证作用。坚持"四全"动态管理，安全工作不是少数人和安全机构的事，而是一切与生产有关的人的共同事情，缺乏全员的参与，安全管理不会有生机，效果也不会明显。生产组织者在安全管理中的作用固然重要，全员性参与安全管理也是十分重要的。因此，生产活动中对安全工作必须是全员、全过程、全方位、全天候的动态管理。

5. 材料采购环节要严格把关与时俱进采用新型的材料

材料是建设的基础，也是确保工程质量与进度的关键因素。在园林设计施工过程中的材料采购，不仅包括了一般的土建材料采购和水电材料采购，还包括了园林景观造型材料的采购，如在园林景观施工当中，出现的钢、砖骨架存在着施工技术难度大、纹理很难逼真、材料自重大、易裂和褪色等缺陷，为了节约成本，我们可采用一种新型的材料——玻璃纤维强化水泥（GRC），可避免以上缺点。

第二节　园林施工企业人力资源管理

一、园林施工企业人力资源管理现状

（一）企业人力资源管理研究现状

人力资源管理就是通过对特定社会组织所拥有的能推动其持续发展、达成组织目标的成员进行的一系列的管理活动，并通过对人和事的管理，处理人与人之间的关系、人和事的配合，充分发挥人的潜能，并对人的各种活动予以计划、组织、指挥和控制，以实现组织的战略目标。

人力资源管理的获取主要指的是人才的招聘，人力的数量是客观有限的，因而如何吸引人才，如何保留人才，如何发挥人才的最高效用成为企业人力资源管理所要研究的重点问题。传统的人才招聘往往只重视学历与品德，忽略文化价值因素，而且不考虑他们的兴趣爱好、工作态度、激励方式、价值取向、个人成功标准等因素，把这些所谓的标准件吸纳进企业后，再通过各种途径向这些人灌输公司的企业文化。

现代人力资源管理注重创造理想的组织气氛，为员工做好职业生涯设计，通过不断培训，人尽其才，发挥个人特长，体现个人价值，促使员工将企业的成功当成自己的义务，自觉维护并完善企业的产品和服务，从而提高个人和企业整体的业绩。面对新形势下的企业人力资源管理，管理者可以通过完善人才招聘体系、优化人才培训机制、重视薪酬设计以及人才合理布局等途径完善人力资源管理，充分地发挥以及利用员工的智慧，从而促进企业利润的最大化。

一些乡镇企业、民营企业、大企业集团下属的子公司、一些科技含量较高的新型企业，由于其自身规模较小，因此在人员管理上比较灵活，人员的调动和安排以及命令的下达和执行比较及时；岗位设置饱满，人员浪费的现象较少。但大多数中小企业家族制管理色彩较浓，这一特点也决定了中小企业在人力资源管理方面存在许多问题，不适合在现代经济环境下长期发展。

随着社会主义市场经济的快速发展，人力资源管理在企业管理中的作用日益重要。一个企业能否健康发展，在很大程度上取决于员工素质的高低与否，取决于人力资源管理在企业管理中的受重视程度。据此，对于中小企业的人力资源管理现状中存在的主要问题做出分析和总结尤为重要。

（二）园林企业人力资源管理研究现状

国内的相关研究文献数量较少，研究尚处于初级阶段。体现出国内园林施工企业人力资源管理的薄弱。这里通过对高校园林施工企业的人力资源管理进行探析，重点分析了高校园林施工企业人力资源管理缺失的原因：企业领导人对人力资源管理的认识不深、重视不力，领导人的注意力放在经济效益，园林行业的自然型运营等。他们认为应通过人力资源管理理念的转变，人力资源管理信息系统建设，实施科学的绩效考核，招聘忠诚人才和实行适才适用，加大对员工的培训力度，注重企业文化建设等措施来解决高校园林施工企业人力资源管理缺失问题。

　　以某园林公司为例，剖析其人力资源管理中存在的问题：人力资源管理理念不够重视，薪酬激励制度不健全，员工培训不足等，并针对这三大方面问题提出了解决方法。有人对园林施工企业人力资源开发与培养进行了阐述，论述了人力资源开发与培养的意义，指出了目前园林施工企业人力资源管理存在的问题，并提出人力资源开发与培养是解决现存问题的主要途径，具体可以通过理念的更新、培训、管理机制和体制的完善、职业水平的提高等一系列措施来实现。有人浅议了园林绿化单位人力资源开发的两大措施：构建合理的激励与约束机制和构建科学的人才培养与优化机制。有人研究了园林绿化工程项目人力资源管理，提出了目前现状中存在的问题，并从工程项目团队组织设计、质量和成本管理、工程项目团队建设与管理等方面提出解决方案。有人研究了如何做好园林企业人力资源管理与创新，认为要应从制定人力资源管理战略规划、推行管理人员聘任制、结合园林企业实际，多措并举培养人才、结合园林企业特点，完善机制用好人才、建立沟通协调机制，为全员沟通搭建平台、加强企业文化建设，发挥企业文化的凝聚作用等方面做好管理与创新工作。而有人则以中小园林施工企业为研究对象，提出了其人力资源管理中存在的问题，如企业的人才氛围和领导的用人观念陈旧淡薄、企业没有专业的人力资源管理人才、企业的人力资源结构不平衡等，并给出了几点改善建议：转型管理理念、建立健全管理制度、完善企业招聘机制，加大人才引进和人力资源开发力度等。

　　国外对园林行业的研究较少，这里对国内外园林行业人力资源管理的相关研究进行了梳理。在 EBSCO、EI、SCI 等数据库中，以 Landscape 或 Garden 和 Human Resource Management 为关键词进行了搜索，未发现有相关的研究。Google lawn designer 会有类似于园林设计的相关信息，但是和国内的园林设计并不属于同一范畴。国外推崇个性化园林设计，其操作模式和中国大相径庭。房地产开发商只进行基本的绿化处理，房主根据个人喜好雇佣草坪设计师，修剪个人所有权内的绿色植物，国外的作业方式属于一对一作业，和中国的标准化园林施工并不一样。

二、园林施工企业的业务特点

（一）业务内容多元

　　随着城市建设理念的进步和建设标准的提高，城市园林绿化的需求日益增大，由此带动园林行业结构逐渐变化、业务内容不断丰富。目前，园林施工企业涉及的业务范围已涵盖了城市绿化、生态修复和人文景观等内容，具体有道路绿化、地产绿化、广场公园建设、绿地湿地建设、厂区庭院绿化、风景名胜建设、屋顶及立面垂直绿化等。

　　从施工内容看，主要包括以下几方面内容：一是土方工程，主要包括地形塑造、场地整理、废土置换等；二是给排水工程，以植物灌溉、降水处理和盐碱处理为主；三是水景工程，包括小型水闸、驳岸、护坡、水池和喷泉等；四是假山工程，包括置石与假山布置、假山结构设施等；五是石材铺装工程，主要是园路和广场铺装为主的石材工程；六是绿化栽植工程，主要包括乔灌木种植、大树移植、地被草坪栽植等，还包括植物材料的养护管理；七是供电照明工程，主要包括道路照明、夜景灯光，以及游乐设施、影视音响、水景供电系统等，八是古建小品工程，包括以廊榭亭台为主的大型仿古建筑，也包括以休息、观赏、装饰、服务等为主的建筑小品。

（二）施工组织复杂

园林绿化施工从项目招标、原材料采购，到进场施工、养护管理等各个业务环节受自然和社会因素影响较多，造成组织复杂，管理困难。

1.范围广，涵盖专业多

园林绿化施工的主要内容包括施工测量、地形整理、排水系统、给水系统、电气照明系统、小品工程（假山、雕塑、喷泉等）、建筑工程（如古典建筑）、装饰工程（铺装）、钢结构安装工程、绿化及养护工程、休闲体育设施及标识等。涵盖专业包括建筑、市政道路、装饰、给水、排水、电气、钢结构、绿化等。

2.季节性强，反季节栽植量大

对于园林工程施工业务而言，苗木的种植与苗木资源在园林工程施工中的配置受季节性影响很大，尤其在北方地区，冬季寒冷，夏季酷热，大部分苗木不适宜栽植，但现在多数园林项目不考虑植物材料的季节性特点，必须规定时间段内完成施工，因此，即使进行复杂的技术处理，苗木成活率也得不到保证。同时，园林工程的施工还受雨雪天气等影响。

3.工期紧，各工种交叉施工频繁

通常综合性园林工程由于社会影响力较大，领导及市民的期望值较高，预定工期大多不足，往往比正常工期减少较多，这就迫使施工单位调整组织设计，增加赶工措施，组织多工种交叉施工。

4.变更量大，造价及施工成本控制难度大

造成园林绿化施工变更量大的原因主要有设计与现场脱节，图纸与现场不符，在方案阶段，设计单位往往仅凭委托单位提供的现状图及规划图设计，未到现场进行勘察测量复核，对现场地下状况更不了解；建设单位特别是有关领导对大型园林工程均寄予厚望，到现场视察指导较多，很多指导意见形成了建设单位的变更；以及为了赶工期，在施工方案及材料上变更较多。

5.战线长，施工空间小

城市中的园林绿化工程，不少是一条路一条街的美化，所以施工队伍会分散在较长的路段上，加上路街周边的空间有限，施工时的车辆、人员的回旋空间小；市区施工不可避免受行人、交通车辆等影响，不仅施工人员的安全系数不高，而且施工影响市民生命和财产安全的可能性也很大；同时还要考虑施工扰民、交通限行对工程车限制等因素。所以，施工组织的难度较大。

三、园林施工企业的人力资源结构特点

（一）类型多专业性强

园林学它是一门融自然科学、工程技术与人文学科于一体的综合交叉学科，所

以，从事园林设计施工的企业需要建筑学、城市规划、农学、林学、景观设计、项目管理、工程预算等众多方面的人才，以及大量具备实际操作能力的中职院校毕业的技术人员。由于园林施工企业大都多业态经营，每个业态之中还有非常多的业务分工，每一项业务的专业性是很强的，因此，园林施工企业必须具备各业务门类的专业人才，缺少哪一方面的人才都难以做好具体项目，甚至根本就竞争不到项目。当然，从园林工程建设的角度和企业的需求看，一个合格的园林人才要同时具备植物环境生态、建筑规划设计、艺术美学欣赏能力，这种复合型人才是企业竞争力的主要支撑力量。

但实际上同时具备多方面知识和能力的人才并不多，这与园林施工中各专业人才的知识和技能的跨度大、知识之间的契合度不大有关，也与当前高校对学生缺乏综合能力培养有关。例如工科院校的园林专业往往是在建筑学专业基础上向园林方向的适当偏移，毕业生对植物知识了解不够；农林院校的园林专业的毕业生侧重于园林绿化，缺乏建筑设计能力；综合性大学的园林专业则偏重于区域规划或是对景观地理学的深化和延伸；艺术院校毕业生更偏重于视觉的感受，对园林的工程技术知识了解甚少。将多方面的专业技术全部融会贯通难度很大，所以目前许多园林专业人才相关知识欠缺，特别是整个园林行业缺乏擅长苗木养护、工程管理和预算、规划设计的综合型专业技术人才。

（二）层次多差异性大

虽然每一个企业的人员都可以分层不同的层级，但不同的企业其成员构成的层级是不太相同的，或层级相同但层级间的差距是不同的。园林施工企业既需要规划、设计和管理的领军人物，也需要负责某一业务领域的技术和管理骨干、具体实施项目的现场熟练技工和生产一线的工人。园林施工企业与高新技术企业相比，人员的层级多、层级之间的差距大；与相似的工程建设企业比较，又在规划设计高层次人才方面有自己的需求。所以，人员层次多差异性大，也导致人力资源管理的难度增加。

而且，从总体上看，园林施工企业人员和人才的总体素质不很高。园林施工企业的员工，是"城市的农民，农村的工人"，园林施工相较于其他工作类型，较为辛苦，较难吸引高素质人才。另一方面，劳动密集型作业，对学历要求不高，技术门槛相对较低，更有利于低素质人才进入。随着城市化进程不断加剧，不少农村人口受限于教育水平，纷纷进入建筑施工行业。园林施工作为建筑施工的分支领域，也是众多的教育水平劳动力选择的工作对象。同时，园林施工企业面临着几乎所有劳动密集型企业都面临的问题：人才教育水平普遍偏低，技术水平良莠不齐而且由于园林施工企业缺乏良好的教育、培训系统，使得员工在就业后综合素质的提升较慢。

员工综合素质的高低，一方面，影响人员流动性。素质较高的员工会为自己设定更好的职业生涯规划，在选择工作上相对理性，稳定性一般较高；素质较低的员工，在工作选择上容易被外界因素甚至是情绪影响，稳定性一般较低；另一方面，影响工作质量。从短期看，员工素质对工作的完成质量和数量的影响不明显，从长远看，综合素质较高的员工更善于处理突发状况，持续优化工作流程，而综合素质较低的员工则缺乏处理突发状况的能力，环境适应性较差，缺乏优化工作流程的主动性。

综合来说，园林施工企业的人力资源发展尚处于初级水平，仍然有诸多地方有待完善。而这些有待完善的地方，正是制约企业更好发展的关键因素。

（三）人才少流动性大

目前园林施工企业的人才缺口较大，一方面是社会对园林人才的评价水平较低，多数园林从业者认为社会地位不能从职位中彰显出来；另一方面，现存的园林人才的专业知识和技术水平参差不齐，不能满足多样化的工作需求，以完成工作任务。

对园林从业者的基本能力要求是以充分发挥和协调园林的生态效益、社会效益和经济效益的基础上，正确和妥善处理园林施工中风景园林景观和工程设施之间的矛盾。例如，2013年的《北京地区园林人人才需求统计》报告显示：北京市2013的园林绿化学校毕业生已经实现100%就业。可是即使这样，北京市的园林绿化人才缺口仍然在上万人。人才呈现明显的供不应求趋势，工资待遇也自然水涨船高。该报告还指出，2011—2013年，各园林高校的毕业生，薪酬都增长了25%~50%不等。而2013年的《重庆地区园林人人才需求统计》报告显示：重庆现有园林企业超过400家，而主要城区的园林人才缺口则在5000人以上，符合标准的综合园林施工人才月薪一般能达到6000元，技术水平较高的则是上万元。不少招聘网站负责人也声称，目前中国市场对园林工程项目经理、园林工程概算师、园林工程监理人等综合性园林人才的需求极为旺盛。

不同的园林施工企业对人才的需求层次也有差异。大规模的园林施工企业（>1000人）一般有多层次的人才需求，也设有多重园林人才岗位，从管理岗位到施工岗位，涵盖种类较多。中等规模的园林施工企业（500~1000人），人才需求层次则较少，对管理方面人才的需求，明显少于规模较大的园林施工企业，管理人才供应量大约少于较大园林企业50%，基层施工人员需求较为旺盛；小规模的园林施工企业（100~500人），则有更好的人才层次需求，一般对管理人才需求的比例是中等规模园林企业的40%，对基层人员需求旺盛。对于员工数量少于100人的施工企业，则缺乏管理人才需求意识，注重一线员工的招聘。一方面由于国内零散的施工企业较多，且缺乏系统管理思维，使得人才流失率较大。

日益发展的园林绿化市场和相对紧缺的人才资源的矛盾，使高端园林施工人才具有较大的跳槽空间。在国有园林施工企业，由于企业准事业单位性质的保障条件和相对规模较大带来的业务稳定性等因素，高层次人才的流动矛盾不很突出，而在民营小规模园林绿化企业，留住人才的难度很大，普遍面临人员流动居高不下的压力。在企业低端的施工人员方面，由于大量用工是自有或外包单位的农民工，临时性的特征比较明显，施工企业对其的约束力并不大，加上顶烈日、冒风雪的工作性质，人员的流动性较大，使得一线顶岗的熟练工很少。

人员流动性是企业稳定发展的前提条件，是影响企业发展至关重要的因素。一方面，企业稳定的人员结构有助于更好地创造价值，减少企业运营过程中产生的浪费；另一方面，市场更愿意接受人员稳定性强的企业，相信稳定的人员构成有助于工程保质保量地完成。因而稳定的人员结构有助于企业增强自身抵御风险的能力，同时增加企业自身的竞争力。

四、园林施工企业人力资源管理的主要问题

随着改革开放的不断深入和经济全球化的日益扩展，过去一直处于劳动密集型的园林施工企业，面临前所未有的竞争和压力。

在我国只有10%不到的园林施工企业是国有企业，拥有政策资源和优势的这部分企业所创造的价值超过了40%，而另外90%是民营企业，则需要更好的人力资源管理去提高施工利润率。但无论是国有的还是民营的园林企业，总体上属于传统企业，在人力资源管理理念上一直受传统管理思维和管理体制的影响，许多管理误区存在于企业的资源配置、管理职能设计以及开发和利用等方面。如企业和管理层不看重培训、奖励制度，缺乏良好的晋升空间，缺乏结合和运用新技术的能力，使得园林施工企业普遍在人才晋升、培训、奖惩等机制上依然存在很大欠缺。一方面，一些中小型园林施工企业对"人才"重视程度较低，没有"人才"战略，更不用说人才培养；另一方面，大型园林施工企业，虽然开始重视人才，但缺乏系统的管理理念，使得很难发挥人才最大价值，制约人才更好地为企业服务。这些问题毫无疑问，已经成为制约企业的人力资源管理生存和发展的障碍和瓶颈。

成熟的管理机制是基于成熟的管理理念的，园林施工企业管理理念落后的问题，使得园林施工企业缺乏建立更加优良的人力资源管理体制的主动性，同守传统的管理体制，缺乏创新，进而使人才技能提升缓慢，难以最大限度地发挥人才的价值，提高工作效率也使得人才流动性居高不下，人力资源管理成本提高。总体来讲，园林行业缺乏对专业从业者进行人力资源管理的战略性规划；专业从业者人才素质参差不齐，高层次人才缺乏；专业化和综合化培训不足；缺乏有效的激励措施，影响了专业从业者工作的积极性。这些都影响着园林行业的发展。

面临愈发激烈的市场竞争环境，企业的第一要务是认清园林施工行业的特点，找出园林施工企业自身在人力资源管理方面存在的问题，通过解决这些问题-建立新的、适合自身发展的人力资源管理机制，最大限度地发挥和挖掘人力资源的作用，从而提高自身的竞争力和抗风险能力。加强人力资源管理是我国园林施工企业的当务之急，使得研究我国园林施工企业人力资源管理的现状变成一件非常有意义的事情。

这里分析了当今我国园林施工企业人的力资源的现状和存在的主要问题，并阐述了搞好园林施工企业人力资源的基本对策，并指出了要"以人为本"，贯彻执行重视人才、引进入才、培养人才、留住人才的基本人力资源管理的科学理念。同时建立符合园林施工企业自身发展的人力资源模型，实现园林施工企业人力资源优化配置方案，帮助企业更好地生存和发展。

第三节　园林工程招标投标与合同管理

一、园林工程招标投标管理

（一）招投标影响因素及流程

1. 招投标概述

招投标即对工程、服务项目以及工程事先公布的要求，以特定的方式组织和邀请一定数量法人或者其他组织进行投标，由招标人公开进行招标，选择最后的中标人或者中标企业。招投标制度最初诞生在19世纪的英国，当时资本主义盛行，相关法律制度为其更加坚实的保障。招投标制度经过不断完善和创新，逐渐得到了国际组织的认可，逐渐成为一种较为合理的交易方式。我国最初是在1902年引入招投标制度，但是在当时的时代背景下，招投标制度难以有效落实，而后改革开放，市场经济体制改革下，招投标制度得到了广泛应用，首次提出对于一些承包的生产建设项目，可以采用招投标的方法。吉林市和深圳特区率先进行试点工作，取得了十分突出的成效，随后在全国范围内展开。

2. 影响工程招投标的因素

（1）相关法律法规建设还不够健全

建设工程招投标是在一个公平、公正、公开的平台上进行的竞争活动，是平衡市场的一种先进手段，是一个相互制约、相互配套的系统工程，由于我国招标投标制度起步晚，经验不足，与国外发达国家相比，招标投标方面的相关法律、法规体系尚不健全，行政监督和社会制约机制力度不够，往往在问题发生之前没有相关的整改措施。

（2）行政干预

招投标程序是相关行政部门制定的，在实际操作中行政部门具有监督权和管理权，不像发达国家的行政部门只是宏观管理，而不直接参与的方式，使得我国招投标难以实现公平竞争，许多工程项目招投标表面上看好像是招投标双方在平等互利的基础上进行交易，招投标的程序合理合法，但实际上在每个环节上都可能出现"指导性意见"，很多工程建设单位不能独立自主地进行，都要受来各自方面的行政力量的干预和制约。有的主管部门滥用行政权力限定所属单位的工程"内定"给某个施工单位/出现陪标、围标等不良行为，使招投标徒具形式，出现规避招标和假招标现象。

（3）市场因素波动大

市场因素波动大，特别是影响工程造价的人工、材料、机械等价格变化。有地区差、季节差、年度差、品种差等，加之我国的市场经济实施较迟，其调控力度不大，还受很多因素影响和控制，招标单位和投标单位控制工程造价的难度都很大，易造成招标定价和投标报价的失控。

（4）标底随意和泄密

虽然我国实行了招标投标制度，受长期的习惯影响，建设单位的主观倾向性还是普遍存在的，加上行贿受贿、关系、情面等影响，标底极易泄漏，保密性差，有时为了让自己心中的单位中标，标底编制很不严谨，为的是让其他投标单位偏离标底而溜标。

（5）评标定标缺乏科学性

评标定标是招标工作中最关键的环节，也是最易出现问题的环节，其直接关系到招标方和投标方的切身利益，也直接影响工程的实施，是实现工程"三控制"目标的关键之一。要保证评标定标的公平合理，必须要有一个公正合理、科学先进、操作准确的评标方法。

其实最主要的还是人的因素：

①评标委员会是由单数5人以上的人员组成，而且专家要占2/3，评标尺度、标准、主观权都有很大的自由度，在评标过程中自由性、随意性较大，规范性不强。

②评标中定性因素多，定量因素少，缺乏客观公正。

③人为溜标现象时有发生，根据《招标投标法》规定，投标单位少于3个的必须重新招标，连续两次溜标的可以议标。有些建设单位就是抓住这点，人为地限制投标单位数量，达到议标的目的。

（6）行贿受贿

行贿受贿主要是指投标方的违规行为，由于市场经济的实施，加之施工单位的改制，数量众多，市场竞争比较激烈，一些施工单位为了获取项目，常常采取不当行为，如：低价中标，再采取偷工减料；弄虚作假骗取中标；串标；转包、分包之后的再分包；工程结算和验收时行贿送礼等违规行为时有发生。

（二）园林工程投标流程与管理

1. 园林工程投标前期工作

（1）认真研读招标文件和设计图纸

为了深刻领会招标文件的各种要求和规定，仔细分析设计图纸中作品与作品之间的相互关联，以及材质的构成、苗木品种的搭配等。

必须仔细研究设计的主题立意，提炼设计的中心重点内容，分析项目的技术难点，并科学说明解决技术难点的详细步骤，力求采用新材料、新方法、新工艺，以突出自身的技术优势。

（2）认真勘察施工现场的环境

投标环境是招标工程项目施工的自然、经济和社会条件。投标环境直接影响工程成本，因而要完全熟悉掌握投标市场环境，才能做到心中有数。主要内容包括：场地的地理位置；地上、地下障碍物种类、数量及位置；土壤（质地、含水量、pH值等）；气象情况（年降雨量、年最高温度、最低温度、霜降日数及灾害性天气预报的历史资料等）；地下水位；冰冻线深度及地震烈度；现场交通状况（铁路、公路、水路）；给水排水；供电及通信设施。材料堆放场地的最大可能容量，绿化材料苗木供应的品种及数量、途径以及劳动力来源和工资水平、生活用品的供应途径等。

（3）认真听取招标单位对项目施工的补充要求

在充分了解和明确招标文件与设计图纸内容之后，务必要了解投资方有什么新的意向，主观上还有什么其他设想。应在不违反招标文件规定，不影响工程施工质量的前提下，尽可能考虑和吸纳投资方的主观意向。这样制定出来的技术标，将更具有竞争力。

2.优化施工方案

施工方案一方面即是招标单位评价投标单位水平的主要依据，另一方面也是投标单位实施工程的基本要领，通常都由投标单位的技术负责人来制。一份优秀的施工方案无疑会在竞标过程中为本企业加分。在制定园林工程施工方案时，应注意如下两点：

（1）投标文件应当对招标文件提出的实质性要求和条件作出响应。投标文件内容应该结合施工现场具体条件，按照招标文件要求的工程质量等级和工期要求，根据施工场地条件、交通状况和工程规模大小，认真研究绿化施工图纸，结合自身的施工技术水平、管理能力等诸多因素，合理安排施工顺序和苗木栽种顺序，恰当选择施工机具，提高具体措施如何利用有利因素，规避不利因素，保障工程质量和工程进度。这些具体措施往往能得到业主赏识，从而达到出奇制胜的效果。在招标文件要求的情况下，施工单位如果发现有某些设计不合理并可以改进之处，根据自己的苗木来源和环境条件需要，在符合相关规范的要求下，可提出自己的优化设计或节约投资的设变更。

（2）很多施工单位编制的投标书空话连篇，照搬教科书，具体措施缺乏可操作性。为避免这一现象的发生投标书中提出的管理机构、施工计划、施工机械、苗木组织、各项施工技术措施（包括栽植措施、养护管理措施等）、安全措施、保洁措施等应真正符合园林招标的要求。

3.做好预算编制工作

（1）校核工程量

由于现在的项目均采用量价分离的形式进行报价，因此，投标人在投标前一定要对招标文件中的工程数量进行复核。

投标单位应根据招标文件的要求和招标方提供的图纸，先按工程量计算规则计算出工程量，以便于计算出整个项目的实际成本，然后再与招标单位提供的工程量清单进行比较和分析。

审核中，要视招标单位是否允许对工程量清单内所列的工程量来进行调整决定审核办法。如果允许调整，就要详细审核工程量清单内所列的各工程项目的工程量，对有较大误差的，通过招标单位答疑会提出调整意见，取得招标单位同意后进行调整；如果不允许调整工程量，则不需要对工程量进行详细的审核，只对主要项目或工程量大的项目进行审核。这样，一来可以审核所算的实际成本是否正确，二来可以找出工程量清单工程数量与最终工程数量的差异，或者是否遗漏工程项目。

经过认真分析，就可对综合单价进行技术处理。在复核工程量清单中的数量时，对照图纸弄清楚清单中每一项目的数量究竟是由哪些工序的数量组成的。

（2）准确套用定额

园林工程中项目众多，这里重点对苗木与土方两方面进行分析。

①苗木费用

绿化种植工程中，工程苗木费用在预算造价中占有很大比重。不同于其他建材价格比较稳定的特点，苗木价格在不同季节价目都会有些变化，所以预算的编制要按照设计的时间套用当季苗木价格。

苗木费用的几种取定方法为：地区性建设工程材料指导价格上有相应规格苗木单价的，按其作为苗木价。一般指材料采购并运输至施工现场的价格，没有特殊情况，不需增加苗木运输费用。指导价上没有的，参考上季度指导价或者附近省市公布的苗木价格的资料，综合考虑运输搬运费用作为苗木价。资料上都找不到的，可以咨询附近苗圃。一般园林绿化设计都会选择比较适宜当地环境生长的苗木，大都可以在附近菌圃中找到相应规格的苗木。

②土方工程费用

原地形标高、土壤质量符合绿化设计和植物生长要求不需另外增加土方时，可计算一次平整场地费用。原地形标高符合设计要求，少量土方质量不符合植物生产要求时，一般可采用好土深翻到表面，垃圾土深埋到地下的施工方法，按实际挖土量计算。原地形标高太低时，采用种植土内运的方法。按实际内运的土方量计算。运输距离较远的要考虑运输费用。原地形标高太高时，计算多余土方的体积，套用相应挖土及土方外运的定额。

4. 报价要有技巧

（1）基础价格要准确

园林施工企业在编制报价时，要把人工单价、材料、机械单价作为基础价格，利用行业或企业定额的消耗量及取费费率确定工程单价。因此基础价格的水平直接影响到总价水平，只有基础基价计准确，才能保证总价的准确。基础标价、测算的最低标价和测算的最高标价按下列公式计算：基础标价报价项×单价最低标价=基础标价－（估计赢利×修正系数），最高标价=基础标价+（风险损失×修正系数）。一般情况下各种赢利程度或风险损失很少在一个工程中百分之百出现，所以应加修正系数 0.5～0.7。

（2）取费费率应取满

投标报价时所采用的间接费率、利润率和税率都将成为施工时业主计算索赔费用的依据。为了将来能获得较高的索赔费，费率应取满。降低报价水平可以通过提高人工和机械效率来实现。

（3）采用不平衡报价法

不平衡报价法是相对通常的平衡报价（正常报价）而言的，是在工程项目的投标总价确定后，根据招标文件的付款条件，合理地调整投标文件中子项目的报价，在不抬高总价以免影响中标（商务得分）的前提下，实施项目时能够尽早、更多地结算工程款，并能够赢得更多利润的一种投标报价方法。

园林工程采取不均衡报价法应注意以下几点：

①招标文件中明确投标人附"分部分项工程量清单综合单价分析表"的项目，应注意将单价分析表中的人工费和机械费报高，将材料费适当报低。

②常用项目可报高价，如土方工程、砼、砌体、铺装等。大多在前期施工中能早日回收工程款，而在后期施工项目适当可低一些，同时可以解决资金回笼快的问题。

③苗木报价时注意本土植物及特色品种报高，外地引进植物树种宜低，因为外地引进植物变更的可能性较大。

④特种材料和设备安装工程编标时，由于目前参照的定额仍是主材、辅材、人工费用单价分开的，对特殊设备、材料，业主不一定熟悉，市场询价困难，则可将主材单价提高。而对常用器具、辅助材料报价低。

⑤对后期园林工程养护其报价可适当低一些。

在当前市场经济体制趋于完善背景下，工程项目无论是数量还是规模都在不断增加，招投标方式逐渐成为工程建设主要的交易方式，鼓励公开和自由的招投标，有助于政府和市场、市场和各个主体之间搭建密切的沟通桥梁，提升园林工程建设质量，规避工程建设中的腐败现象。由此看来，加强城市园林工程招投标管理工作十分有必要，对于后续工程建设活动开展具有一定参考价值。

（三）城市园林工程中招投标的主要问题

1.施工单位信誉问题

城市园林工程由于自身特性，需要结合实际情况进行长期规划，但是在实际招投标工作开展中，能邀请的施工单位最多6家，最少3家，邀请的施工单位是由招标单位所决定。也正是由于这个现象，导致很多实力雄厚，施工技术水平较高的施工单位反落选，实力较弱的入选机会反而更大一些。

2.标底不规范问题

自招投标制度引进我国以来，已经超过了数十年，经过不断完善和发展，在实践中取得了较为可观的成效，但是其中漏项现象较为常见，致使很多工程造价的设定脱离了工程施工方案的影响，很容易出现工程造价同市场价格不符的现象。

3.评标活动问题

评标是邀请一些专业人士参加，很容易受人为因素影响。尽管有相关规定要求邀请的专家需要具备较高的技术和经济才能，但是在实际评标中，邀请的却不是专业技术人才，致使评标结果存在着较大的局限性。主要表现在官员与投标人存在一定关系，投标人可能依靠双方的良好合作关系而竞标成功。

（四）城市园林工程招投标管理对策

1.建立完善的施工单位网络

对于城市园林工程招投标中存在的施工单位问题，应建立完善的施工单位网络系统，将整体实力较强的施工单位整理后发布到网络上，只要是工程超过50万的就要发布到网上，确保依法开展招投标工作，更加公开透明。

2.培养高素质人才

针对标底问题，应结合实际情况，培养一批更高素质、高水平的专业人才，不断强化这部分人员的专业素质和政治素质，能够全身心投入到工作中，提升工作成效。在这部分群体中，可以选择一些实践工作丰富的人员进行重点培养，结合实际情况，深入地调查市场调查，编制符合市场工程造价的标底，并通过政府核查无误后，方可采用。

3. 建立评标专家数据库

为了确保评标活动的准确性，保证招投标工作的公平、公正和公开，应建立评标专家数据库，将工程相关技术信息和经济信息整合在其中，需要注意的是，收集信息的这些专家应具有较高的业务素养，严于律己，明晰自身职责。以此来规避一些地方官员充当评标专家现象的出现，保证评标结果公正、公平、公开。

4. 加强法律合同意识

招投标工作应依法开展，首先需要具备较高的法律意识，提高对合同文本的重视程度，养成良好的合同意识，能够根据法律法规和相关政策，切实维护双方切身利益。

二、园林工程合同管理

（一）园林工程合同含义

工程合同是一种契约，是发包人、承包人、监理人、设计人等当事人之间依法确定、变更、终止民事权利义务关系的协议。园林工程合同主要针对园林绿化行业。依法签订的工程合同是工程实施的法典，竞争的规则，运行的轨道。

工程合同管理有两个层次：第一层次是政府对合同的宏观管理，第二层次是企业对合同实施的具体管理。

（二）园林工程合同风险控制主要分类

根据合同履行的阶段划分，园林工程合同风险控制分为事前控制、事中控制和事后控制。基于全流程管理模式，这里认为工程合同风险管理的范畴应该更加宽广，需涵盖至项目承接前。

1. 事前控制主要有对发包人的资讯解析、对项目的资讯解读、参与招投标。
2. 事中控制主要针对项目中标后图纸会审、合同签订和施工管理等过程。
3. 事后控制主要针对竣工结算和项目移交。

（三）园林工程风险控制内容

1. 事前控制

事前控制主要有对发包人的资讯解析、对项目的资讯解读、参与招投标。

（1）对发包人的资讯解析

主要了解合同履行的最重要主体——发包人的单位性质、品牌信用美誉度、财务状况付款能力等。属政府项目，则需进一步了解项目所在地政策投资环境是否良好，此类讯息关系到项目履行的难易。

（2）对项目的资讯解读

主要了解项目是否合法。有无用地、规划、施工许可、建设资金来源等相关的法律文件。

（3）参与招投标

主要是解读招标公告、招标文件、现场踏勘及询标等相关工作。

①招标文件

招标文件是指由招标人或招标代理机构编制并向潜在投标人发售的明确资格条件、合同条款、评标方法和投标文件响应格式的文件。主要组成有前附表、投标须知、合同主要条款、合同格式、工程量清单（当采用工程量清单招标形式时）、技术规范、设计阁纸、评标标准和方法及招标文件的格式等。其中重点关注和分析两个方面，一是施工图纸，有无缺少图纸、有无特殊要求；二是工程量清单，有无漏项、有无大的偏差。

②现场踏勘

现场踏勘的重点关注有两方面，一是场地的三通一平情况，诸如施工用地、用水、道路，关系到机械、材料安排和成本投入影响；二是周边环境情况，有无厂矿企业居民区等，关系到安全投入、施工时间安排及成本影响。

③询标

完成了对招标文件的分析解读和现场踏勘后，对项目情况基本了解，在询标阶段可有的放矢、提出问题。

在以上三方面事前控制重点解读通过后，即可较好地形成项目基本评判和事前风险预估，并有针对性地编制标书、参与投标。

2.事中控制

事中控制主要针对项目中标后图纸会审、合同签订和施工管理等过程。

（1）图纸会审

图纸会审是指园林工程各参建单位（发包人、监理人、施工人）在收到设计人施工图设计文件后，对图纸进行全面细致地解析，审查施工图中存在的问题及不合理情况并提交设计方进行处理的一项重要活动。

图纸会审由发包人组织并记录。通过图纸会审可以使各参建单位特别是施工人熟悉设计图纸、领会设计意图、掌握工程特点及难点，找出需要解决的技术难题并拟定解决方案，从而将因设计缺陷而存在的问题消灭在施工之前。

施工单位若对此环节重视度不够，因设计缺陷而经常会导致后续施工过程的不畅与被动。在图纸会审后发现有设计缺陷的，必须及时提出；发现有图纸漏项的，必须补充图纸。同时，必须进行工程量复核。复核的内容有工程量有误缺项、有误超出误差范围以及是否有未按照国家现行计量规范强制性规定计量的情况。

（2）合同签订

施工合同的组成主要有：合同协议书、通用合同条款及专用合同条款。

①合同协议书

合同协议书需再次关注发包人承包人的主体资格和履约能力，以及合同的起草权，一定程度上将影响到主动权。

②通用合同条款

通用合同条款则重点关注合同价格形式。有单价合同、总结合同及其他价格形式。

单价合同是指单价相对固定，在约定的风险范围内合同单价不作调整。在约定的风险范围以外应当调整价款。因此，单价合同的结算价=实际完成的工程量×单价+合同调整价款。单价合同的风险特点是，承包人承担了单价的风险，发包人承担了工程量的风险。单价合同适用于规模较大、工艺相对复杂、工期较长、设计文件深度不够，不能准确计算出工程量的项目。实行工程量清单计价的工程，一般宜采用单价合同。

总价合同是合同总价相对固定，在约定的风险范围内总价不做调整，风险范围以外应当调整。因此，总价合同的结算价=合同总价+合同调整价款。总价合同的风险特点是，承包人既承担了合同内工程量计算错误的风险，又承担了报价的风险。发包人容易控制工程造价，承包人风险较大。总价合同适用于规模偏小、技术简单、工期较短，并且施工图设计经过审查批准，能够准确计算出工程量的项目。需要注意的是，就同一工程项目只能选择一种合同价格形式。有的工程在协议书中约定了采用固定总价合同，在专用条款中却又约定按照定额结算，因此发生扯皮。

计价方式需要注意的是使用国有资金投资的建设工程发承包，必须采用工程量清单计价。工程量清单应采用综合单价计价。清单计价是指将工程费用划分为分部分项工程量清单、措施项目清单、规费、税金。

③专用合同条款

专用合同条款包括措施项目中的安全文明施工费、规费和税金必须按国家或省级、行业建设主管部门的规定计算，不得作为竞争性费用。以上几方面必须在合同签订前重点关注、逐一修正。

（3）施工过程管理

当工程合同签订后，接下来进入施工管理过程。在施工管理过程中的合同风险控制重点关注工程变更、工程索赔、工程资料收集。

①工程变更

主要关注变更的范围、变更的程序、变更估价及承包人的合理化建议。

变更的范围有发包人提出的设计变更、承包人提出的设计变更以及其他的合同内容变更。其他变更有双方对工程质量要求的变化（如涉及强制性标准的变化）、双方对工期要求的变化、施工条件和环境的变化导致施工机械和材料的变化等等。

变更的程序未发生上述任何变更情形，务必要按照合同约定的变更程序签署完备相关文件资料。

变更估价是由于工程量清单漏项或设计变更引起的新的工程量清单项目，其相应综合单价由承包人提出，经发包人确认后作为结算的依据。

由于工程量清单的工程数量有误或设计变更引起工程量增减，属合同约定幅度以内的，应执行原有的综合单价；属合同约定幅度以外的，其增加部分的工程量或减少后剩余部分的工程量的综合单价由承包人提出，经发包人确认后作为结算的依据。

②工程索赔

工程索赔主要有工期延误、不利物质条件、异常恶劣的气候条件及暂停施工等。

这里的工期延误是因发包人原因导致的工期延误。

不利物质条件除专用合同条款另有约定外，是指承包人在施工场地遇到的不可预见的自然物质条件、非自然的物质障碍和污染物，包括地下和水文条件，但不包括气候条件。承包人遇到不利物质条件时，应采取适应不利物质条件的合理措施继续施工，并及时通知监理人。监理人应当及时发出指示，指示构成变更的，按合同约定办理。监理人没有发出指示的，承包人因采取合理措施而增加的费用和（或）工期延误，由发包人承担。

异常恶劣的气候条件是对气候正常相对而言的。所谓气候正常，是指气候的变化接近于多年的平均状况，比较合于常规和较适宜于人类的活动和农业生产。异常是不经常出现的，如奇冷、奇热、严重干旱、特大暴雨、严重冰雹、特强台风等。它对人类的活动和农业生产有严重的影响。

发生以上任何一种情形，施工方必须严格按合同约定签署完备相关文件资料暂停施工。从工程合同履行的情况来看，工程索赔方面的工作经常被施工方忽视而导致利益受损。

③工程资料收集

工程资料收集工作贯穿施工管理的全过程，其完备程度关系到最终的工程结算的速度与利益。常规的文件资料如招投标文件、中标通知书、开工报告、施工合同等。其他重要的工程资料收集还包括会议纪要、复核记录、隐检记录、验收单、复测记录、照片影像资料及其他相关资料。共同构成完备的工程资料，是工程验收与结算的基础依据。园林企业在实际项目管理过程中，经常会忽视工程资料收集的完备度而因此影响工程竣工验收、拖延工程审计结算、降低工程利润。实际案例还真不少。

④竣工图绘制

利用施工图改绘竣工图，必须标明变更修改依据；凡施工图结构、工艺、平面布置等有重大改变，或变更部分超过图面1/3的，应当重新绘制竣工图及盖上竣工图章方算合格。

3.事后控制

事后控制主要指工程竣工验收后的竣工结算与工程移交阶段。如果事前控制与事中控制到位，事后控制就相对容易了。

（1）竣工结算

①重点关注结算依据。

《建设工程工程量清单计价规范》包括施工合同、工程竣工图纸及资料、双方确认的工程量、双方确认追加（减）的工程价款、双方确认的索赔、现场签证事项及价款、投标文件、招标文件及其他依据。

②结算编制

在工程进度款结算的基础上，根据所收集的各种设计变更资料和修改图纸，以及现场签证、工程量核定单、索赔等资料进行合同价款的增减调整计算，最后汇总为竣工结算造价。

竣工结算是在工程竣工并经验收合格后，在原合同造价的基础上，将有增减变化的内容，按照施工合同约定的方法与规定，对原合同造价进行相应的调整，编制确定工程实际造价并作为最终结算工程价款的经济文件。

在调整合同造价中，应把施工中发生的设计变更、费用签证、费用索赔等使工程价款发生增减变化的内容加以调整。

竣工结算价款的计算公式为：竣工结算工程价款=预算或合同价款+施工过程中预算或合同价款调整数额-预付及已结算工程价款-质量保证（保修）金。

③报送审计结算前重点审查内容

报送审计结算前重点审查内容有核对合同条款、核对设计变更签证、按图核实工程数量、严格按合同约定计价、注意各项费用计取以及防止各种计算误差，注意切勿漏项。

（2）工程移交

工程竣工验收合格后即开始养护阶段。关注养护质量，关系到最后移交时的结算。须注意提前与发包人对接，按期移交，尽快回收质量保证金，才是工程合同最终履行完毕。质量保证金是工程利润的重要组成部分。

园林工程从前期承接到施工管理到最终移交，一般周期较长，涉及管理人员与事项较多，一旦某些环节管理控制不到位，就会影响到工程整体进程与利润，因此，需要全过程全方位管理。只有事前控制、事中控制与事后控制全跟上，才能将合同风险降至最低。

第四节　园林工程成本管理

一、园林工程成本管理

（一）成本管理概述

成本一般是指为了进行某项生产经营活动所发生的全部费用。项目成本是指项目从设计到完成（直至维护保养）全过程所耗用的各种费用的总和。

项目成本管理是指在项目实施过程中，为了确保项目在成本预算内尽可能高效率地完成项目目标，使其所花费的实际成本不超过预算成本而对项目各个过程进行的管理与控制。

1. 项目成本管理原则

项目成本管理原则是强化项目成本概念，追求项目成本最低的原则；健全原始统计下作，实现全面成本管理原则；层层分解的原则；以及科学管理、切实有效的原则。

工程项目成本管理是在保证满足工程质量、工期等合同要求的前提下，采取组织、经济、技术等措施，实现预定的成本目标，并尽可能地降低成本费用、实现目标利润、创造经济效益的一种科学管理活动。

2. 项目成本控制的主要对象及内容

（1）对项目成本形成的过程进行控制

项目成本控制必须贯穿整个项目管理的始终，对项目成本要实行全面、全过程控制。控制内容包括：设计阶段的成本控制、工程招投标阶段的成本控制、施工阶段的成本控制、后期管护阶段成本控制。

（2）以项目的职能部门、施工单位和生产班组作为成本控制的对象

成本控制的具体内容是日常发生的各种费用和损失，项目的职能部门、施工单位和班组要对自己承担的责任成本进行自我控制。

（3）对分部、分项工程进行成本控制

对分部、分项工程进行成本控制，使成本控制工作做得更扎实、更细致，真正落到实处。

（4）以经济合同控制成本

项目都以经济合同为纽带建立契约关系，以明确各方的权利和义务。在签订经济合同时，除了要根据业务要求规定时间、质量、结算方式和履约奖罚等条款外，还强调要将合同的数量、单价、金额控制在预算收入以内。

成本控制的成本目标不应是孤立的，它应与质量目标、进度目标、效率、工作量要求等相结合才有它的价值。

（二）园林施工成本管理与控制

1.园林施工实现成本控制的意义

对于企业来说，提高企业经营管理水平的重要手段之一就是实现园林施工中的成本控制。经营管理费用的支出和施工过程的消耗及损耗是施工过程中成本的主要两个部分，这两部分费用是不可或缺的支出项目，也是园林施工成本控制必须把握好两个关键点。成本控制在合理范围内，不仅为企业节约了资金，也能为企业提高管理水平，树立良好企业形象。在实行该成本控制的过程中，要对项目施工生产的一些管理工作提出具体要求，比如供应物资、技术支持、工资发放和财务管理等工作，将这些要求开展起来，并形成各项控制指标和规章制度。其次，施工项目管理是企业管理的重要部分，控制好园林施工中的成本也是体现企业整体管理水平的重要部分。

2.园林工程成本构成

公司在进行园林工程施工过程中使用机械，材料和其他一些费用进行监视与控制等，使企业每一笔钱都能用到实处，针对即将发生的错误或风险做出及时的控制，以寻求最低的支出，确保企业利润的损失和利润最大化称之为成本控制。园林施工企业与其他性质的企业还有很大不同，园林企业的产品是景观，在整个建筑过程中不能实行标准化建设，因为地形及各种因素的影响设计图纸会有较大的变更，不能得到统一的标准的图集。由于园林景观在建造的过程中所需要的材料较少，而且品种也比较多，所以，材料更新会比较快，这样在进行成本控制的时候也就缺少了可靠性，使施工成本管理变得无章可循。致使施工成本在控制过程中遭受重大困难，但是这也不代表施工成本无法预算、无法控制。

3.加强园林工程成本管理的具体措施

（1）在招投标阶段中的工程成本管理

科学合理地编制招标文件将有利于建设单位有效利用招投标这一有效竞争手段对工程成本进行控制。因此，在工程量清单及标底编制过程中，一定要确保清单项目齐全，千万不要有任何的遗漏，尤其是对施工图中没有明确表述的"三通一平"（水通、

电通、路通和场地平整）和"五通一平"（通水、通电、通路、通讯、通排水、平整土地）等等。工作人员在计算过程中务必将具体工作内容进行细致的描述，以便建设单位对分部分项单价实施有效管理，也能够告知投标单位投标报价时应该考虑的重要因素，这可以有效减少那些不必要的签证；对那些可优化设计控制工程量的项目，可考虑采用包干的办法进行清单的编制，使承包方尽可能地减少工程量；在招标方式的选择上，要尽可能地排除掉哪些低于成本价标书很多的、摈弃最低价中标法这些不合理的招标方式，确保工程质量的上乘和建筑市场的健康发展。值得注意的是，在施工合同签订过程中，尽可能地使用建设主管部门制定的标准合同文本，注重每个文字的严谨，避免给日后留下不必要的麻烦，从而给工程建设的投资控制工作提供方便。

（2）强化成本管理意识

园林工程项目成本管理要想取得成效，首要因素就是要强化成本管理意识，积极营造成本管理的氛围。园林绿化施工企业要采取一定的措施增强主管人员的成本管理观念，还要让参与到园林工程项目施工的每个人员都具备成本管理意识。建立相应的成本管理控制体系，也就是以项目经理作为成本管理的主要责任人，各个管理层和施工者踊跃参与的成本管理网络。在这个网络系统中，每一个环节都要肩负起成本管理的任务。从项目主要负责人、技术主管以及现场管理人员都要明确自己的成本管理责任，知晓所要达成的管理控制目标，这样才能切实提高园林工程项目成本管理成效。

（3）培养员工的成本控制意识

当前很多企业的建筑经济成本的管理和控制的水平不高，一个很重要的原因就是人员对成本控制的意不足。因此在实际的成本控制管理过程中，应该要加强员工相关意识的提升与发展。随着知识经济时代的来临，企业的发展与先进的企业管理理念分不开，因此在实际的施工过程中，应该要加强对建筑经济成本管理意识的培养。根据实际的情况严格地执行各种经济成本的管理工作。不仅要让建筑施工企业的员工都提升对成本管理的意识，在实际的工作中采取相应的措施进行成本控制和管理，而且要加强管理者的意识培养，采用各种激励措施调动员工的积极性，使得员工也能积极地参与到建筑经济成本的管理中来。

（4）重视成本管理队伍建设

施工企业内部成本机构和队伍关系到园林工程项目是不是有效实施的关键。要加强成本管理机构建设，调动园林施工项目人员的积极性，提高工作效率。对于项目经理来说，要把园林工程项目的具体状况详细地告知其他管理人员，一起讨论关于园林施工项目成本管理的具体措施，还要确立在成本管理目标实现之后的奖励制度。园林工程项目管理人员要具备主人翁精神，用极大的热情投入到园林施工中去。

（5）实施多环节、全过程的成本管理

首先，在园林工程设计方面，要充分利用原来的用地资源，比如，可以合理地保留原有的植被或者发展乡土树种来进行种植，还可以利用一些野生植被资源，选择相对科学的种植方式，这样能够进一步降低园林工程的成本。其次，还可以使用节材措施，运用一些可以循环利用的材料，减少资源的消耗。再次，根据园林施工阶段的不同特点，采用不同的方式来进行成本控制。

（6）控制施工材料费

园林施工的材料成本是成本控制中的重要部分，约占60%的工程总成本。因为市场价格波动、供货渠道增加，选购材料需选择最优惠、高信誉的施工单位作为交易对象。预算员在工料分析和工程施工预算基础上，编制定额任务单。等到项目负责人核实好后由材料员、保管员、工长、会计各保留一份。材料员依据定额任务单、材料汇总表和工料分析表进行采购。若是大批量材料采购则由会计、预算员、材料员、负责人共同把关，签订合同，按照出厂价格采购，并分批送货。在材料进库时，保管员、质检员、工长、材料员要一起检查质量、核对数量，办理入库手续。如果材料需用量比任务单用量要多，应当由项目预算员、工长、负责人去查明原因，等补单审批后再发放。部分工程结束或者每月终，保管人员需将材料任务单和消耗表交予财务。

（7）控制机械设备成本

园林工程的机械设备费用占据7%的工程总成本。尽管占据的比例不多，但较为重要。采取的机械设备要满足施工实际需求，并考虑到机械费用情况和综合效益水平。具体选择机械过程中，需根据施工条件、工程特点，以生产率、参数合理、高经济效益原则开展。实际施工时，可能会因为工序搭接和流水施工需要，出现偶然或必然的施工间隙，会影响到施工机械的连续作业。又有可能因为工种配合和施工进度的影响，施工机械不断运转。要以满足施工需求为前提，做好机械设备平衡调度，以此提高机械设备利用率。

（8）劳务消耗成本控制

施工队伍公开招标，以测算的定额人工及现有的合理市场单价为依据，从参加竞标的劳务队中综合考虑其综合素质，最终择优录取；严格控制员工数量，要求项目施工人员尽量以工程量的形式开任务书，以备审查核对；合同签订后的项目人员交底绝不流于形式，一定要全面、细致、有重点地交底到每位项目管理人员，合同中明确所指范围，凡在此范围内的一律不许以任何理由重复开工；杜绝因为合同理解不透彻导致的推诿扯皮现象；每月发生人工费当月及时挂账，并附有必要的签证、合同及本月报量资料，以备核查把关；积极配合业主的各项工作，想业主之所想，急业主之所急，希望可以赢得业主的信任和理解，对亏损项的人工费给予签证补充；通过以上几点可以达到有效地控制人工费，减少亏损的目的。

（9）加强现场管理费控制

施工项目现场管理费包括临时设施费和现场经费。这两项费用的收益是根据项目施工任务而核定的。但是，其支出却并不与项目工程量的大小成正比变化，它的支出主要由项目部来支配。机电工程生产工期长，少则几个月，多者一、两年，其临时设施的支出是一个不小的数字。一般来说，临时设施应本着经济适用的原则布置，同时应该是易于拆迁的临时机电，最好是可以重复使用的成品或半成品。对于现场经费的管理，应抓好如下工作：一是人员的精简；二是工程程序及工程质量的管理；三是建立QC小组，促进管理水平不断提高，减少管理费用支出。

（10）在竣工结算过程中的工程成本管理

竣工决算可以直接反映建设工程的实际成本以及投资效果，所以一定要引起相关人员的绝对重视。在竣工结算审核过程中，要以现行的计价规范为计算依据，切实按照施工合同以及招标文件的相关规定，根据竣工图、设计变更和现场签证进行仔细审核。这就要求工程审计人员要亲临现场，准确无误地掌握工程动态信息，确认工程是否绝对按图纸和工程变更进行施工，是否有已经去掉的部分却没有记入变更通知，是否有在变更的基础上又发生了变更的情况出现等等。所以，在结算时不仅仅是对图纸和工程变更进行计算审核，而且还要亲临工程现场，详细地核对，确保毫无遗漏，从而保证工程结算的高质量。

二、园林绿化工程施工成本管理

（一）园林绿化工程施工成本的内容

1. 园林绿化工程施工成本的定义

根据王延树主编，成虎主审的《建筑工周转材料的摊销费或租赁费，施工机械的台班费或租赁费，支付给生产工人的工资、奖金程项目管理》，其中对于施工项目成本的定义是建筑施工企业以施工项目作为成本核算对象，在施工过程中所耗费的生产资料转移价值和劳动者必要劳动所创造的价值的货币形式，包括所耗费的主、辅材料，构配件。以及在施工现场进行施工组织与管理所发生的全部费用支出。施工项目成本不包括工程造价组成中的利润和税金，也不包括构成施工项目价值的一切非生产性支出。

全国一级建造师执业资格考试丛书中的《项目管理》中，施工成本的概念是指在建设工程项目的施工过程中所发生的全部生产费用的总和，包括消耗的原材料、辅助材料、构配件费用、周转材料摊销费或租赁费、施工机械使用费或租赁费、及支付给生产工人及管理者的劳动报酬以及进行组织施工与管理所发生的全部费用。

上述两个概念着重于施工项目的"施工过程"中所发生的成本，而事实上，园林绿化工程施工成本根据其特点还应该包括苗木养护期期间所发生的为保证苗木成活而发生的一切费用，包括消耗的辅助材料、药品、水电费用，机械和工具的使用费、折旧费或租赁费以及工人长期养护的配套生活费、工资等一切费用；另外这里更注重工程施工成本的全面性和完整性，事实上，在实际操作过程中，工程项目施工成本除了工程项目现场所发生的成本外，在企业内部也同样会发生很多与项目成本相关的成本，此部分费用称为企业管理费，这里在研究园林绿化工程施工成本时，将该部分费用列入项目施工成本范畴。

因此，根据工程施工成本发生是否为施工工程项目服务而言，园林绿化工程施工成本有狭义和广义两种定义，狭义的工程施工成本即与建设实体的形成相关的成本，主要是指在项目施工现场耗费的人工费、材料费、施工机械使用费、现场其他直接费及项目经理为组织工程施工所发生的管理费用之和；而广义的工程施工成本是指园林绿化施工企业生产经营中，为获取和完成工程所支付的一切代价。由于狭义的工程施工成本仅局限于施工阶段的工程成本，带有片面性，这里讨论广义的工程施工成本。

2. 园林绿化工程施工成本的组成

根据狭义的工程施工成本的定义，考虑成本发生与建设实体的形成相关，工程施工成本由直接成本和间接成本组成，不包括利润及税金。再根据广义的工程施工成本的定义，在狭义的工程施工成本基础上，将企业管理费、部分项目利润和项目税金及部分企业税金列入施工项目成本是站在企业管理的角度，对施工项目进行全面成本核算的方法。

其中企业管理费是施工企业的行政管理部门为组织和管理企业的生产经营活动而发生的各项费用，施工企业的企业管理费用核算的内容包括：职工工资和福利、折旧费、修理费、低值易耗品摊销、物料消耗、差旅费、办公费、工会经费、诉讼费、待业保险费、咨询费、业务招待费、无形资产摊销、技术转让费、递延资产摊销、技术开发费、职工教育经费、劳动保险费及坏账损失等；部分项目利润主要是考虑项目考核机制下，项目利润分成比例中项目经理部所获得的那部分利润；而部分企业税金主要是指土地使用税、房产税、车船使用税、印花税、企业所得税、营业税等进行的项目摊销税金。从上述的费用用途可以看出，企业管理费、部分项目利润和部分企业税金均为施工工程项目服务。

（二）园林绿化工程施工成本的特点

1. 园林绿化工程施工的综合性对成本的影响

园林绿化工程虽然在单体建设规模与建筑工程建设项目无法比拟，但其包含的专业分项工作并不比一般的建筑工程建设项目少。我国到目前为止，并没有出台对园林绿化工程分项的标准化的划分。而在实际工作中，会把园林绿化工程分为狭义和广义两种，狭义的园林绿化工程一般包括园林土建分项、园林小品、绿化工程；而广义的园林绿化工程则涵盖了园林土建分项、园林装饰分项、园林小品、亮化分项、导向标识分项、园林水系分项、园林给排水分项、绿化种植及养护分项、其他特殊分项等。因此，无论是从狭义而言还是广义而言，园林绿化工程都包括了较多的零星分项工程，其工程施工内容的综合性决定了园林绿化工程施工成本具有明显的综合性。

园林绿化工程成本所具有的综合性特点对其成本控制的影响主要表现在时间上各专业施工班组之间的工序交接和空间上各专业施工班组之间的交叉作业。

（1）由于各专业施工班组的施工作业相互关联，在专业工序上存在必须前置的情况，因此园林绿化工程施工过程中的众多班组的工序搭接一旦不够紧密，就必然会导致后续工序拖延，甚至影响总进度的完成，但为确保总进度目标得以实现或尽量靠近总进度目标，就必然会因此增加各种措施，由此造成成本增加。

（2）由于园林绿化工程的作业面一般仅局限在同一个平面上，即景观平面，造成所有专业施工班组只能同时施工，各施工班组之间的互相干扰非常大，此时若不能有效协调各施工作业班组之间的施工作业面、材料堆场、施工通道等交叉作业的矛盾，是极易增加大量因施工降效、成品破坏等引起的成本增加的。由于园林绿化工程施工阶段的成本投入相对较大，交叉作业控制难度更大，因此工程施工阶段的成本控制是园林绿化工程成本控制的重点。

2. 园林绿化工程施工的季节性对成本的影响

园林绿化工程中的绿化工程的实施对象是有生命的活体植物，而植物的生长规律是存在季节性因素的。绿化工程施工的目的是使植物在项目全寿命周期内保证成活并能够健康生长。只有在适合植物移植生长的季节中实施植物移植，才能够充分保证实施对象能够达到最佳的恢复生长的能力。但在实际施工过程中，工程项目的整体进度决定了绿化工程的实施时间，这就使得很难保证植物移植时间处于最佳的季节。于是就必须对种植的植物采取各项经济、技术和组织措施，方有可能保证项目全寿命周期内植物能够有效成活并健康生长。经济、技术和组织措施的实施，必然会带来项目成本的增加，另外，因为反季节种植而导致植物死亡率上升，最终造成的补植成本也会随之上升。因此，园林绿化工程的施工成本会受苗木生长的季节性规律影响，随着施工季节不同而出现明显差异，园林施工成本因此具有季节性。

园林绿化工程的季节性特点严重影响园林绿化工程的成本控制，是园林绿化工程施工成本控制的难点之一。解决项目整体工期需求与植物最佳种植时间之间的矛盾是园林绿化工程受季节性特点影响的最明显表现。由于施工实际进度不可能因为绿化工程的季节性影响而进行调整，因此在实际施工过程中，园林绿化工程必须在不适合苗木移植和生长的季节采取特殊的经济、技术和组织措施，例如冬季苗木移植和养护措施、夏季苗木移植和养护措施、雨季等特殊气候条件下的苗木移植和养护措施等。

3.园林绿化工程施工的地域性对成本的影响

植物生长的季节性一般是指在相近的生长环境下，植物所表现出对季节的适应性。而植物生长的地域性也与其以植物为施工对象相关。地球上现存的植物种类有约50万种，它们遍布地球上的各个角落，根据地球经线、纬线及海拔的不同，各类植物的生长习性是存在明显差别的。植物对环境因素（光照、温度、水分、空气和土壤）的不同要求，决定了植物生长的地域性。在《晏子春秋·内篇杂下》中有云"橘生淮南则为橘，生于淮北则为枳，叶徒相似，其实味不同。所以然者何？水土异也。"这充分说明了每个物种都有其适合的生长地域，如果换了，他的各项生长都会发生变化，甚至直接导致植物死亡。

现代园林绿化工程经常会为了满足景观绿化的多元化整体效果而运用一些非本地域的植物例如在我国内，南树北种的现象非常多，热带植物会被巧妙地运用到亚热带地区进行种植，如棕榈科的植物；淮河以南的植物会被转移栽植到淮河以北的苗圃进行培植。这样一来，既要满足景观效果的需求，又要让植物能够成活和健康生长，必然需要提供特殊的技术和组织措施，种植成本也就会有明显差异，这就是园林绿化工程的地域性对成本控制的影响，是园林绿化工程成本控制的难点之一。

4.园林绿化工程施工的持续性对成本的影响

项目的全寿命周期一般都有规定或合同双方约定，普通建筑工程的质保期间不会存在持续性的成本支出，但园林绿化工程项目的全寿命周期受其植物特性的影响，期限约定一般以植物是否成活为标准，特别是植物在移植以后会有较长一段时间的生命恢复期，这段时期被称为苗木成活期，期间会产生不间断的各项经济、技术和组织措施，这正是园林绿化工程持续性的表现。

植物的移植，就如同人在动了手术以后一样，是需要有一段时间休养的，照顾得好，人的身体健康恢复也会比较快，反之可能会对人体造成二次伤害甚至导致死亡。园林绿化工程施工需要对绿化进行移植，移植过程中不可避免地需要对移植对象进行去叶、断根、修剪等技术操作，这就对原有苗木的生长系统造成了非常严重的破坏，苗木被移植到工程现场后，就必须要有相当长的一段时间来恢复其生长状态的，为了避免移植对象的死亡、枯枝等现象发生，在这一段时期内，就必须要对移植对象不间断地进行必要的养护和补救措施，以提高苗木的成活率，直到苗木本生恢复自身的生长能力。在苗木成活期内对移植苗木进行不间断地养护和管理会使园林绿化成本呈现持续增长的趋势，这正是园林绿化工程的持续性特点对成本控制的影响，由此可见，虽然苗木成活期成本投入总额不大，但由于该项成本投入给项目带来的效益并不低，而且相对周期比较长，因此苗木成活期的成本控制是园林绿化工程成本控制的重点之一。

5. 园林绿化工程施工的艺术性对成本的影响

与一般建筑工程不同，园林绿化工程还涉及了美学、文学、艺术等相关领域，其艺术文化内涵相对较高。无论是古代园林还是现代园林，在建设和规划的初期，必然会结合当地的人文历史、园林项目与建址周边环境的融合、园林本身建设中的艺术特色等方面进行设计。

园林与文学的结合，自古而来，随处可撷。"绿香红舞贴水芙蕖增美景，月缕云载名圆阑榭见新姿"是苏州拙政园的芙蓉榭上的联句，其意优美，令人神往；而宋代苏舜钦所作《沧浪亭》中一句"一迳抱幽山，居然城市间"则将人造园林的社会化与自然融合表现得淋漓尽致。古人作园，常在亭台楼阁处以联句妆点，更显其园林艺术。

元、明、清三代则是我国园林发展的顶峰，元代私园的特点是"波景浮春砌，山光扑画肩"，明代私园的特点是"高雅疏朗，意境隽永"，而清代私园则以"曲折有致，别有洞天"为其特色，但无论是何时期的园林建设，其造园均犹如作画，无论是表现手法还是格局规划，均与画作有异曲同工之妙。现代园林建设虽在设计角度、方法等多方面与古代园林有诸多不同之处，但设计师在进行园林设计时，园林工程所表现出的特点绝不缺乏其艺术性。而且在施工过程中的质量控制方面，项目的感官效果也是园林工程质量控制的重点要素。现代园林绿化工程质量评价的标准中就包括有感官效果评价，园林绿化工程的艺术性特点显而易见。

现代园林绿化工程追求感官优美的艺术表现，即便是在现代计算机图形技术如此发达的情况下，设计师可以通过计算机图形软件对园林绿化工程项目的初期设计在空间布局、构筑物设置及材料应用等方面进行虚拟的三维场景真实展现，但由于其在设计初期对艺术效果的实际感官无法完全获得，因此在施工过程中仍会发生非常大的设计变更率。这主要是由于置身实景中的真实空间感与虚拟的设计空间感的差别，造成初期设计功能缺失或过剩，材料选择受限等因素使园林绿化工程在施工过程中不得不发生较多的设计变更。例如造型树木和假山石的选择，一般在实际施工时不可能找到与设计意境相同或相符的材料，但设计师为满足项目最初的设计效果，此时的主材变更和方案调整就势在必行。施工过程中的设计变更必然会引起园林绿化工程造价的相应变化，园林绿化工程的施工成本就必然会发生同步变化。因此园林绿化工程成本受园林绿化工程艺术性特点影响，会因为艺术表现的独特而造成成本变化，其成本投入相对难以控制，因此这是园林绿化工程施工成本控制的最大难点。

第五节　园林工程进度管理

一、项目进度管理

（一）项目进度管理概念

进度是指项目活动在时间上的排列，强调的是一种工作进展以及对工作的协调和控制。项目进度管理是项目管理三要素（时间、质量、成本）之一，凡是项目都存在进度问题，与成本、质量之间有着相互依赖和相互制约的关系。工程项目进度管理是对工程各分项、各阶段内容的合理安排，以达到工程目标完成时间的管理，关键在于要保证工程能在实际条件的限制下能够实现预期时间目标，工程项目进度管理在确保工程工期的同时，可以通过对资源的合理分配节约工程成本。

实践经验表明，质量、工期和成本三者之间是相互影响的。一般说来，在工期和成本之间，项目进展速度越快，完成的工作量越多，则单位工程量的成本越低。在工期与质量之间，一般工期越紧，如采取快速突击、加快进度的方法，项目质量就较难保证。项目管理的一个主要工作就是对时间、成本和质量之间进行协调的管理，项目进度的合理安排，对保证项目的工期、质量和成本有直接的影响。科学而符合合同条款要求的进度，有利于控制项目成本和质量。仓促赶工或者任意拖延，往往会伴随着费用的失控，也容易影响工程项目的质量。

（二）项目进度管理的内容

项目进度管理的主要内容为项目进度计划的编制与控制。

项目进度计划的编制是在规定的时间内合理且经济的进度计划，包括多级管理的子计划。

项目进度计划的控制是在执行该计划的过程中，检查实际进度是否按原计划要求进行，若有偏差，要及时找出原因，采取必要的补救措施或调整，调整原计划，直到项目完成。如表3-1。

表3-1 项目进度管理的内容

序号	项目	说明
1	项目进度计划	工程项目进度计划包括项目前期、设计、施工等内容，项目进度计划的主要内容就是制定各级任务进度计划，包括项目总体进度计划、中间控制的项目分阶段进度计划和进行详细控制的各子项目进度计划，并对这些计划进行优化，已达到项目计划的可行性、科学性，从而指导控制整个项目进度

序号	项目	说明
2	项目进度实施	工程项目进度实施是在资金、技术、合同、管理信息等方面进行保证措施落实的前提下，使项目进度按照计划实施，由于施工过程中存在各种不确定因素，将造成项目实际进度与计划存在差异，项目进度实施的任务就是预测这些干扰因素，对其风险程度进行分析，采取控制措施，以保证实际进度能达到计划要求
3	项目进度监测	工程项目进度监测的目的就是要了解和掌握工程项目进度计划在实施过程中的变化趋势和偏差程度，主要有跟踪检查、数据采集、偏差分析等
4	项目进度调整	工程项目的进度调整是进度控制中的关键内容。一般主要包括偏差分析、影响进度因素的分析、寻求进度调整的约束条件和可行方案等。调整的目标是使进度、费用变化最小，尽可能达到或接近进度计划的优化控制目标

1. 项目进度计划

项目进度计划由项目中各分项内容的排列顺序、起始和完成时间、彼此间的衔接关系等组成。项目计划将项目各个实施过程有机整合，为项目具体实施提供参考和指导，为项目进度控制提供依据，科学的项目进度计划可以使项目实施过程中的有限资源得到合理配置，更合理地安排协调项目实施中各部分的时间配置，为项目的如期完成提供有效保障。

项目进度计划编制的流程一般包含4部分：

（1）收集相关的信息资料

为保证项目进度计划的科学性和合理性，在编制项目进度计划前，必须收集真实的信息资料，作为编制进度计划的依据。这些信息资料包括：项目背景（项目对工期的要求、项目的特点）；项目实施的条件（项目的技术和经济条件、项目的外部条件；项目实施各阶段的定额规定（项目各阶段工作的计划时间、项目计划的资源供应情况）。

（2）项目结构分解

项目结构分解包括确定为最终完成整个项目必须进行各项具体的活动和完成整个项目中可交付物所必须进行的诸项具体的活动，另外，还应确定各个具体活动之间的工作顺序及它们之间的衔接关系。

（3）估算项目时间及所需资源

项目时间和资源的估算就是根据整个项目的任务范围和资源状况估算项目中完成各项任务所需要的时间长度和资源。对项目时间和资源的估算要求尽量准确，从而能为项目活动的真实性提供可靠的依据。

（4）编制项目进度计划

在收集了相关资料、分解了项目结构、估算了项目活动所需的时间和资源后，再通过对项目中各项任务的逻辑关系进行分析，就能编制出项目进度计划。项目进度计划就是综合考虑与项目相关的信息对项目任务的开始和完成时间进行确认、修改、确认和修改，不断反复的过程。

2. 项目进度控制

项目进度控制是指完成项目进度计划后，在项目实施过程中对比实际与计划的差异，并通过分析、调整、恢复等形式，保证项目实际实施能够在计划目标内顺利完成的活动。

工程项目进度控制的关键在于做好两方面工作，一是要在进度计划的基础上，做好工程实际进度实施的监控对比工作，及时发现偏离计划的情况并进行有效分析；二是要在发现进度问题的基础上，快速正确地采取相应措施，调整实施安排，弥补损失工期，而要做到快速正确地采取措施，首先就要对影响工程进度的各种因素进行分析研究，在优化进度计划的基础上，针对具体影响表现制定相应措施预案和恢复方案。有效的项目进度控制，不仅可以保证项目的如期完成，同时可以通过合理的资源配置和恢复措施，降低项目资源浪费和成本支出。

二、园林绿化工程进度管理方法

进度有计划的含义，是指项目活动在时间上的排列，强调的是一种工作进展以及对工作的协调和控制。对于进度，通常还常以其中的一项内容——"工期"来代称，讲工期也就是讲进度。只要是项目，就有一个进度问题。项目进度管理的主要内容是项目进度计划编制和项目进度计划控制。项目进度计划编制是项目进度控制的前提和依据，是项目进度管理的主要内容。

（一）园林绿化工程项目进度计划的编制过程

1. 用工作分解结构（WBS）表述园林绿化工程项目范围与活动

在编制项目进度计划时，应首先对园林绿化工程项目的范围与活动进行定义，即确定项目各种可交付成果需要进行哪些具体工作。工作分解结构就是将项目按照其内在结构或实施过程的顺序进行逐层分解，把主要的可交付成果分解成较小的并易于管理的小单元.，通过工作分解结构，使项目一目了然，项目的范围和活动变得明确、清晰、透明，便于观察、了解和控制整个项目。

2. 园林绿化工程项目的排序及责任分配

园林绿化工程项目排序首先必须识别出各项活动之间的先后依赖关系。园林绿化工程项目活动的逻辑关系主要有两种：一是因活动内在客观规律、工艺要求、场地限制、资源限制、作业方式等强制性依赖关系，是工作活动之间本身存在的，无法改变的逻辑关系；如种植工序的定点、挖穴、栽植，园路工程的道路放线、地基施工（填挖、整平、碾压夯实）、垫层施工（垫层材料的铺垫、刮平、碾压夯实）、基层施工、面层施工等都是无法改变逻辑的强制性依赖关系。二是人为组织确定的先后关系，一般按已知的"最好做法"或优先逻辑来安排。

强制性依赖关系的活动，通常是不可调整的，确定起来较为明确。对于无逻辑关系的那些工作活动，由于其工作活动先后关系具有随意性，常常取决于项目管理人员的知识和经验。

园林绿化工程需要项目角色和职责分派，以使工程项目职责分明、有效沟通。工作责任分配以工作分解结构表为依据，形成工作责任分配表。

3.园林绿化工程项目的时间估算

项目时间估算是指在一定条件下，预计完成各项工作活动所需的时间长短。是编制项目进度计划的一项重要的基础工作。若工作活动时间估计得太短，则会造成被动紧张的局面；估计太长，就会使整个工程的工期延长。因此，园林绿化工程项目在时间估算时要充分考虑项目要求标准高低、项目难易程度、项目活动清单、合理的资源要求、人员能力、环境及风险因素等对项目的影响。

（1）园林绿化工程项目工作时间估计的数据基础为项目要求标准高低，项目难易程度，项目工作的详细列表，人员的熟练程度、工作效率及人员专业化水平，所需设备的配套与高效，工程材料、园林苗木的到货情况，充分认识风险因素，留有一定的弹性时间采取应对措施以及历史数据信息参考类似项目所需时间和资源的配备情况。

（2）项目工作活动时间估算的主要方法有类比估算法、专家判断法、三点估计法、参数估计法及储备分析，增加一个附加时间，成为储备时间、应急时间或缓冲时间。园林绿化工程项目时间估算多采用类比估算法、专家判断法或参数估计，以参考历史信息、经验和相似工程的工作时间来估计。

4.园林绿化工程项目进度计划的编制

园林绿化工程项目进度计划编制方法主要有甘特图、里程碑计划、关键路线法、图表评审技术、计划评审技术、工期压缩法、模拟法、启发式资源平稳法和项目管理软件。园林绿化工程项目进度计划编制方法无论采用哪一种计划方法，都要考虑以下因素：

（1）项目规模

小项目应采用简单的进度计划方法，大项目为了保证按期按质达到项目目标，就需考虑用较复杂的进度计划方法。

（2）项目复杂程度

项目规模不一定总与项目复杂程度成正比。程序不复杂的，可以用较简单的进度计划方法。程序复杂的，可能就要较复杂的进度计划方法。

（3）项目的紧急性

项目急需进行，进度计划编制就应简洁、快速；如果还用很长时间去编制进度计划，就会延误时间。

（4）项目细节掌握程度

如果在开始阶段项目的细节无法分解，关键线路法（CPM）和计划评审技术法则无法应用。

（5）总进度是否由一两项关键事件所决定

如果项目进行过程中有一两项活动需要花费很长时间，而这期间可把其他准备工作都安排好，那么对其他工作就不必编制详细复杂的进度计划。

（6）项目的既有经验

如果项目经验丰富，则可采用关键线路法；如果项目经验不足，则可以采用计划评审技术法。

园林绿化工程项目进度计划的编制应分清主次，抓住关键工序，集中力量保证重点工序。要首先分析消耗资源、劳动力和工时最多的工序，确定主导工序；确定主导工序后，其他工序适当配合、穿插或平行作业，做到作业的连续性、均衡性、衔接性。

5. 园林绿化工程项目进度计划的弹性编制

园林绿化工程项目的苗木栽植具有较强的季节性、时间性，需把握栽植的季节与时点，在适宜栽植的季节种植，弹性可少一些；在非适宜的栽植季节种植，就需等待相对适宜的栽植时点，进度计划的弹性就要大一些。

园林绿化工程项目的土建施工，特别是土壤置换，受制于天气，多雨的季节弹性应考要大一些；晴朗、无雨季度进度计划弹性可少一些。

园林绿化工程项目为露天作业，不确定因素的较多，应充分重视项目进度计划的储备分析，考虑弹性的应急时间或缓冲时间。

（二）园林绿化工程项目进度计划的技术方法与优化

1. 园林绿化工程项目进度计划的技术方法

常用的制定园林绿化工程项目进度计划的技术方法有以下6种：

（1）关键日期法

关键日期法是最简单的一种进度计划表，它只列出一些关键活动进行的日期。

（2）里程碑计划

里程碑是指可以识别并值得注意的事件，标志着项目上重大的进展。里程碑计划是一个战略计划或项目的框架，显示的是项目为达到最终目标必须经过的条件或状态序列，描述的是项目在每一个阶段应达到的状态，而不是如何达到。里程碑计划的编制应根据项目的特点，按项目可交付成果清单进行。

（3）关键路线法

关键路线法是项目进度计划中工作与工作之间的逻辑关系的肯定，运用统筹方法，透过关键工作节点首尾相连。项目网络图中的最长的或耗时最多的工作线路叫关键线路，关键线路上的工作就是关键工作。

（4）甘特图

甘特图，又称线条图或横道图，横轴代表时间，纵轴代表各个活动，活动的完成时间以长条表示，是进度计划最常用的一种工具。由于其简单、明了、直观，易于编制，因此成为小型项目管理中编制项目进度计划的主要工具。在大型工程项目中，也是高级管理层了解全局，向基层安排进度时最为有用的工具之一。

（5）图形评审技术

图形评审技术与关键线路法（CPM）相比，允许在网络逻辑和工作持续时间方面具有一定的概率说明。一般有两项参数（P, t）：P为该工作实现概率；t为工作工时，可以是常数或随机变量，若为随机变量，t表示均值。

（6）计划评审技术

计划评审技术，是一种应用工作前后序列逻辑关系及活动不确定时间表示的网络计划图，其基本的形式与CPM基本相同，只是在工作时间估计方面CPM仅需一个确定的工作时间，而 PERT 需要工作的三个时间估计：最短时间 t_0、最可能时间 t_m，以及最长时间 t_p。

2. 园林绿化工程项目进度计划的优化

园林绿化工程项目进度计划的优化按目标通常分为工期优化、费用优化和资源优化三种。这些优化工作主要通过计算机软件来实现。这里介绍基本的优化原理和方法。

（1）工期优化

工期优化一般通过压缩关键路线的持续时间来达到其目的。在园林绿化工程项目实施中，主要通过技术措施，依靠专业技术能力直接缩短关键工作的作业时间；通过组织措施和管理措施，充分利用非关键活动的总时差，合理调配技术力量、人力、财力、物力等各项资源，依靠先进的管理手段来缩短关键工作的作业时间。

（2）费用优化

费用优化又叫工期——费用优化，即寻找总费用最低的工期。主要方法有线性规划法、动态规划法和网络流算法等。

（3）资源优化

资源优化也称工期——资源优化，分两种情况：一是资源有限——工期最短的优化，调整计划安排以满足资源限制条件，并使工期拖延最少的过程；二是工期固定——资源均衡的优化，调整计划安排，在工期保持不变的条件下，使资源需用量尽可能均衡的过程。

（三）园林绿化工程项目进度控制

园林绿化工程项目的进度控制是指在园林绿化工程建设过程中，根据项目目标工期确定的总体进度计划、项目分解进度计划、具体进度计划付诸实施，在实施过程中经常检查实际进度是否按计划要求进行，对出现的偏差分析原因，针对原因采取措施纠正偏差，以维持项目的正常进行。

1. 园林绿化工程项目进度检查与偏差

园林绿化工程项目进度的实施过程中，由于人力、设备、苗木供应和自然条件等因素的影响而使进度计划发生偏差。因此，在计划执行过程中，要及时收集实施过程的数据，并对计划的执行进行监测和控制。

（1）项目进度的检查

园林绿化工程可以采用甘特图比较法进行进度检查。在用甘特图（横道图）表示的项目进度表中，用不同颜色或者不同线条将实际进度横线直接绘于计划进度线的下方，与计划进度进行直观比较。

（2）项目进度偏差

由于项目在实施过程中外界条件在不断变化，因此在项目实施过程中必须随着现场情况的变化对项目目标进行检查、比较和分析。不同工作产生进度偏差的原因除了通常的管理原因外还存在其他的原因，因此在分析时应查明进度偏差产生的所有原因，以便找出相应的控制措施，保证项目目标的实现。

导致园林绿化工程发生进度偏差的因素较多，归纳起来，有人为因素、材料设备因素、技术因素、资金因素、气象因素、环境因素、社会环境因素等。主要表现为设计方案不确定，设计的滞后，设计变更；设计图纸不能即时提供或图纸不配套；施工场地不满足施工要求；气象原因；设备、材料供应不及时和不协调；项目现场组织协调不到位，工序交接有矛盾；出现各类事故时的停工调查；社会环境干扰；资金不足；突发事件的影响等等。

2. 园林绿化工程项目进度控制措施

园林绿化工程项目进度控制的措施主要包括组织措施、技术措施、合同措施、经济措施和信息管理措施等。

（1）组织措施

组织措施主要有：落实项目进度控制部门和人员，具体控制任务和管理职责分工；进行项目分解，建立编码体系；确定进度协调工作制度；对影响进度目标实现的干扰和风险因素进行分析；经常检查园林绿化工程项目进度的实施情况，通过对照比较和分析，及时发现实施中的偏差，采取有效措施调整园林绿化工程项目进度计划，以保证工期目标顺利实现。

（2）技术措施

在园林绿化工程项目中，应充分考虑园林绿化栽培技术，确保园林植物成活率。技术是项目的重要生产要素，是否对技术进行管理及管理的程度如何，直接关系到项目的目标能否顺利实现。进行项目进度的目标控制很大程度上要通过技术来解决问题。因此在选用施工方案时，不仅应分析技术的先进性和经济合理性，还应考虑其对进度的影响。一般多考虑采用成熟、先进的技术来加快项目进度。

（3）合同措施

以合同明确规定进度要求，以合同措施来优选承包者、分包者或分项、分段发包等等。合同措施是实际园林绿化工程中项目进度控制的有效方法。

（4）经济措施

经济措施重点是保证资金供应，保障工程进度正常进行。

（5）信息管理

信息管理是指对园林绿化工程项目实施过程进行监测、分析、反馈和建立相应的信息交流程序，持续地对项目全过程进行动态控制。

第六节　园林工程质量管理

一、园林工程施工质量控制现状

在对园林施工质量及控制进行定义后，这里针对我国园林施工质量管理过程中存在的一些问题，进行分析并指出存在问题的原因，以期达到防治和解决的目的。

从园林施工组织角度看，目前园林施工组织存在如下问题：

（一）施工组织结构存在松散现象

在园林工程施工过程中，由于管理制度更新不够及时，造成了施工过程中出现的问题未能得到及时有效解决，影响后续施工。同时，施工监理管理体制还有待健全，部分施工人员的素质和技术水平有待提高，施工主体缺乏明晰的认知等，当现场施工出现问题时却找不到责任人，这也给施工质量控制带来了不利的影响。

在质量控制各个方面难免存在着问题具体有如下：

1. 工程一线的职工素质不高

项目的施工队伍文化水平参差不齐，特别是园林工程，施工队伍的主力军为农民工，特点是年龄大，文化层次低，学习和领悟能力差，导致这样一个群体对管理理念和施工工艺掌握不深，使得工程现场管理比较粗放，机械设备使用效率非常低，材料也不能物尽其用，而施工的技术含量更是无法保证，这些因素都导致了企业的整体质量控制水平非常低下，甚至会诱发质量安全事故，更谈不上创新，提高施工工艺。

2. 园林工程的技术管理人才缺乏

园林行业有着劳动密集型的特点，同时还存在着生产环境因为露天等因素而变得较差，"风吹日晒""加班加点""在泥地里奋战""黑夜赶活"等现象对园林工程从业者来说司空见惯，是一个比较艰苦的行业，导致许多园林专业大学生选择改行，有的怕吃苦而不愿意下工地等，留在工地上的老人多，年轻的、技术全面的人才少，客观上导致了一些具有较高素质的项目管理人员难以进入到企业之中，影响了施工质量的提高。

3. 少数园林施工企业的施工能力有待提高

施工能力是指为达到施工项目各项目标所开展的各项活动的能力。由于施工人员的综合素质不高，企业的施工组织设计力量较低，施工经验不够丰富，所以，园林施工企业的施工能力较低。大部分园林施工企业没有设置专门的信息中心，没有普及应用计算机控制和工程施工过程中的有关信息收集等，影响了工作效率和工作质量，同时没有建立专门的质量技术部门，对先进材料、技术工艺的掌握程度不够，在一定程度上影响了施工能力的提高。

4. 部分园林施工企业的规模有限，资金问题影响了施工组织

这类企业信用级别较低，贷款能力有限，资金周转缓慢，资本创造能力较低，投资回报率高的项目较少，尤其是某些中小型的企业。因为其前期项目投入资金不足，盈利能力也不强，最终创造的利润自然不甚乐观。另一方面，由于信誉度不高，企业很难竞得优质的工程项目，所接项目通常规模有限、投资回报率不高，这不利于企业建立起优质的口碑，而这往往是当前经济社会中极其重要的生产源动力之一。那些树立了良好口碑的企业往往拥有更多的客户资源和资金支持来源，从而更易获得发展壮大；而那些口碑较差的企业甚至难以持续经营。

（二）施工项目质量控制责任有待更加明确

施工过程在一系列的作业活动中得到体现，作业活动的结果将直接影响到施工过程中各工序的质量。然而，许多总承包单位对于园林工程施工企业在施工过程中的质量控制却不严格，对于施工过程中的作业活动没有全方位的监督与检查，使得施工质量无法保证。在园林工程施工过程中，施工准备工作不能按计划落实到位，比如配置的人员、材料、机具、场所环境、通风、照明、安全设施等等。实际施工条件没有落

实，导致一系列实际工作与计划脱离。

园林工程施工单位做好技术交底工作，是取得好的施工质量的条件之一。为此，在施工前，技术负责人要做好技术和安全交底每一个分项工程实施前均要进行交底。技术交底工作是对施工项目的组织设计或施工方案的具体化，也是更细致、明确和具体的技术实施方案，是各工序施工或分项工程施工的具体指导性文件。为了进一步做好技术交底工作，项目经理部一般由主管技术人员即技术负责人编制技术交底书，并经项目总工程师批准签字。

技术交底的内容一般包括施工方法、质量要求和验收标准，以及施工过程中需注意的问题，包括可能出现意外的预防措施及应对方案：技术交底工作要紧紧围绕和具体施工有关的操作者、机械设备、使用的材料、构配件、工艺、方法、施工环境、具体管理措施等方面开展。交底时要明确即将做什么、谁来做、如何做、作业要求和标准、什么时间完成等。但是在现实的园林工程施工情况之下，承包单位往往对于上述问题不重视，所有的环节只是走走形势，这导致了园林工程施工质量就得不到严格的控制，使得整体的施工质量最终不能被保障。

关注的侧重点往往放在施工进程开始后对施工现场的质量要求上，施工前期的准备阶段往往被忽略。这就要求在施工规划阶段就对整个施工过程包括准备阶段可能出现的质量问题进行全面综合考虑并做好防范措施，同时对质量问题实行定期抽查模式，一旦有威胁质量的安全隐患出现，必须及时采取应对办法，以实现竣工验收时达到高效优质的标准。在实际施工过程中，由于某些项目的人力资源不足，施工前期准备工作完成得并不充分，如原材料的供应暂时不足或未及时补给，使用设备未提前试运行、检验结果未按期出具等都可能导致施工过程中问题重重，甚至导致重大安全问题的发生。因此，提升园林工程质量的必备条件之一是保障前提的准备下作充分顺利地展开。

（四）施工现场管理需要进一步规范

1. 施工现场管理人员存在的问题

在工程现场管理中，工程师没有对施工质量提出合理实施的技术方案，管理存在漏洞和不足，现场施工中，也没有在保证园林工程质量的同时还要达到设计者设计的目的，大多管理人员素质不高，只是单纯地保证施工进度，保证施工现场顺利运行即可，而对施工质量并未过多进行关注。

施工现场的管理也忽略了网络技术在施工进度规划中的重要作用。在施工项目开始执行后，不少从业人员包括小部分管理层都对网络技术在规划进度中的应用有一定的误解，对其可靠性和有效性持怀疑态度。迄今为止，我国的园林施工企业中只有极小一部分借助电脑来安排施工进度，很大部分的企业仍然采用传统的主要依赖经验的人工编绘图的方式。究其根源，一方面是由于对网络技术在规划施工进度中的重要作用及其隐藏的潜在经济利益缺乏认知，另一方面是由于缺乏在施工过程正式开始后对项目执行情况的实时追踪和及时调整，这往往导致了横道图从施工前就一成不变，无法达到控制施工进度的目的，无异于虚有其表，华而不实的摆设。

2. 施工现场材料控制方式存在问题

进场材料构配件没有严格的质量控制。一般情况下，施工单位应按有关规定对主要原材料进行复试检验，填写《工程材料构配件设备报审表》并报送项目经理部签认确认，同时还应附上数量清单、出厂质量证明的文件和自检的结果作为附件，对新材料、新产品的使用要核查鉴定证明和确认文件。经监理工程师审查并确认合格后，方可进场。凡是没有出具产品质量合格证明或者检验不合格者，均不得进场。当监理工程师认为施工单位提交的有关产品合格证明文件以及施工承包单位提交的检验和试验报告仍不足以证明到场产品的质量符合要求时，监理工程师可以再次组织复验或见证取样试验，直至确认其质量合格后方允许进场。但是在目前的园林施工管理过程中，总承包单位对此检查不严格，而园林工程施工企业为了能够尽早施工，对于这些程序更是能简化尽量简化，对于所施用产品为了提升利润空间，则更是只要价格低就完全对质量没有要求。这使得一大批的不合格产品进入到施工现场，而总承包单位对其也没有严格的监控，使得其在这个环节存在严重的质量隐患。

3. 施工现场质量检验方面存在的问题

部分工程的施工安排由于资源调配或其他方面引发冲突导致整体项目迟迟不得完工。如某些园林项目虽然结构工程提前保质保量地完成任务，但是由于外立面的装饰设计方案迟迟未定，整体工程仍然未能按期竣工。这种各大工程计划前后衔接不上，断档较大的情况就会影响项目整体的效率。因此，在规划施工进程时，必须将各个工程环节妥善合理安排，无论时间空间还是资源方面都要相互配合协调，方能保障整体项目的顺畅完工。

施工现场质量检验中关注的侧重点往往放在大工程而忽略了小工程，重视结果而忽视细节。事实上，对质量的严格要求与工程规模的大小无关。如果因为工程规模较小就不重视潜在的质量隐患，小工程也可能会出现大灾难。因此，应在思想上将大小工程一视同仁地平等重视，才能有效避免质量问题的出现。这就从本质上严重影响着我国园林行业质量控制，使得园林工程施工企业在承接施工项目过程中，就存在很多质量上的隐患。

（五）工程监理需逐步规范

工程监理关注的重心往往放在外露的质量问题，较隐秘的方面则常被忽略。通常在衡量园林工程质量时，较隐秘的方面如混凝土块真正的结实度，焊接方面除试件试拉外真正的牢固程度、设备方面真正的使用寿命和安全系数、钢筋的使用数目等都容易被漏掉，这就会导致部分表面质量看似较高的工程实际存在很多安全隐患如混凝土不够牢固、质量残次、衔接质量不过关、部分区域内出现渗水或提前风化情况等。目前，我国的监理行业管理不规范，建设单位没有放权给监理单位，也是影响监理公司真正发挥作用的原因，导致了监理也无法真正履行到监理的责任。

工程监理存在的问题还表现在，关注的侧重点往往放在主体建设的质量，配套设施及景观的质量往往被忽略。在评估工程质量时，工程质量问题的考察通常集中在土建、植物等直观的要素上，而缺乏对具体防水、防火、防震、抵御辐射病毒等功效实现情况的核查。这就容易导致配套设备和很多设计的质量问题在真正使用后才开始暴露，包括：潜水泵功能异常出现的高层用水断断续续，电压供应不稳定，供水时好时坏等情况，而这些问题在工程竣工验收时很容易被忽略，必须在今后的实际工作中加强重视，以保证园林工程在若干年的使用过程中始终保持优质状态的目的。

（六）园林施工质量验收有待更加正规

自工程项目管理体制改革推行以来，国内的园林工程施工形成了以施工总承包为龙头、以专业施工企业为骨干、以劳务作业外包为依托的企业组织结构形式。不过，这样的设想并没有在实际工程施工中达到预想的成效。工程的大部分施工作业还是由园林总承包的工程公司自行完成，仅有很少部分的特殊专业施工任务比如木平台施工、张拉膜亭的安装等是由专业施工企业来完成。然而这样的管理模式已经远远不能满足当前园林工程施工的需求了。特别随着国外园林企业的加入，国内园林行业的竞争将会日趋激烈，这就需要我们不断地完善园林工程项目施工管理，以适应当今园林行业的发展，在激烈的竞争中立于不败之地。

（七）施工管理资料与实际脱节

业内人士都懂得，施工管理资料是施工管理全过程的真实记录。但是，当前有一种现象，就是工程施工资料并不能如实反映施工管理实际，两者却相互脱节，有人将这种现象称为施工管理的"两张皮"。一些工地混乱不堪、隐患众多，但其施工管理资料却相对齐全，而且较为完善，成了名副其实的"两张皮"。

据了解，两张皮也不是个别现象，在许多项目中都不同程度存在着。其突出表现是重资料整理、轻现场管理，资料中掺杂充假或者凭空捏造。如，施工项目部管理人员配置空有其名，甚至项目负责人也名不副实。同时，各类人员的岗位职责和施工现场的各项管理规章制度等，多是从别处"克隆"过来的，实际上并不执行，而只是为了搞好"形象"工程。更有严重者，资料的搜集与整理以假乱真，掩饰缺陷、隐报事故、谋报业绩等不乏其例。在工程领域监管力度乏力的情况下，"两张皮"已成为见惯不怪的公开秘密。

二、园林施工质量控制措施

基于以上园林施工质量存在的问题，提出园林施工质量控制措施的改进措施和建议，这里分别从组建项目经理部、确定管理目标、做好现场管理、严格按照标准规范施工、提高施工工序质量和推行监理制度等几个方面，对园林工程施工：质量控制措施进行进一步探讨。

（一）组建项目经理部并规划施工管理目标

基于以上分析，责任不明是园林工程质量管理存在的主要问题之一，所以，这里以组建项目经理部并规划施工项目管理目标，进而达到提高园林工程质量的目的进行阐述。

1.组建项目经理部

施工项目经理部尚未设置和人员配备要围绕代表企业形象、实现各项目目标、全面履行合同的宗旨来进行。综合各类企业实践，施工项目经理部可参考设置以下五个管理部门，即预决算部，主要负责工程预算、合同拟定保管、工程款索赔、项目收支、成本核算及劳动分配等工作；工程技术部主要负责施工机械调度、施工技术管理、施工组织、劳动力配置计划及统计等工作；采购部，主要负责材料的询价、采购、供应计划、保管、运输、机械设备的租赁及配套使用等工作；监控部，主要监督工程质量、安全管理、消防保卫、文明施工、环境保护等相关工作；计量测试部，主要负责测量、试验、计量等工作。

施工项目经理部也可按控制目标进行设置，包括信息管理、合同管理、进度控制、成本控制、质量控制、安全控制和组织协调等部门。

项目经理领导项目经理部，负责工程项目从开工到竣工全过程中的管理，是企业在项目的管理层，对项目作业层负有管理与服务的双重职能，项目经理部工作质量好坏将给作业层的工作质量带来重要影响项目经理部是工程项目的办事机构，为项目经理的各项决策提供信息依据，做好参谋，同时要执行项目经理的决策和意图，对项目经理全面负责。

2. 规划施工项目管理目标

施工项目规划管理是对所要施工的项目管理的各项工作进行综合而全面的总体计划，总体上应包括的主要内容有项目管理目标的研究与细化、管理权限与任务分解、实施组织方案的制定、工作流程、任务的分配、采用的步骤与工艺、资源的安排和其他问题的确定等。

施工项目管理规划有两类：一类是施工项目管理目标规划大纲，这是为了满足招标文件要求及签订合同要求的管理规划文件，是管理层在投标之前所编制的，目的是作为投标依据；另一类是施工过程的控制和规划，是投标成功后对施工整个工程的施工管理和目标的制定。下表对项目管理的目标和任务进行详细分解。

（二）制定制度和规范

建立了项目经理负责制，有了明确的施工目标，就要有明确的制度和规范进行管理和控制，这也是园林工程质量管理与控制必须采用的手段和方法。

1. 选用优秀人才，加强技术培训工作

人始终是项目的关键因素之一，在园林工程中，人们趋向于把人的管理定义为所有同项目有关的人，一部分为园林项目的生产者，即设计单位、监理单位、承包单位等单位的员工，包括生产人员、技术人员及各级领导；一部分为园林项目的消费者，即建设单位的人员和业主，他们是订购、购买服务或产品的人。

项目优秀人才的选用就是要不断在人力资源的管理中获得人才的最优化，并整合到项目中，通过采取有效措施最大限度地提高人员素质，最充分地发挥人的作用的劳动人事管理过程。它包括对人才的外在和内在因素的管理。所谓外在因素的管理，主要是指量的管理，即根据项目进展情况及时进行人员调配，使人才能及时满足项目的实际需要而又不造成浪费。所谓内在因素的管理，主要是指运用科学的方法对人才进行心理和行为的管理，以充分调动人才的主观能动性、积极性和创造性。

与传统的人事管理相比，工程项目部人力资源的管理具有全员性、全过程性、科学性、综合性的特点；与企事业单位人力资源管理相比，项目人力资源管理具有项目生命周期内各阶段任务变化大、人员变化大的特点。因这些特点的存在，园林工程项目管理不仅要合理运用优秀人才，也要进行有意识的培训和开发，以达到优秀人才的科学使用。

园林工程项目部人力资源的培训和开发是指为了提高员工的技能和知识，增进员工工作能力，促进员工提高现在和未来工作业绩所做的努力。培训集中于员工现在工作能力的提高，开发着眼于员工应对未来工作的能力储备。人力资源的培训和开发实践确保组织获得并留住所需要的人才、减少员工的挫折感、提高组织的凝聚力、战斗力，并形成核心竞争力，在项目管理过程中发挥了重要作用。

在提高员工能力方面，培训与开发的实践针对新员工和在职员工应有不同侧重。为满足新员工培养的需要，人力资源管理部门可提供三种类型的培训，即技术培训、取向培训和文化培训。新员工通过培训可熟悉公司的政策、工作的程序、管理的流程，还可学习到基本的工作技能，包括写作、基础算术、听懂并遵循口头指令、说话以及理解手册、图表和日程表等。对在职员工的能力培训可分为与变革有关的培训、纠正性培训和开发性培训三类。纠正性培训主要是针对员工从事新工作前在某些技能上的欠缺所进行的培训；与变革有关的培训主要是指为使员工跟上技术进步、新的法律或新的程序变更以及组织战略计划的变革步伐等而进行的培训；开发性培训主要是指组织对有潜力提拔到更高层次职位的员工所提供的必需的岗位技能培训。

在人力资源的培训与开发工作完成之后，对于培训中表现优异的人才要重点培养，并针对其拥有的技能进行强化和突出训练，使其拥有的某一技能优于其他员工，形成各有专长，术业有专攻。

坚持加强专业知识的培训。由于管理人员来自于社会各个不同的层次，他们的管理专业知识水平和年龄也存在差异，特别对那些刚参加工作的专业技术人才，他们还缺乏一定的工作经验。因此，经常性开展专业知识培训，举办实践经验交流会等都是十分必要的。

2. 建立健全施工项目经理责任制

（1）项目经理承包责任制的含义

企业在管理施工项目时，应实行项目经理承包责任制；施工项目经理承包责任制，顾名思义是指在工程项目建设过程中，用以明确项目承包者、企业、职工三者之间责、权、利关系的一种管理方法和手段。它是以项目经理负责为前提，以工程项目为对象，以工程项目成本预算为依据，以承包合同为纽带，以争创优质工程为目标，以求得最佳经济效益和最佳质量为目的，实行从工程项目开工到竣工验收交付使用以及保修全过程的施工承包管理。

（2）项目经理承包责任制度

施工项目经理部管理制度是项目经理部为实现施工项目管理目标、完成施工任务而制定的内部责任制度和规章制度。责任制度是以部门、单位、岗位为主体制定的制度、规定了各部门、各类人员应该承担什么样的责任、负责对象、负具体责任、考核标准、相应的权利以及相互协作等内容，如各级岗位责任制度和生产、技术、安全等管理责任制度。

规章制度是以工程施工行为为主体，明确规定项目部人员的各种行为和活动不得逾越的规范和准则。规章制度是人人必须遵守的法规，项目部人人平等，执行的结果只有两个：是与非，即遵守或违反。

施工项目经理责任制要求项目经理部要进行以下工作内容，即：施工项目管理岗位的制定，施工项目技术与质量管理制度的制定与实施，图样与技术档案管理制度，计划、统计与进度报告制度，材料、机械设备管理制度，施工项目成本核算制度，施工项目安全管理制度，文明生产与场容管理制度，信息管理制度，例会和组织协调制度，分包和劳务管理制度，以及内外部沟通与协调管理制度等。

（3）施工项目经理的职责

项目经理所承担的任务决定了其职责。施工项目经理要履行如下职责：

①贯彻和执行工程所在地的政府有关法律、法规和政策，执行企业的各项管理制度，维护企业的整体利益和经济权益。

②严格遵守财务规章制度，加强成本核算和控制，积极组织进行工程款回收，正确处理国家、企业、项目及其他单位、个人的利益关系。

③签订和组织履行《项目管理目标责任书》，执行企业与业主签订的《项目承包合同》中由项目经理负责履行的各类条款。

④科学管理工程施工，并执行相关技术规范和标准，积极推广应用新材料、新技术、新工艺和项目管理软件集成系统，确保工程工期和质量，实现安全生产、文明施工，努力提高经济效益。

⑤组织编制工程项目施工组织设计，包括工程进度计划和技术方案，制定保证质量和安全生产的措施，并组织实施。

⑥根据公司年季度施工生产计划，科学编制季/月度施工计划，包括材料、劳动力、构件和机械设备的使用计划。据此与有关部门签订供需采购和租赁合同，并严格履行。

3.园林工程项目经理与企业经理（法人代表）签订目标责任制

园林工程的项目经理根据其主要职责，要与企业经理或者法人代表签订对全项目过程管理进行管理控制的《项目管理目标责任书》，这个责任书的签订对项目经济有严格的约束和目标设定，是从施工项目开工到最后竣工全过程的约束性文件，是项目经理部建立等重大问题的先决条件和指导性文件，其主要内容包括施工过程中管理的各个环节，包括：施工效益及目标的设定，工程进度，工程质量管理，成本质量管理，文明施工的相关规定，安全生产的要求等。

4.项目经理部与本部其他人员之间签订管理目标责任制

项目经理和企业总经理签订《项目管理目标责任书》后，项目经理要本着个人负责制的原则，把责任落实到本部其他人员中去，对每一个工作岗位的不同人员要与之签订相应的目标责任制，做到责任明确，岗位职责具体化、规范化和科学化。只有责任清晰，目标明确，各部门和岗位才会各司其职，明确自身的责任与权利才能更好的完成工程项目。

（三）做好园林工程施工现场管理

在有了责任制和规范的制度之后，则要对园林工程施工实施过程进行规范的管理，确保制定的规范和标准得到执行和落实。

1. 全员参与，保证工程质量

园林工程施工质量的优劣直接取决于园林工程中每一位员工的质量，他们的责任感、工作积极性、工作态度和业务技能水平直接影响着园林工程的质量。项目经理部要对园林工程的员工进行培训和管理，调动每个人的积极性，从项目管理目标的角度出发，严格要求，增强质量意识和责任感。与此同时，也要制定相应的奖惩制度，对员工施工中的质量问题进行控制，要奖罚分明，具有说服力和指导性，使每位参与施工的人员都有非常强的质量意识，进而确保工程质量和各项计划目标顺利实现。

2. 严格控制工程材料的质量，加强施工成本管理

园林工程项目材料管理是指对园林生产过程中的主要材料、辅助材料和其他材料的使用计划、采购、储存、使用所进行的一系列管理和组织活动。主要材料是指施工过程中被直接采用或者经过加工、能构成工程实体的各种材料，如各种乔、灌、草本植物以及钢材、水泥、沙、石等；辅助材料是指在施工过程中有助于园林用材的形成，但不直接构成工程实体的材料，如促凝剂、润滑剂、黏贴剂、肥料等；其他材料则是指虽不构成工程实体，但又是施工中必须采用的非辅助材料，如油料、砂纸、燃料、棉纱等。

园林工程进行材料管理的目的，一方面是为了确保施工材料适时、适地、保质、保量、成套齐全地供应，以确保园林工程质量和提高劳动生产率；另一方面是为了加速材料的周转，监督和促进材料的合理使用，以降低材料成本，改善项目的各项经济技术指标，提高项目未来的经济收益水平。材料管理的任务可简单归纳为合理规划、计划进场、严格验收、科学存放、妥善存、控制收发、使用监督、精确核算等。

园林工程施工过程中，土建部分投入了大量原材料、成品、半成品、构配件和机械设备，绿化部分投入了大量的土方、苗木、支撑用具等工程材料，各施工环节中的施工工艺和施工方法是保证工程质量的基础，所投入材料的质量，如土方质量、苗木规格、各类管线、铺装材料、灯具设施、控制设备等材料不符合要求，工程完工后的质量也就不可能符合工程的质量标准和要求，因此，严把工程材料质量关是确保工程质量的前提。对投入材料的采购、询价、验收、检查、取样、试验均应进行全面控制，从货源组织到使用检验，要做到层层把关，对施工过程中所采用的施工工艺和材料要进行充分论证，做到施工方法合理，安全文明施工，进而提高工程质量。

园林企业实行工程项目经理制管理，向科学管理要效益，是加强施工成本控制，提高企业在市场中的竞争意识、质量意识、效益意识的一种行之有效的科学管理方法。但在实际项目施工管理中，忽视施工成本核算，管理比较粗放，项目管理人员只会干、不会算，绝大部分项目搞秋后算账等各种行为的现象仍时有发生，在一定程度上给企业造成了严重的经济损失。因此，园林绿化施工管理中重要的一项任务之一就是降低工程造价，对项目成本进行控制。

3. 遵循植物生长规律，掌握苗木栽植时间

园林工程施工又和植物是密不可分的，有其特殊的要求，园林工程的好坏在很大程度上也取决于苗木成活率。苗木是有生命的植物，它有自身的生长周期和生长规律，种植的季节和时间也各自不同，如果忽略其生长周期和自身生长规律的特点，园

林工程质量就无法得以保证。所以，在园林施工的时候，要掌握不同苗木的最佳栽植时间，在适宜的季节进行栽植，提高苗木成活率，保证工程质量。

4. 全面控制工程施工过程，重点控制工序质量

园林工程具有综合性和艺术性，工种多、材料繁杂。对施工工艺要求较高，这就要求施工现场管理要全面到位，合理安排。在重视关键工序施工时，不得忽略非关键工序的施工；在劳动力调配上关注工序特征和技术要求，做到有针对性；各工序施工一定要紧密衔接，材料机具及时供应到位，从而使整个施工过程在高效率、快节奏中开展。

在施工组织设计中确定的施工方案、施工方法、施工进度是科学合理组织施工的基础，要注意针对不同工作的时间要求，合理地组织资源，进而保证施工进度；同时搞好对各工序的现场指挥协调工作，科学地建立岗位责任制，做好施工过程中的现场原始记录和统计工作。

由于施工过程比较繁杂，各个工序环节都有可能出现一些在施工组织设计中未能涉及到的问题，必须根据现场实际情况及时进行调整和解决。这项工作应该选派有经验、有责任心、既有解决问题的能力又有魄力的人员担任，要贯穿于全工程项目的五大管理之中。

5. 严把园林工程分项工程质量检验评定关

质量检验和评定是质量管理的重要内容，是保证园林工程能满足设计要求及工程质量的关键环节。质量检验应包含园林质量和施工过程质量两部分。前者应以景观水平、外观造型、使用年限、安全程度、功能要求及经济效益为主，后者却以工程质量为主，包括设计、施工和检查验收等环节。因此，对上述全过程的质量管理形成了园林工程项目质量全面监督的主要内容。

质量验收是质量管理的重要环节，搞好质量验收能确保工程质量，达到用较经济的手段创造出相对最佳的园林艺术作品的目的。因此，重视质量验收和检验，树立质量意识，是园林工作者必须有的观念。

6. 贯彻"预防为主"的方针

园林工程质量要做到积极防治，不能有了问题才开始控制，预防为主就是加强对影响质量因素的控制，对投入的人工、机械、材料质量的控制，并做好质量的事前、事中控制，从对材料质量的检查转向对施工工序质量的检查，对中间过程施工质量的检查。

（四）推行园林工程项目监理制

监理是某执行机构及其执行者，依据相应法律准则，对其管辖事项的有关行为主体进行监控和跟踪管理，保护相关主体的正当利益的行为，根据法律和相关技术标准保住有关主体达到目标。它是协调约束有关主体行为和权益的强制运行机制。建设监理顾名思义，是指工程建设过程中，成立或指定具有一定相应资质的监管执行者依据相关建设法规和技术质量标准，采用法律和经济技术手段约束与协调工程建设参与者的行为和他们的责、权、利的行为，进而确保工程建设有序进行，实现项目投资建设的目的并能取得最大投资效益的一项专门性工作。把执行这种职能的相关单位称为监

理单位。

（五）完善园林工程施工验收前的资料整理工作

工程攻工验收后的资料整理对于园林工程质量管理也起着至关重要的作用，完善的工程资料是工程结算、施工总结与评价的来源和依据，对促进企业进行技术交流，今后改进工程质量，不断提高企业技术水平都具有重要意义。

开展园林工程竣工验收是园林建设过程中的一个重要阶段，对考核园林建设成果、设计检验和工程质量具有重要意义，也是园林建设开始对外开放及使用的标志。因此，竣工验收也对项目尽快投产、发挥经济效益、开展工程建设的经验总结都具有很重要的意义。

在实施验收时，验收入员应对竣工验收技术资料及工程实物进行验收检查，可邀请监理单位、设计单位、质量监督人员参加，在全面听取参会人员意见、认真分析研究的基础上，述成竣工验收的统一结论意见，若验收通过，则需要及时办理竣工验收证书。

第七节　园林景观工程施工风险管理

一、园林景观工程施工风险

（一）风险定义

风险带来损失的同时也蕴藏着机遇，它是人类历史上长期存在的客观现象。

我们可以从不同的角度，对风险进行分析。首先，风险会随内外部环境而变化，同时它也会根据每个人的思维及行动方法变化而发生变化。其次，风险也会同事件的目的有关。当人们对预期的目标缺少足够的把握的时候，就认为这项事件或活动具有风险性。还有，风险也会与未来的事件发生一定的关系，对于已经发生的事情来说，结果已经无法改变，但是对于尚未发生的事件而言，选择不同的方案会有不同的结果，即风险与方案的选择相关联。最后，风险不仅和人们的思想行动方针的选择相关，还和其所处的内外部环境改变。

（二）园林景观工程施工风险及其分类

在工程项目方面，风险是指未到达预期目标的损失或不利后果，或者是项目不确定性给工程项目参与各方带来的损失。

风险有不同的分类标准，因而也会有不同的分类结果。根据风险的技术特可分为技术性风险和非技术性风险。根据建设阶段可分为决策阶段风险、实施阶段风险和项目竣工后风险。

根据园林景观工程风险性质可以把其风险分为如下几个风险，具体如下：

1. 自然风险

自然风险是指由于自然的不可抗力的作用下使得工程项目不能顺利实现，甚至造成相关人员的伤亡和财产损失等风险。例如火灾、洪水、地震等。

2. 政治风险

政治风险是指由于政治原因引起国家政局动荡而使得工程项目参与方发生经济和财产损失的风险。当然，政府对项目不当干预，工程法规的变化等也属于政治风险因素。

3. 环境风险

环境风险既是自然灾害等突发性事故和周边环境作用下，对项目实施的相应的环境造成的影响。该风险在项目分析中不容忽视。

4. 技术风险

技术性风险是指由于工程实施方案不完善和工程技术的不确定造成的工程项目不能梳理实现的风险事件。技术性风险贯穿于工程项目的全过程。针对园林景观工程来说，主要是指园林绿化工程、园林建筑工程和园林水电工程等几个方面。

5. 经济风险

在项目实施过程中给工程项目带来经济损失的风险事件就是经济风险。经济风险产生是多方面的，国家宏观政策，投资环境的改变，劳动力市场的波动和原材料的价格波动等。

6. 组织风险

组织风险是指项目参与各方相互之间沟通协调不足而给项目带来损失的事件。园林景观工程自身具有很强的综合性和较大的复杂性，同时还涉及交叉施工，因此园林景观工程的组织关系如果不明确，会很容易造成损失带来风险。

二、园林景观工程施工风险管理

（一）园林景观工程施工风险管理概念

风险管理的认识多种多样，随着评价组织和专家的不同而变化。项目的风险管理就是项目的管理组织者，对在工程项目中可能出现或遇到的风险进行识别、评价和估计并提出相应的因对措施，也是运用科学的管理方法给工程项目提供最大的保障的实践活动总称。风险管理的目标主要是处理和控制风险，消除不利影响，减少损失，同时以最低的成本保证项目的顺利实施。成本、质量及工期为主控内容。风险管理可以帮助项目管理者顺利实现项目目标，还可以实现效益的最大化，良好的项目管理可以带来的好处包括认识项目管理重点，在管理中能整体把控；提前识别项目的风险因素；提前识别风险或危险，及时采取补救或预防措施；以及为其他工程项目提供经验，提高行业项目管理水平。

（二）园林景观工程施工风险管理内容

对于风险管理而言，风险技术是实现风险管理的途径和方法，而不同的风险技术可以达到不同的风险控制目标。根据工程项目的主要三大目标，可以将风险技术分为降低成本的风险技术、降低工期延误的风险技术和保证工程质量的风险技术。项目风险管理的方法也非常多，一般采用系统的风险管理方法，这种方法系统性较强/效果较好。系统的风险管理方法主要通过以下各个步骤实现：风险识别、风险评估和风险控制。

(三) 园林景观工程施工风险识别

风险识别作为风险管理的第一步，主要是通过其找出影响园林景观工程目标实现的主要风险因素。对于风险管理而言，其效果如何，风险识别起着决定性的作用，成功的风险识别能够准确识别出项目的风险因素，再通过风险评估分析，就可以保证风险管理的可信性和适用性，对其后果做出定性估计。因此，风险管理者应该认真对待风险识别，园林景观工程施工风险识别也是这样，因为风险识别会影响风险管理的深度与广度。

1. 园林景观工程施工风险识别目的及方法

风险识别要对所研究的工程项目全面了解，包括该工程项目的各个组成部分，然后识别那些对园林景观工程项目带来危害和机遇的风险因素，这也是为以后的风险评估和风险应对的基础。风险识别的主要目的如下：

（1）找出园林景观工程项目施工的主要相关方

进行风险识别，就要求项目的管理者能够对整个工程项目有全面的了解，对不同的岗位人员相应的职责也应该清楚。

（2）提供信息源

为园林景观工程的风险管理研究提供足够的信息，这是风险管理的恶基础性工作，关系到风险管理的效果和效率。

（3）明确风险组成

风险识别主要是运用调查总结等方法确定出项目所面临的风险因素，让风险管理者能够清晰风险要素。

（4）强化项目成员信心

古语有云"知己知彼，百战不殆"，人们往往害怕未知的事情，如果对所应对的事件能够有所了解，那么人们的信心必将提升，成功率也会增加。

作为风险管理最重要的一步，常见的风险识别方法有：德尔菲法头、脑风暴法、流程图、系统分解法、风险检查表以及流程分解法等。风险识别主要是结合园林景观工程项目实际情况，对园林景观项目潜在风险进行相应的判断分析、归类和鉴定的过程。在进行风险识别的过程中应该注意风险因素的全面性和完善性。

2. 园林景观工程施工风险识别方法设计

由于风险管理研究在我国起步较晚，相应的管理研究也相对滞后，同时园林景观工程也是一个新兴的行业，以此不难发现针对园林景观行业的风险管理研究是相当缺乏的和相对开展比较困难的。

园林景观工程目前广泛存在项目管理者不重视，缺乏风险管理意识等特点，这也同时带来了风险识别数据收集难，可参考相关项目资料少等问题。

根据本人对园林工程施工风险问题的认识及行业的实际情况，采用多种风险识别方法相结合的综合方法来对园林景观工程施工风险进行风险因素的识别。

采用结构分解法（WBS）将园林景观工程的施工风险经行分解，这样就可以使得园林景观施工风险识别具有较强的整体性和全面性；接着采用核查表的方法，把采用结构分解法的各个因素经行相关的罗列，从而使得施工各个风险因素能够尽可能的全面和清晰；最后考虑到结构分解法和核查表法，一方面考虑不够完善，另一方面不具有足够的专业性和深度，采用专家调查法，把已经识别的因素表经行汇总，然后向不同技术水平的从业人员或有经验的专家进行问卷调查。这样通过这里的风险识别方法的设计可以在较大的程度上确保风险识别的广度和深度。

（四）园林景观工程施工风险评估

风险评估指的是通过运用相应的风险技术，对风险项目别出来并经过相应分类的风险因素，确定相应的风险权重，同时根据权重结果进行相应的排序，从而使得项目风险管理者能够有针对性地为管理风险提供科学依据。可以采用风险度这一概念，来对风险大小进行衡量。

园林景观工程项目施工风险评估是在园林景观工程项目施工风险识别基础上进一步开展的工作。通过风险识别工作，我们往往只能对园林景观工程施工风险因素进行识别、分类和影响程度判别。而园林景观工程风险评估则是进一步的研究风险间相互影响和风险间的转化关系，最终对项目整体做出综合性评价，包括风险影响程度、风险发生概率、风险影响范围以及风险发生时间等。

园林景观工程项目施工风险评估主要有以下三个目的：

1.确定风险序列

进行风险排序主要是通过对园林景观工程施工风险因素发生的概率、影响程度和影响范围进行量化。

2.确定风险因素间相互关系

在园林景观工程项目中，影响施工的风险因素之间往往是相互关联的，一个风险的变动就有可能会导致其他风险发生连锁反应，从而使得项目的产生更复杂的变化。

3.为风险转化提供机会

风险同时具有消极和积极性质，如果能够通过提前认识并采取相应的措施把风险进行积极性转化，那么就有可能更好地促进项目顺利实施。

（五）园林景观工程施工风险控制

对园林景观工程施工风险进行风险识别以及风险评估以后，根据风险评估的结果，对园林景观项目有针对性地采取相应的风险控制措施或手段，减少项目的风险损失，保证园林景观项目的顺利实施。通过以上叙述看不难发现，风险控制主要有两大目的，首先是降低风险项目的损失，其次是提高项目风险管理人员对风险的控制能力。

风险控制方法介绍如下：

1.园林景观项目风险回避策略

风险回避策略指的是在项目中存在威胁性较大、概率较高、影响较为严重等风险时，很难找到其他措施和手段进行风险转化或消除，只能是主动改变项目目标及其行动计划，或者放弃相应的项目，从而避开风险的策略。风险回避策略在风险处理中颇为常见。在具体地实施风险回避策略时，往往是以规定的形式出现，如不做没有预付款的工程项目等。因而在项目中考虑到风险回避，就应该根据风险因素的严重性和发生的可能性，制定严格的管理办法和工作程序，从而达到规避风险的目的。

2.园林景观项目风险预防策略

风险预防策略是指通过消除风险的威胁，提高风险意识或者减少风险发生的可能性的风险管理策略，具有主动性。风险预防策略有有形和无形两种手段。无形手段指的是采用教育和程序化的管理方法来降低风险。有形手段是具体的工程技术，一般是采用综合的技术手段消除风险。风险管理目前主要存在问题是风险管理意不强，通过教育可以提高项目参与人员的风险意识，从根本上杜绝风险。程序化是对项目工作的标准化和制度化，其也同样可以很大程度上减少损失。

3.园林景观项目风险减轻策略

风险减轻策略主要是通过缓解风险的不利后果或降低风险发生的率，最终达到减少风险的目的。该方法主要还是根据风险的性质而决定的，即风险是否已知，是可以预测。其实现方式主要有两种，损失减少和损失预防，也可以是损失减少和损失预防的综合。在具体的实施中，风险减轻策略主要表现为风险计划，即灾难控制计划、安全预防计划和应急处理计划等，这些计划是降低风险概率和减轻风险后果的保障。

4.园林景观项目风险自留对策

园林景观项目风险自留是财务管理的技术。风险自留策略不同于其他风险策略，风险自留既没有转化风险，也没有降低风险发生概率和后果，风险导致的损失往往是由项目部承担。风险自留主要分两种：

（1）非计划性风险自留

当项目风险管理人员没有识别出风险或对风险分析不足，从而导致风险出现时缺少应对策略，最终造成非计划被动的风险自留。实践表明，任何一个大型工程项目的风险管理人员不可能识别出所有的风险因素，因而导致风险自留的出现。然而，风险自留是要风险管理人员尽量避免的。

（2）计划性风险自留

该方法指的是在通过风险识别和评估后，对一些风险进行选择性的保留，达到转移相关潜在风险的方法。计划性风险自留往往应该同风险控制相结合。

5.园林景观项目风险转移对策

风险转移指的是通过相应的手段或方法将风险转移到其他项目参与方或组织的方法。风险转移并没有从根本上降低和减轻风险，而是采用一定的方法把风险转移到具有风险承受能力的组织或个人，最终借助第三方实现风险的控制。在很多项目中有很多的风险，风险管理者往往不能够完全应对，把有限的精力放在有限的风险控制中去，转移其他风险，这无疑是一个很有效的方法。风险转移目前主要有财务性风险转移和非财务性风险转移两种。

（1）财务性风险转移

财务性风险转移通常有保险类风险转移和非保险类风险转移。前者目前而言在多数招投标项目中强制执行。对于工程项目而言，主要是通过购买保险公司的相应保险业务，工程项目发生损失时有保险公司提供一定的保险补偿，从而避免由于损失太大导致工程企业破产。其优点是工程项目参加者提供一定的保险费，当出现风险损失时由保险公司提供相应的补偿。工程保险的种类也非常的多，常见的保险有建筑工程一切险；雇主责任险；安装工程一切险；人身意外伤害保险等。财务类非保险类风险转移是通过中介，同担保一样将风险向商业合作伙伴转移。

（2）非财务性风险转移

该方法是通过合同形式，把具有相应风险转给其他方，从而使得相应的项目实施方的风险进行转移。风险转移并没有从根本上减轻风险及其可能造成的损失，只是有一方向另一方转移，由另一方来进行相应的风险管理。常见的非财务性风险转移有外包和分包两种。

第四章 园林景观艺术

第一节 园林景观艺术概述

园林是一门学科、一项事业，也是一门艺术，它属于景观范畴。

景观分为两大类，即：自然景观与人文景观。自然景观产生于人类之前，如土地、河流、海洋等等；园林景观产生于人类文明之后，它是经过对自然的改造、被注入了人类意志和活动的一类景观。

从美学的角度来看，园林景观艺术来源于自然和生活。人们在生活中，从来没有中断过对美的追求，也从来没有间断过以艺术的创造来达到这一目的。

在通常的情况下，人们对园林景观的感受往往更注重它的形式美感。园林景观的美感来自于它的艺术创作，因此，当人们在欣赏和评价园林的美感时，着重谈到的就是它的艺术性。

一、园林艺术观

（一）从审美的角度看外在世界的四个问题

山德罗·博卡拉在2001年出版的《现代艺术的时间表——从1870到2000》一书中对"艺术"提出了自己的看法。他认为"艺术"与宗教、哲学相同，都是一种对物质世界进行认知的行为和对自我进行表达的途径。每当艺术家们从审美的角度来审视外在世界时，有四个最根本的问题会浮现在他们的脑海。

1. 何为真实？

2. 真实的世界以何种方式连接组织成一个整体？

3. 在人的主观意识中，何为真实？

4. 何为真实存在背后隐含的意义？

（二）针对这些问题的哲学思考

而现实主义、结构主义、浪漫主义以及表现主义，这四种思想以不同的方式给了以上几个问题以答案。

1. 现实主义

此思想基于对客观的外在世界的感知与体验，之后艺术家再把感知到的事物理性、客观地呈现出来，波普艺术和印象派的设计作品就为这之中的典型代表。

2. 结构主义

将彼此关联的事物依照形式美的法则，组织结合成视觉的整体。凭借对审美对象的结构和组织的掌控，再次对物体视觉的真实进行呈现是结构主义所重视的，结构主义、极少主义与立体主义的作品为其中的典型代表。

3. 浪漫主义

浪漫主义比较起前两者来说，加大了对审美者本人的主观意念以及情感因素的关注，被当作是一种有着"物我合一"认知特点的方式方法，大师凡？高和高更的艺术作品为其中的典型代表。

4. 表现主义

它的方式是对人生的本来意义进行求索，并通过现实的表象来诠释生存的意义，其中的典型代表为大地景观艺术。

表述现实的写实主义和表述表象背后隐含的意义的表现主义，是人们理性地认知世界的两种不同方式，而结构主义和浪漫主义是人们感性地表述和认知世界的两种不同方式。不管是艺术、设计作品，巧是简单的人造物品，都结合了不同种思想认识和表述世界的方法，但总以其中一种为主导思想。

（三）何为"园林艺术"

黑格尔在《美学》第三卷里谈及园林艺术时说：园林艺术不仅替精神创造一种环境，一种第二自然，一开始就用全新的方式来建造，而且把自然风景纳入建筑的构图设计里，作为建筑物的环境来加以建筑的处理。

园林，是一种人类凭借对外在世界和内在自我的认知，然后借以物质的形式手段使实用的需求得到满足，使情感得到表达的艺术，它还是一种空间营造的艺术形式。景观这种物质实体不仅是对生活美的呈现，还是对设计师审美价值和审美意识的展现。运用总体布局、空间组合、体形、比例、色彩、节奏、质感等园林语言，它构成特定的艺术形象，形成一个更为集中典型的审美整体。

园林艺术常常会与其他的艺术形式（例如建筑、诗文书画，还有音乐）互相敲合，从而形成一口综合的艺术。因为错综复杂的园林景观语言和多种选择的园林景观材料，园林艺术通常还牵涉到不止一个的艺术门类，就因为如此，园林艺术在艺术界很长时间也没得到明确的定位。

（四）园林艺术观

园林艺术观是指设计师对艺术创作和现实人生送两者关系的总体认知和态度，而决定这种认知和态度的则是设计师对园林艺术的价值、功能在人类的精神生活中应负的使命的看法。

设计师园林艺术观的形成受外在环境因素影响的同时，还受内在个人喜好的影响。园林艺术观不仅是园林设计师的内在核心，还是设计师思想的外化，是设计师的主观精神的物质化过程。设计师们互不相同又独具特点的园林艺术观取决于他们文化背景、生活环境和教育经历的差异，他们的言论和设计作品是他们的设计思想与园林艺术观最好的展示。

二、园林景观艺术的特征与要素

（一）园林景观艺术的特征

1.园林景观艺术是自然美和生活美结合的产物

园林景观艺术不同于建筑艺术或其他艺术，它最大的特点是运用植物、山石、水体和地形等自然素材来表现主题，塑造的是自然空间，刻画的是生动的自然情趣与境界。这就需要设计者从大自然当中提取美的元素，把握美的规律，应用于园林景观的创作之中。同时，由于园林与人们的生产、生活息息相关，又需要设计者更好地理解人们的生活诉求，创造不同的空间和场所，把生活之美注入其中。

2.园林景观艺术是四维时空的艺术

园林景观艺术既是空间艺术，又是时间艺术，即所谓的四维时空艺术。主要体现在三个方面：

（1）通过流动的空间来组织人们观赏周围不断变换的景物。这在中国传统园林中表现得尤为突出——人们随着游览路线的更迭和游览时间的推进，看到的是开合收放、起承转折、富有韵律节奏的空间，领略到的是"山重水复疑无路，柳暗花明又一村"的情趣与境界。在这个过程中，自然信息都被融入到有界无痕的时空转换之中。无怪乎，很多外国专家在研究和考察中国的园林景观艺术之后感叹：真正的流动空间在中国！

（2）植物是园林景观的主体，它漫长的生命周期，演示了生长过程中各阶段的特点，如：幼年的茁壮、中年的繁茂、老年的苍劲。植物揭示了自然发展的规律，给人以生命的感悟，又在一年四季的时段之中，演绎了春花秋叶、夏荫冬姿的季相变化，展现了大量的自然信息，给人以愉悦的心情和艺术创作的灵感。

（3）从形成过程来看，园林景观建设从构思到创作，从施工到管理，每个环节都有形态的修改和意境的再创造，是一个不断完善的过程。园林景观的艺术价值要在其形成过程中得到去伪存真、去粗存精的提炼和升华，因此，它是一个需要不断完善的艺术。

3.园林景观艺术的地域性

由于受到文化历史、政治经济、自然地理、民族风俗等外部环境的影响，园林景观又在一定程度上成为地域文化的载体，呈现特定的地域文化特质，如：英国欣赏自然式风景园林、法国强调整形的图案式园林、意大利以台地园林为特色、中国则崇尚自然山水园林。在19世纪以后，美国的工业化进程又催生了现代园林——自然园林被引入到城市空间，导致园林景观的功能和形态有了根本的改变，美国也因此成为了现代园林景观的发源地。

中国园林是世界园林之母，中国传统文化历来推崇"天人合一"的理念，这种理念体现在山水哲学、山水文学、山水诗画等方面，同时也深刻影响着园林艺术。中国人憧憬自然山水，秉承着师法自然的原理，将真山真水微缩成为壶中天地，创造出了"虽由人作、宛自天开"的自然山水园林。

中国的园林艺术不光要用眼睛去欣赏，还要用心去领悟，关键在于意境的创造。意境是一种感受，是一种精神层面的东西，是通过描绘而产生的情趣与境界，这一独特的手法是其他园林景观所无法比拟的。

4. 园林景观艺术的多样性

园林景观艺术的地域性是其多样性的基础。园林景观艺术的多样性强调的是宏观整体的特征与格局，以及本质和规律性，解决的是具体的功能诉求、审美取向和时段形态问题。比如，从功能的诉求来看，有儿童公园、体育公园，动、植物园，雕塑公园、湿地公园等；从审美取向来看，有整形园林、自然园林、抽象园林；从形成的时段来看，有古典园林、近代园林、现代园林等。可以说，园林景观艺术是一个综合性的跨界艺术。

5. 园林景观艺术的继承与创新

不同的民族因地域环境的不同创造了各自的文化艺术（包括园林景观艺术），这个文化艺术反过来又培养了一批欣赏它自身的人群（民族）。周而复始，文化艺术得到传承。在这个过程中，每个民族都会因为他们永不满足已有的艺术形式而通过自兴和与外界的交流，创造出了更为新颖、更为先进的艺术形式，于是文化艺术得到了发展。

中国古代的苑囿经过漫长的历史发展，到清代的时候形成了日臻完美的古典园林。英国的自然风景园林，受到中国自然山水园林的启示，同时又引导了美国现代园林景观的发展。20世纪80年代后，中国的现代园林在先进外国景观理念的推动下，更注重了生态和休闲功能的需求，得到了很大的改进和提高，即所谓的"古为今用，洋为中用"。这是一种历史发展的趋势，也是传承与创新的必然途径。

现今，我国的园林景观在改革开放的推动和国外先进景观理念的影响下，迈进了现代园林景观的行列。但是因为发展速度太快，同时受功利主义的驱使，加上重理念、轻理论思潮的影响，园林景观在总体格局上千篇一律，在具体形态中千差万别，有的甚至排斥了本土的地方特色，只重功能实用性，忽视文化艺术性，全盘西化，没有特色，使人身在其中，很难辨认其右。

其实，常识告诉我们：民族的就是世界的，但世界的未必是民族的；同时我们也应清楚地认识到"没有创新的继承是没有生命力的，没有继承的创新是短命的"的辩证关系，因此，没有继承，就谈不上创新。

（二）园林景观艺术创作的三个基本要素

社会在发展，时代在进步，人们对园林景观的审视越来越挑剔，其艺术创作的手法也越来越多样化。要创作一个好的园林景观艺术作品，关键在于要把握好三个基本要素，即：功能、性格和尺度。

1. 功能

功能是因人的需求而产生的，我国的建设方针是实用、经济和美观。实用就是功能的需求，这是第一位的。众所周知，唯独在园林景观中，欣赏作用也是重要的功能之一。

园林景观旨在营造一个"强调生态、突出文化、充分满足不同人群的各种活动需求的场所",最大限度地解决人们在工作、生活和休闲等诸多方面的基本诉求,突显"以人为本"的服务宗旨。园林景观一般来讲须具备三大功能:生态功能、活动功能、观赏功能。

（1）生态功能

生态功能强调生态效应,突出植物造景,优化生态环境。

（2）休闲功能

休闲功能注重参与性,创造多种形式的休闲活动场所和设施,营造生动的活动空间。

（3）观赏功能

观赏功能突出园林景观的视觉效果,尊重地方历史文化,关注人们日益提升的审美情趣,使园林景观富有文化内涵、地方特色,满足人们审美的需求。

现代的园林景观是开放的系统空间,是城市的有机组成部分。在创作中,园林景观的三大功能要从城市设计的整体出发,考虑与外部大环境的整体协调,考虑文化历史的延续,考虑因时因地因人制宜,同时还要考虑到可行性和可操作性。这些都因人而异,这就是人本主义。

2. 性格

园林景观的性格是一种由内而外的精神和文化特质,它是通过三个结合体现出来的,即:内容与形式的统一、功能与审美的统一、传承与创新的统一。

园林景观的性格具有外在与内在的双重表征。外在表征是指具象的空间形态、格局、风格、尺度、质感等,只需眼睛去看;内在表征是抽象的场所精神,如情趣、境界、格调、氛围,需要用心灵领会。

性格的运用对一般设计者来说有一定的难度,把握是否恰当是要靠经验和领悟力才能做到的,只能在实践中摸索和积累。

3. 尺度

尺度是指事物之间量的判断的比较。

园林景观的尺度,特指园林景物与外部环境或参照物进行比较时而产生的量的判断,并由此来决定所要建造的景物的体量。

园林景观与外部环境之间比较的尺度叫作环境尺度,与人体之间比较的尺度叫作人体尺度。前者也可称为宏观尺度或者风景尺度;后者可称为微观尺度或者园林尺度。

园林景观的尺度作用非同小可,在中国传统园林的创作中就特别强调"精在体宜",可见尺度是园林创作成败的关键。

尺度没有绝对的数值,是相比较而存在的。一般对某一景物的体量作评价时,在中国多以"恰当适度、恰到好处"做出定性的判断。

西方园林对雕塑的高低和空间的封闭程度进行设定时,常采用定量的办法,用观赏者与被观赏对象之间的距离和视角来做出确定。这种办法较为科学,但是在具体操作中心会受到个人喜好和被观赏景物的色彩、体积和材质等因素的影响。由此可见，判断尺度的大小、人为的经验还起到了一定的作用。

当今的社会，人们衣食无忧，审美情趣有了很大提高，加上时间的充裕，对物质的需求越来越多地转化为对精神的诉求。在回归自然、返璞归真的心灵召唤下，人们纷纷走出家门，走进自然，对园林景观也有了更高的期盼。作为中国园林景观的工作者，在深感责任重大的同时，要有所担当。我们必须明确己任，在园林景观的设计中，要配合整个社会，注重生态的考量，在继承我国优秀的造园手法基础上，突出园林景观艺术性的创新，使我们的园林景观艺术重振旗鼓、与时俱进，自立于世界园林景观艺术之林。

三、中西方古典园林景观艺术比价

（一）中国古代园林景观艺术的发展

中国被称为世界园林之母，其最初形成可追溯到夏商时期，距今已有四千年历史，此时的园林景观设计已经不仅是圈养、栽培、通神之处，也是略具园林雏形格局的观游、娱乐场所。

中国的园林景观设计在魏晋南北朝时代发展到"寄情山水，人造自然"阶段。魏晋南北朝以崇尚"自然"为宗旨的儒玄、玄佛义理流行于世，人们追求返璞归真，山水审美之风全面兴盛，成为这一时期造园艺术发展的推动力。特别是文人、画家巧匠逐步涉入，使得园林不再是一种自然风光的再现：一方面通过寄情山水的实践活动取得与大自然的自我协调，并对之倾诉纯真的感情；另一方面结合理论的探讨深化对自然美的认识，发掘、感知自然风景构成的内在规律。有关自然山水的艺术领域大力开拓，对自然美的鉴赏遂取代了过去所持的神秘和功利的态度，成为此后中国的传统美学思想的核心。这一时期的古典园林，开始进入成熟期，造园时对山水等自然景观有意识地加以改造、调整、加工、提炼，精练概括地表现了自然从总体到局部都隐约透露着诗情画意，强调了山水园林重视和谐的美学思想。

中国的园林景观设计在唐朝以后进入了成熟阶段。在讲究园林本身形式上，以园言志、以景寄情。造园家与文人、画家相结合，运用诗画传统表现手法，把诗画作品所描绘的意境情趣应用到园景创作上，甚至直接用绘画作品为底稿，寓画意于景、寄山水为情，逐渐把我国造园艺术从自然山水园阶段推进到写意山水园阶段。

园林讲求"寓诗情画意于自然景物之中"，山水画强调既要真实描绘自然景物，又要抒发作者的情感，在两者结合中创造情景交融的意境。从写实过渡到写意与写实结合，这是造园艺术的创作方法的一个飞跃。

（二）东西方园林景观艺术的比较

1. 东西方哲学思想和世界观的差异影响了园林景观设计的理念

由于诗人、画家直接参与园林的处充满着生活气息并浸透着人的主观感情。而以法国为代表的西方传统园林在"唯理"的美学思想下形成，强调人工的自然美，反映人对自然的改造和控制，体现人的意志，追求的是形式美的哲学基础源于自然科学早期重大成就所形成的唯理论哲学观。古典主义者强调整齐划一、秩序、均衡、对称，平面构图上崇尚圆形、正方形、直线等几何图案和线形分割。西方古典主义园林风格正是在这种唯理的美学思想下形成的，它体现的是一种理性的思想内涵。

2.东西方园林景观设计在空间处理上的差异

在空间处理上，中国古典园林景观"命意在空不在实"，显现的是活泼、动态、多点透视的空间。其力求从视角上突破园林实体之有限空间的局限性，使之融于自然、表现自然，把园内空间与自然空间进行融合和扩展，利用借景手法把观赏者的目光引向园林之外的景色，从而突破了有限的空间限定。而西方古典园林主从分明、重点突出，各部分关系明确、肯定，其边界和空间范围一目了然，空间序列段落分明，空间尺度不在于适应自然环境和人们实际活动的需要，而是着重于强调以建筑实体营造所需的气氛。它多运用数学和几何学原理来处理空间的形式，从而产生主次分明、均衡、明晰的空间形态。

3.东西方对园林景观的功能理解不同

中国园林虽然有休息和娱乐的目的，但由于中国文人的休息和娱乐越来越走向纯精神功能的非功利倾向，其设计的目标也变得越来越飘渺和意味深长。中国的美学理论在整体上一直就对追求物质享受的思想长期受到鄙视。因此中国园林的功能一直以来都是少数文人自省和精神自我满足的场所，物质功能从未成为中国园林的重要功能。相反，英国人很快就注意到把花园变成实用的场所，使之成为公众会聚的场所，药物、蔬菜和花卉的生产基地，牛羊的牧场等，物质功能与审美相结合，把西方园林艺术推上了一个更加健康的方向，并为传统的风景园林艺术插上了科学、民主的翅膀。

4.东西方园林景观设计中建筑风格的差异

中国传统园林崇尚自然美，园林的构图规则统率着建筑，迫使建筑"园林化"，随高就低，打散整形，向自然敞开。自然本身又随着湖石、竹树、流水等渗透到建筑物里去。建筑通常分散在自然要素之中，与自然景物融合在一起。园中的主要建筑往往和主山、池泊相对，景色绝佳处常常有点景或观景的建筑。建筑和园路在园林中还起着分割空间和组织游览路线的作用。而西方人讲求对称、均衡和秩序，因此花园的所有要素之间的比例协调、构图均衡，建筑统率着园林。建筑物在布局中占着主导地位，并且迫使园林服从建筑的构图原则，并将建筑的几何格律带入园林中，使高度"建筑化"。

第二节　现代园林景观设计艺术

一、园林景观设计原则

（一）人性化的设计原则

在外部空间景观设计中，表现为满足居民的心理需求，将外部空间景观环境塑造成具有浓郁居住气息的家园，使居民感到安全、温馨及舒适，产生归属感。人性化设计原则即想居民之所想，造居民之所需。在设计开始前，应对整个住宅区进行朝向和风向分析，以利于组织好住宅区的风道。在景观规划阶段需考虑到向阳面和背阳面的处理，人们在冬天需要充足的日照，而在夏天又需要相对的遮阳，还有提供和设置娱乐交流的场所。

（二）居住区的环境景观设计

要在尊重、保护自然生态资源的前提下，根据景观生态学原理和方法，充分利用基地的原生态山水地形、树木花草、动物、土壤及大自然中的阳光、空气、气候因素等，合理布局、精心设计，创造出接近自然的居住区绿色景观环境。

（三）居住区公共空间环境设计

居住区公共空间环境设计应着重于强化中心景观，层次感是评价住区环境设计好坏的重要标准，住区景观设计应提供各级私密空间，并且各层次之间应有平缓的过渡。住区中公私动静变化细致，应努力营造一个"围而不闭，疏而不透"的空间氛围。

居住区的环境景观设计要在保证各项使用功能的前提下，尽可能降低造价。既要考虑到环境景观建设的费用，还要兼顾到建成后的管理和运行的费用。

二、园林景观设计方案及方法

（一）园林景观设计方案

1. 空间秩序性

（1）界定景观轴线

园林景观跟其他类别的景观不同，园林景观注重的是意境的创建，为此轴线的方式没有确切的规定。但是，界定轴线的主要目的是确定空间组织的逻辑次序，以便于满足景观的性能需求，创造出该场合应该拥有的环境氛围。

（2）梳理空间内涵

梳理空间的内涵是整理景观所承载内容的设计准则。唯有清晰的景观涵盖内容，空间组织才能够很好地发挥出来。在园林景观设计的过程中，一定要把景观所涵盖的内容梳理清楚，然后依据相关方面的内容为其设定最佳状态下的空间形式。对存在互相交错或者能够相统一的空间进行编排整理，可以形成较为清晰的空间形式。

（3）区分空间等级

梳理空间内涵后会发现这是一个巨大的景观列表，如果想要在特定场地内部同时包含很多的内容是与现实状况不相符的。为此，一定要明确景观空间的级别。这一原则的目的是能够有效处理园林景观创造过程中的各种问题。确认空间等级的逻辑联系，以此才能够清晰地运用场地，科学地开展空间的组织，在必要的时候以牺牲某一方面的准求，确保总体景观体系的逻辑关系。

2. 尺度适宜性

（1）减少人为压力

在现实的工作中，人们对园林景观的回应是弱化和避让。这种形式是对现有的自然环境和发展秩序的一种尊重。就大尺度的压力，我们运用谦虚谨慎的态度弱化景观的创造方式。科学地协调关系，以谦虚的心态、修正的尺度弱化园林景观的压力。

（2）遵从场地功能

一定数量的尺度纬度和空间感知经验是园林景观空间中必不可少的。考虑到空间和尺度之间的关系，在此便引出了景观的协调度和恒定尺度。景观中的恒定尺度指的是在遵从硬性公用景观的准则而出现的特定尺度，协调性的尺度能够发挥调和和过度的作用，遵从景观的性能是针对协调性尺度和恒定尺度相互间的联系提出的，协调性尺度的景观是恒定尺度景观之间的连接媒介。唯有处理好协调性尺度景观，才能够使得景观的整体性得到展现，满足于景观延伸的准求。

3. 视觉艺术性

（1）引用自然之美

引用自然之美存有两个方面的含义：一是借助自然山水之美；二是借用自然本质之美。借助自然山水是源于景观层次的改造目的，把秀美的山水当作景观层次引入到里面，给人以视觉感的空间延伸。引用自然之美，是重视美的含义，其实更在意的是接近大自然的美学。引用自然之美是在挖掘自然景观资源，可以以一种美感赋予景观更大的胸怀，凭借这种方式把大地理尺度的自然景观与人为创作的景观连接起来。

（2）创造界面之美

视觉形式美的中心是界面之美。景观中的竖向界面通常直接决定了景观空间的格局特点，通常顶界面是完全开放的。底界面的形式美对景观空间整体美感有着直接的影响，小面积底界面通常会对受用者直接的视觉感受，而竖向界面方式直接影响着人们对视觉美感的认知，这主要是由于对于那些比较单一的底界面与开放的顶界面，侧界面则更为丰富的表达形态的不断变化和情感。

4. 环境生态性

（1）尊重生态价值

环境生态型准则中重点是生态价值观的确立。在园林景观设计中，生态价值观是自始至终都要遵从的理念，生态价值观念跟人的社会准求、艺术和美学美丽同样重要。从方案的构想到具体细节的展现，都与生态价值紧紧相连。尊重生态价值是观念的一种展现方式，但是并不能够单凭借观念去处理景观当中的现实矛盾，生态价值是一种支配性的准则，让人们每时每刻都保持一种对自然环境的理解和尊重。

（2）接纳生态基质

我们特别愿意去接纳一些完美的园林生态基质，同时变成我们景观设计的重要性线索。在当代园林景观设计中有很多有关大地理尺度景观的生态基质、蓝带、灰带等景观理念，这些景观诠释着景观设计大环境概念的完美无瑕。

（二）园林景观设计方法

1. 景点的设计方法

在园林景观设计中，多寄托在景点形式中。点的布局要能够突出重点，且疏密有致。景点的分布要按照"疏可走马，密不透风"的原则进行，要充分考虑到游客聚集和分散的情况，做到聚散有致、动静结合。

其次，点要做到相互协调，相互映衬，以点作为吸引游客视线的核心，并在视域范围内将点与其他景观进行联系，景点之间要能够相互协调，注重游客的视线范围和角度。

再次，点要做到主次分明，且重点突出，要有一个点能够体现出园林的主景或是主体，表达出园林景观的构思立景中心，这个点既可以是人文景观，也可以是自然景观。

在园林景观设计中，点主要包括置石、筑山、水景、植物、建筑、小品和雕塑等。点的布置既要协调，又要突出，例如在植物设计时，要突出植物既能够作为单景又能够作为衬景的作用，既可以单独欣赏又可以突出其他景观，再如在建筑点的设计中，即使是一些用混凝土建造的建筑物，也最好用竹、茅草等进行装饰和覆盖，要体现出朴素、自然的情境，另外，还要注意建筑造型风格等和园林的主题风格保持一致。

2. 景观线的设计方法

在园林景观设计中，线的功能主要为审美功能、导向功能、分隔功能。审美功能即每一种线的变化都能够带来特殊的视觉效果，粗细线条、浓淡线条、曲直线条和虚实线条等能够带给观赏者不同的视觉印象和美感；导向功能即线条的方向性，能够引导人流；分隔功能即通过线条来展示出路径、植物、地形等的区分，分隔出特定的空间。在线的布局时，要遵行自然性原则、序列性原则、功能性原则。由于园林要表达的是自然美，因此在线的布局时，要达到"虽由人作，宛自天开"的境界，另外，线要能够发挥出满足人们观赏、交往、交通等的需要。

在园林景观设计中，线主要包括：路径，即供游客散步、观赏、休闲的风景，以曲折为主，通过与道路两旁景观的结合，变现出步移景异，丰富变换的特点；滨水带，即陆域和水域的交界线，让游客能在观赏美景的同时，感受到水面的凉风；景观轮廓线，在轮廓线的设置时，要考虑到观赏角度和距离的问题。

3. 景观面的设计方法

在城市地理学中对面的定义为：地球表面的任何部分，如果在某种指标的地区分类中是均质的，那么便是一个区域。按照活动要素来讲，可以把园林景观设计中的面分为游憩区、服务区、管理区、休闲区等。

面的布局原则首先要遵循整体性原则，要能够在总体上有机完整地进行空间分割和关联，在空间的排列序列中，能够理清主从关系和各个景观的特征。

其次，要遵循顺应自然的原则，要与周围的自然环境、山水、土地等进行组合，并最好和自然地形的分界线一致，这样稍加点缀，便能够呈现出如画的风光。

再次，要遵循生态原则，让土壤、植物、动物、气候、水封等条件能够相互作用，并维持景观环境的平衡在园林景观设计中，面主要包括植被、硬质铺地和水体。植被主要为各类树木和花卉、草坪等，植被的作用是以形、声、色、香为载体体现，为园林增添独特的、变化的风景。硬质铺地的功能不仅仅是为游客提供活动的场地，还能够帮助园林景观的空间构成，通过限定空间、标识空间，能够增强各个空间的识别性。水体主要包括河、湖、溪、涧、池、泉、瀑等，水体的功能是十分重要的。首先，水体的审美价值较高，主要通过视觉和听觉体现，其次，水体能够提供一些活动形式，例如划船、游泳、钓鱼等，再次，水体能够调节微观气候，为园林中的动植物提供水源。在对水体进行设计时，要充分对地形、意境等进行考虑，避免营造出死水的感觉。

三、现代景观设计的发展趋势

（一）"以人为本"的趋势

在城市景观设计中体现以人为本，主要是强调人在城市中的主体地位。在景观总体规划、控制性详细规划、景点的设计、各种小品设施的配置以及在整个景观的建设实施过程中，都要从人的角度出发，满足人的各种生理和心理需求。这个意义上的"以人为本"是不能以牺牲人与自然的和谐共存为代价作前提条件的。设计必须讲求经济，但是我们反对只讲经济而不讲人情的"技术功能主义"，新时代的设计应该同时综合解决人们的生活功能和心理情感需求。这便要求设计师必须在人体工程学、心理学和人类生理学领域里做周密细致的研究，用设计语言向人们暗示一种设计情感的融入，引起彼此在情感上的共鸣。

从城市发展的过程来看，在以机动车作为上要交通工具的城市中，大力发展专供行人使用的步行空间，就体现了人类对自身价值的肯定。人是构成社会的最基本单元，是城市发展的主体。不同的人有不同的价值观，对城市有不同的认识和要求，他们的生活方式和行为活动决定了城市发展的未来。人们的习惯、行为、性格、爱好都对如何选择空间具有一定的决定作用，在城市景观设计时要充分考虑他们的不同要求，反映各种不同的观念，这样才能为受众提供最佳的服务。

人是城市空间的主体，任何空间环境设计都应以人的需求为出发点，体现出对人的关怀，根据婴幼儿、青少年、成年人、老年人、残疾人的行为心理特点设计出满足其各自需要的空间，如运动场地、交往空间、无障碍通道等。时代在进步，人们的生活方式与行为方式也在随着发生变化，城市景观设计应适应时代变化的需求。

在景观设计中，以人为本的思想首先表现在创造理想的物理环境上，首先在通风、采暖、照明等方面要进行仔细的考虑，其次还要注意到安全、卫生等因素。在满足了这些要求之后，就要进一步满足人们的心理情感需要，这是设计中更难解决也更富挑战性的内容。例如，在作具体的设计时，在选材上，尽量避免运用使人产生冰冷感的材料；在造型上，多运用曲线和波浪形：在空间组织上，主张有层次、有变化，而不是一目了然；在尺度上，强调人体尺度，反对不合情理的庞大体积。

另外，目前提倡的"无障碍设计"就是一个极好的以人为本的例子。它考虑到了构成我们社会中一个特殊的群体——残疾人和老年人，他们自身的生理特点决定了他们对环境有许多与健全人不同的要求，因此目前只以大多数的健康成年人为标准的环境设计方面就显得很不全面。西方发达国家早在20世纪50年代末就开始关注残疾人和老年人对环境的特殊要求问题，在城市景观中为残疾人和老年人提供了各种非常方便的设施条件，例如在公共环境中设有专为残疾人提供使用的电话亭、卫生间和通道，使残疾人的活动可以有足够的自由度，可以安全地出来像正常人一样参加多种社会活动。而在国内的许多设计中没有考虑这样的问题，我国是世界上残疾人、老年人人数最多的国家，如何通过相应的环境设计帮助他们建立一种积极的生活方式，这不仅对于他们个人，而且对于整个社会都是一个有着巨大意义的事情。眼下，在推"无障碍设计"方面所遇到的最主要障碍是思想观念上障碍，有些人认为这样做会大大提高造价和设计难度。其实从一些国外的经验和实例来看，"无障碍设计"本身并不复杂，也没有深奥的大道理，更不妨碍景观效果。只要考虑周到，在建设中无须投入太多的人力和财力就可以满足环境"无障碍"的要求。可见一个好的景观设计要处处为人着想，从宏观到微观充分满足工作者的需求，这样才能吸引人，给人留下美好的印象，才能真正达到景观设计的目标为人提供舒适优美的生活空间。

可以说，"以人为本"的趋势是现代景观艺术发展的基础，由于有了"以人为本"的设计思想，景观艺术设计才有以下的发展趋势。

（二）"尊重自然、和谐共存"的趋势

自然环境是人类赖以生存和发展的基础，其地形地貌、河流湖泊、绿化植被等要素构成了城市丰富的景观资源。尊重并强化城市的自然景观特征，使人工环境与自然环境和谐共处，有助于城市特色的创造。在钢筋混凝土森林林立的现代都市中积极组织和引入自然景观要素，不仅对构成城市生态平衡，维持城市的持续发展具有重要意义，而且自然景观以其自然柔性特征"软化"城市的硬体空间，为城市景观源源不断地注入生气与活力。

可持续发展是人类21世纪的主题，城市建设活动与可持续发展的两个重要方面（自然生态、经济社会）都是密切相关的，且其最高境界是创造健康之地、养育健康之人，这与可持续发展追求的高质量生活相一致，因此可持续的城市建设活动应是可持续发展的一个重要组成部分。在城市环境景观中更应坚持这一原则，崇尚自然、追求自然、力求人与自然的高度融合。加强自然景观要素的运用，恢复和创造城市中的生态环境，改变现代城市中满目的沥青、混凝土、马赛克、玻璃、钢材等工业化的面貌，强调天然材料和自然色彩的应用，让人尽量融入自然与自然共生共存。

创造符合可持续发展的环境是目前整个世界所提倡的一种大趋势，是人类在面临生存环境危机情况下所做出的一种反映与探索。国外有许多城市在这方面做出了有益的尝试，其经验对于我们来说具有很好的借鉴意义。古人山水风水学说在城址选择、房屋建造上使人与自然达成"天人合一"的境界方而为我们提供了极好的范例。所以我们今人应该广泛吸收古今中外的一切经验，促进人类的可持续发展。著名科学家钱学森提出的"山水园林城市"的构想，就反映了城市中的人们对自然环境的向往。在近几年的城市建设中，"生态城市""花园城市""绿色城市"等词汇被越来越多地运用于形容城市规划的科学性和合理性，说明可持续发展的观念、生态的观念已在城市建设者中达成共识。

（三）继承和保护历史的趋势

城市的景观中那些具有历史意义的场所往往给人们留下较深刻的印象，也为城市树立独特的个性奠定了基础。这是因为那些具有历史意义场所中的建筑形式、空间尺度、色彩、符号以及生活方式等等，恰恰与隐藏在全体市民心中的、驾驭其行为并产生地域文化认同的价值观相吻合，因此容易引起市民的共鸣，能够引起市民对过去的回忆，产生文化认同感。因此，人们更加怀念历史文化，喜欢有历史文化内涵的环境。在现代的景观艺术设计中，一方面应保持这种文化连续性，使景观反映一定的历史文化形态；另一方面，从历史片段、历史符号的联想，但历史文化遗迹的凝缩，在景观中能够再现历史文化。

由此看来，我们在城市景观设计中要尊重历史、继承和保护历史遗产，同时城市还要向前发展。具有历史遗产的城市其发展不应是盲目的，既不应当生硬地将传统的东西照抄和翻版，又不应当一味地追求西方的所谓现代化城市形象，而应该认真研究城市的发展史，做大量的调查、研究和分析。对城市的历史演变、文化传统、居民心理、市民行为特征及价值取向等做出分析，取其精华，去其糟粕，更好地融入现代城市生活的新功能、新要求，形成新的城市文化相城市风貌，使城市环境景观的形成具有时间上的连续性。同时运用现代科技成果，创造出具有城市特色与时代特色的城市空间环境，以满足时代发展的需要。

（四）个性化的趋势

城市景观的设计应突出城市自身的形象特征。每个城市都有各自不同的历史文化背景、不同的地形和气候，不同的城市居民有不同的观念、不同的生活习惯，在城市的整体形象建设时应该充分体现城市的这种个性。

尤其在如今信息化时代里，信息传递的速度使适应现代潮流的大城市中心和一般城市中心之间的时空距离缩短了，因而全国各地一些现代化城市和城镇正在失去其自身的个性。不可否认，看上去它们很相似，大有一些城市建设标准化的趋势。但是，即使一切都朝着现代化的方向努力，每个城市也要表现出其独特的个性来。

城市特有的景观面貌可以反映出这一城市特有的风采和神态，表现出城市的气质和性格，体现出市民的文明、礼貌和积极向上的进取精神，同时还显示出城市的经济实力，商业的繁荣，文化和科技事业的综合水平。总之，城市环境景观是对一个城市最有力、最精彩的高度概括，它的形象将给人们留下深刻的印象。

（五）系统化的趋势

环境景观设计总的来说是一种系统化的综合设计，它涵盖了许多方方面面的因素，包括社会形态、地理环境、科技水平、历史背景、人文精神、审美情趣等等。以往那种凭借设计师的直觉和主观性进行设计的方法会受到很大的挑战，在复杂的设计对象面前，如果没有系统分析和综合方法，就难以迅速、全面、科学地把握设计对象，也不利于提高景观设计的理性水平。系统论的精华在于系统的功能大于构成系统因素的总和，因此，城市环境景观这个系统工程只有形成合理的系统才能发挥其更大的作用。而且系统化的设计方法能够从宏观、从整体的层面上把握设计对象的特征，为设计创造提供必要的理性分析依据。因此它是景观设计中应该借鉴的方法，也是景观艺术设计发展的一个重要趋势。

当今科学技术的发展已经使设计中许多相关的技术问题变得较容易解决，但是，由于景观设计可以运用的生产技术、方法、材料以及工艺水平日渐繁多，社会的组织结构和人们的消费观念也日趋复杂，因此，未来的景观设计会越来越需要周详的规划、分析和研究。如果设计师欲在景观设计的全过程中，充分掌握其全盘和相关联系以及制约的细部各个问题，一定要有系统的观念，那么这样才能更好地控制各设计因素，提纲挈领的解决问题。设计的核心是把景观设计针对的对象以及有关的设计问题，如设计程序和管理，设计信息资料的分类整理、设计目标的拟定，人与环境之间的协调规划等等视为系统，然后用系统论和系统分析概念和方法加以处理和解决，在整体与部分的相互制约的关系中综合的、精确的考察设计方案，以寻求到最佳的设计方法。

（六）向高科技、高情感发展的趋势

高科技与高情感的结合的趋势就是采用一切科技手段，使景观设计达到最佳声、光、色、形的匹配效果，创造出理想而义现代感强的空间环境来。但在强调科技的同时，又强调人情味，在艺术风格上追求频繁变化。

新时代的景观设计追求人类情感的沟通与交流，同时，知识经济时代、智能化的信息革命的浪潮也要求一种新的设计语言与之适应。环境是科学技术展示的舞台，各种尖端技术、高技术产品陈列在城市中，向人们传达各种技术信息，例如街道景观中的路标、信息牌等都可实行网络化，行人直接进行"人机对话"。景观设计中科技含量的增高不仅反映在景观中组成空间的材料、制作和工艺的高科技上，也包括设计方法的高技术手段上，采用计算机辅助设计，在电脑中模拟真实场景。另外，人们在景观设计中需要重视高技术与高情感的平衡，例如在休闲景观中设置充满人情味的"休闲岛"正是满足人们情感上的交流的需要，它使人们在紧张之余可以进行情感上的放松。

（七）"协调统一、多元变化"的趋势

协调统一、多元变化就是要景观的整体艺术化，强调空间、色彩、形体以及虚实关系的把握，功能组合的把握，意境创造的把握以及与周围环境的关系协调。

城市的美体现在整体的和谐与统一之中。美的建筑集合不一定能组成一座和谐而美的城市，而一群普通的建筑却可以生成一座景观优美的城市，意大利的中世纪城市即是最好的例证。城市景观艺术是一种群体关系的艺术，其中任何一个要素都只是整体环境的一部分，只有相互协调配合才能形成一个统一的整体。如果把城市比作一首交响乐，每一位城市建设者比作一位乐队演奏者，那么需要在统一的指挥下，才能奏出和谐的乐章。

四、现代园林景观要素的艺术设计

（一）硬质景观的艺术设计

1. 铺地

铺地是园林景观设计的一个重点，尤其以广场设计表现突出。世界上许多著名的广场都因精美的铺装设计而给人留下深刻的印象，如米开朗琪罗设计的罗马市政广

场、澳门的中心广场等。但是我们现在的设计对于铺装的研究,特别是仔细琢磨似乎还不够。不是去研究如何发挥铺装对景观空间构成所起的作用,而是片面追求材料的档次,以为这样就好,其实不然。不是所有的地方都要用高档的材料,所谓好钢用在刀刃上。国外,在这方面研究得很深。如巴黎艾菲尔铁塔的广场铺装与坐凳小品都是混凝土制品,而没有选用高档次的花岗岩板,并无不协调或不够档次的感觉,同时,也可利用铺装的质地、色彩等来划分不同空间,产生不同的使用效应。如在一些健身场所可以选用一些鹅卵石铺地具有按摩足底之功效。盲道与正常人的铺装也应加以区分,从而方便盲人行走,这在东营市的城市道路规划中已经得以体现。

2. 墙体

过去,墙体多采用砖墙、石墙,虽然古朴,但与现代社会的步伐已不协调。出现的蘑菇石贴面墙现正受到广大人民的青睐。不但墙体材料已有很大改观,其种类也变化多端,有用于机场的隔音墙,用于护坡挡土墙,用于分隔空间的浮雕墙等,现代的玻璃墙的出现可谓一大创作,因为玻璃的透明度比较高,对景观的创造起很大的促进作用。随着时代的发展,墙体已不单是一种防卫象征,它更多的是一种艺术感受。

3. 小品

园林小品的种类多多,如坐凳、花架、雕塑、健身器材等,坐凳是景观中最基本的设施,布置坐凳要仔细推敲,一般来说在空间亲切宜人,具有良好的视野条件,并且具有一定要安全和防护性的地段设置坐凳要比设在大庭广众之下更受欢迎。西单文化广场由于不可能在广场上摆满坐凳,只好在狭窄的道路旁摆了一排坐椅,因为没有其他可坐人设施,游人只好坐在上面,但这种设计是不合理的,可见,设计必须提供辅助座位,如台阶、花池、矮墙等,往往会收到很好的效果。

4. 景观构筑

它包括雨水井、检查井、灯柱、垃圾桶等必要设施。过去,人们只是一味注重大的景观效果,而疏忽了对一些景观构筑的艺术考虑,从而产生总是对一个设计项目感到美中不足。现在,随着人类思想意识的不断积累和提高,人们逐渐将景观细部加以考虑。从而取得了很好的视觉效果。这一点在国外表现得尤为明显。如检查井井盖的处理,在中国,对井毫不修饰,虽然已出现一些预制的褐色井盖,但其视觉效果一般。而国外则对井盖进行细部研究,他们将井盖的颜色加以修饰,五颜六色的图案被恰当地运用到景观设计中,与景观进行有机结合,形成了别具一格的景观。

(二) 软质景观的艺术设计

1. 园林植物

植物造景可谓艺术在其中起很大作用。植物造景定义为"利用乔木、灌木、藤木、草本植物来创造景观,并发挥植物的形体、线条、色彩等自然美,配置成一幅美丽动人的画面,供人们观赏。"植物造景区别于其他要素的根本特征是它的生命特征,这也是它的魅力所在。所以对植物能否达到预期的体量、季节变化、生态速度要深入细致考虑,同时结合植物栽植地、小气候、干扰等多因素的考虑。在成活率达标的基础上,利用植物造景艺术原理,形成疏林与密林、天际线与林缘线优美、植物群落搭配美观的园林植物景观,随着生态园林建设的深入和发展以及景观生态学、全球生态学等多学科的引入，植物造景同时还包含着生态上的景观、文化上的景观甚至更深更广的含义。

2. 水体

水体有动水和静水之分。动水包括喷泉、瀑布、溪涧等，静水包括潭、湖等。喷泉在现代景观的应用中可谓普遍与流行。喷泉可利用光、声、形、色等产生视觉、听觉、触觉等艺术感受，使生活在城市中的人们感受到大自然的水的气息。尽管如此，人工的痕迹始终不可避免地展现出来。如果能将人工与自然巧妙结合，那一定会呈现另一种境界。

3. 其他

和风、细雨、阳光、天空等。它们是大自然所赐予人类的宝物，人类在创造自然中充分利用这些要素，产生了许多大地景观艺术。现代景观要素的细部设计很重要，一个景观的好坏不仅要看结构，也要看细部，从台阶的尺寸，雨水口的处理，到铺装图案建筑的立面种植方式都很关键，要反复推敲。道理很简单，但真理往往掌握在少数人手中。既然我们意识到这一点，抓紧时间学习，相信我国的景观设计一定会达到一个新的水平。

五、室内陈设艺术中的园林景观创造

（一）设置室内园林景观的种类

从空间构成方式上可以分为两类：室内造园造景和内庭造园绿化。

室内造园造景是在建筑的内部空间中的造园造景，一般面积小，不受风雨侵袭，为了获得一些阳光，可以在天窗或侧窗处设置，如无阳光照射条件，绿色植物可用盆栽植物轮换置放，或采用仿生植物，也可以设计成没有绿色植物的水石景，或枯山水景观。在较大空间内可与建筑小品，如亭、桥、廊、轩等结合造景，可以采用中国传统盆景的艺术手法"咫尺千里"，小中见大，将大自然的典型景致缩于有限的范围之内。

内庭造园绿化是在建筑设计所提供的内庭院或凹院，以及室内穿插过渡的内庭部分，在开敞型或半开敞型的空间内进行造园景观设计，因受到风雨日照、自然气候的直接影响故在南方温暖地区易于实施。这些部分的景观设置就室内而言，可供室内向外观赏以及借景之用。在冬季结冰的寒冷地区，植物和水体在冬季难以维护，日本京都龙安寺枯山水石庭以白砂铺地，铺成水纹象征茫茫大海，上置15块精选各异的石块象征群岛，是以方丈为主的各厅房子打开障子可以看到的唯一大型景观，造景之意匠受到无数观光游客的赞叹。这类景观作法不受气候的影响。

（二）室内园林造景与空间序列

室内造景创造与建筑空间结合的设计、研究十分重要。它是丰富空间变化的有力手段，为室内陈设艺术开辟了新的途径。因此，室内大型陈设艺术品——室内园林景观，应当为室内空间序列的一个组成部分来进行布置设计。

（三）室内园林景观创造的艺术手法

室内园林景观创造的艺术手法主要包括立意、对比、比拟、层次等。立意就是指在进行景观创造时，首先要有符合陈设艺术总体要求的某种意境的设想，然后设计每个局部的石、水、花、木的组合配置，处理好一草一木、一石一水、一门一窗等的形状、大小、比例、尺度、色彩、材质处理等，使它们在总的立意构思的考虑下各得其所，相映成趣；对比就是指在室内园林景观的具体造型设计时，可以运用形体大小、虚实、景物深浅以及质感肌理粗细、软硬、色彩的浓淡、冷暖等对比手法，使景致的空间尺度、造型、气势、层次、深度被强调出来，通过对比手法的运用使室内景观的风采给人们留下鲜明的感受，这是室内园林造景的另一重要手法；比拟就是指通过精心选择的具有典型特征的一石一木、一花一草、一池一水、一叠一山，这种山川、森林、幽谷、瀑布的局部景物组合、配置，造就出一处或一组扣人心弦的自然景象，使人身处其间，而能联想到大自然的风貌、色彩、声响、质感、生命、阴晴以及晨暮和四季的变化。景物是传递、交流情绪的媒体，可以启动和激起人们对自然生命的种种联想，从而感受到某种赏心悦目的意境的享受和精神的寄托，比拟的手法是室内园林景观创造时不可缺少的艺术手法；层次就是指为了在小空间里获得和摄取大自然中某些意境和气势，对景点的安排尽量设置层次。

（四）室内景物配置

首先是要有水。室内设水池，水面虽小，但池边应有曲折变化，源流来去有踪，有分有聚，水面离池边不可太低、太深，不作死水深潭处理，水中若种植物，可用盆栽控制水中植物蔓生而不至于占去太多水面，水中植物可量池而用，如水面较大，可种植莲花；如水面很小，可种植小尺度的睡莲，求得花与池尺度的协调。其次是要有石。室内用石，不求其巨乃求自然景观的再现和气势。中国古代造园，要求透、瘦、皱、漏的奇岩怪石，现在已经很难找到，但石能拙朴地再现自然景观和具有抽象美，石本身的稳定感以及光影的对比能有效地加强空间效果。垂直构图的石与恰当的配景能产生挺秀险峻的气势。水平构图的布石组景可产生优雅、舒展、亲切的意境。石与水的搭配，也会产生动人的效果。再次是要有树。室内配树与盆栽植物，不求高大，要其古拙，姿态多变，或为景观的主体，或为配景花木，都可用其小而精、少而精的手法模仿自然，求得山林野趣。

最后是要有路。室内铺路是园林景观小路或室内空间导向所需要，应当窄而曲折或迂回曲折，或草石掩映，造成曲径通幽的景象。路面材料多种多样，结合图形组合或材质变化、路面变化加强了景观的艺术效果，带给人们更多的情趣。

总之，对于室内园林景观的创造来说，以上各种设计手法的运用，可以根据建筑所提供的内部空间的条件，可以根据室内陈设艺术总的要求、标准，因地制宜，有继承有创造地将设计提高到新的水平上，更多地、更好地创造出具有中国现代陈设艺术水平的室内园林景观。

第三节　现代园林植物造景意境

一、线性空间

（一）线性空间的概念

线性空间从微观上来讲是指由线界定的空间，即具有线状性质的空间；从宏观上来讲是指带状或面状的长条形空间。

20世纪60年代以后绿色廊道（green way）的概念在美国逐渐成熟，green代表绿色，表明存在自然或半自然植被的区域；way表示是人类、动物、植物、水等的通道，这是绿色通道的两个重要特征。顾名思义，绿色通道就是绿色的、中至大尺度的线性开放空间。从生态的角度看，绿色廊道是物质、能量和物种流动的通道，生态学家普遍承认，连续的廊道有利于物种的空间流动和本来是孤立的斑块内物种的生存和延续。

（二）线性空间的特性

1. 视觉连续性

线性空间是城市中最主要的景观视线观赏线，他们可以提供连续的、以平视透视效果为主的、高潮迭起而富有变化的"视"景观效果。结合结点分布，可以创造出有特色、给人印象深刻的城市景观。

由于线性空间的线状性质属性，因而具有引导性的固有特性，人们只要行走在这类空间环境中，就会无意识自觉地去感受空间连续性的序列景观，是人们在行进运动中逐步体验的一个连续过程。人们在连续的引导过程中，不仅在视觉上感观所看到的事物，并且通过一系列连续的画面可能唤醒我们的记忆体验以及那些一旦勾起就难以再平息的情感波澜，当环境与我们的意志相统一时就会引起人们情感上的反应。可见，线性空间植物造景意境的营造要充分掌握和利用线性空间的视觉连续性特征，使连续的植物景观更加富有戏剧性，能引起人们的反应。这就要求必须巧妙地处理好植物的连续性的布置，使一连串植物的组合排列出连贯完整的戏剧，激发人的深层次情感，即将各种不同的植物组织成能够引发情感的层次清晰的环境。

2. 序列性

线性空间从宏观上来说是属于长线形的带状或面状的空间，是由一系列次空间单元构成的。即使在直线形的道路线性空间中，也可由不同性格的但总体协调统一的次空间形成一系列的空间序列。空间系列是指在模式、尺度、性格方面达到功能和意义相统一的多层次空间的有机组合。

而线性空间是由一系列次空间组合而成的序列空间，因此具有空间序列的基本属性如空间的多元性、时间性、连续性、功能性、秩序性。但仅仅具备基本属性的空间序列还称不上是良好的序列空间，良好的序列空间还必须表现出特有的属性：流动性、意义性、节奏性。而序列空间的意义性主要表现为美学意义，环境意义和情感意义。序列空间的美学意义指子空间集合具有韵律、节奏、协调、统一等等美的规律，使人在使用序列空间的同时能体验美的存在；序列空间的环境意义指子空间的特征及环境要素的特点共同构成与空间功能相协调的鲜明的环境主题，可以加深入对序列空间的理解和印象；序列空间的情感意义指序列空间浓郁的美学意义和环境意义能给人以心灵的振动，而诱发兴奋、愉悦、激动、依恋、压抑、悲痛等等特殊的情感，这与意境美的内涵是一致的。

因此，线性空间植物造景意境的营造也必须具有根本属性的同时，也必须表现出其特有的属性，因为，意境的其特有的属性——意义性是有密切联系的，只有具有特有属性的线性空间景观才具有意境美。

二、植物本身各种要素的情感语言

（一）形体要素的情感语言

梅兹格对人们的心理进行研究后认为，形状的性格和气氛的起源，存在于礼堂领域内的群体化以及排列的方式。换言之，是存在于视觉领域中形体本身的形状和形态，这就是视觉领域固有的本质。

同样，意境的表达过程，是形体环境综合各表达元素，由表层层次至深层结构向人们传递意境主题信息的过程。形体环境（或片段的），以其与传统的、现代的或地方性的对应关系，向人们展现其背后所指代的信息，刺激人们产生联想，唤起积存于意深层的情感，由此即产生了"意境"。

植物形体要素的情感语言从两个方面阐述：单株植物的形体情感语言与群植植物的形体情感语言。

1. 单株植物的形体情感语言

（1）形状

植物的形状是指其从整体形态和生长习性方面所呈现出的大致外部轮廓，基本把它分为七种类型：纺锤形、圆柱形、水平展开形、圆球形、尖塔形、垂枝形和特殊形，不同形状的植物都有自己独特的性质。

①纺锤形

纺锤形植物细窄长，顶部尖细，如钻天杨、地中海柏木等。纺锤形植物通过引导视线向上的方式，突出了空间的垂直面，能为一个植物群和空间提供一种垂直高度感和庄严肃穆感。

②圆柱形

圆柱形植物除了顶是圆的外，形态基本都与纺锤形相同，如械树、紫杉等。其形态语言基本与纺锤形相同。

③水平展开形

水平展开形植物由于具有水平方向生长的习性，形态上宽与高基本相等，如二乔玉兰等。展开形植物的形态会引导视线沿水平方向移动，能使空间产生一种宽阔感和外延感。

④圆球形

圆球形植物具有明显的圆环或球形形状，如鸡爪槭、榕树等。该植物类型在引导视线方面既无方向性，也无倾向性，具有统一性，并给人圆柔温和的感觉。

⑤尖塔形

尖塔形植物形体从底部逐渐向上收缩，最后在顶部形成尖头，外观呈圆锥状，如云杉等。该植物类型除具有易被人注意的尖头外，总体轮廓非常分明和特殊，给人简洁、干净利索的感觉。

⑥垂枝形

垂枝形植物具有明显的悬垂或下弯的枝条，如垂柳等。该种植物类型能将视线引向地面，并在水边种植时，配合其波动起伏的涟漪象征着水的流动，给人以轻松而又动感的气氛。

⑦特殊形

特殊形植物形态奇特，不同的奇特形状带给人不同的感受。

（2）树叶类型

树叶类型包括树叶的形状和持续性，一般分为落叶树、针叶常绿树、阔叶常绿树。

①落叶树

落叶树秋天落叶，春天再生新叶。在外形和特征上都有明显的四季差异，在通透性、外貌、色彩和质地上会产生令人着迷的变化，具有特殊的外形、花色和秋色叶，并且它们的枝干在冬季凋零光秃后会呈现独特的轮廓美感，投影在路面或墙面上时，还可以造成迷人的景象。

②针叶常绿树

针叶常绿树叶片常年不落，该类型具有各种形状、色彩和质地，但没有艳丽的花朵。色彩比所有的种类植物都深（除柏树类以外），因而显得端庄厚重，群植时可造成郁闷、沉思的气氛，并可做浅色物体的背景。

③阔叶常绿树

阔叶常绿树植物的叶形与落叶植物相似，但叶片终年不落。与针叶常绿树一样，叶色几乎呈深绿色，在阴影处时都具有阴暗、凝重的作用，但其叶片具有反光的功能，使其在向阳处显得轻快而通透，不规则的群植阔叶树可以形成活泼、热烈的气氛。

2.群植植物形体的情感语言

Gropius在《建筑——视觉文化导论》中关于"形和色的心理影响"曾写道："GRECO名画'宗教裁判长'已不仅仅是一幅肖像画，它表现出一种精神状态，画中的爆发性笔触、线条和精确的形体要素使观看者在精神上处于一种在宗教法庭面临危险时的惊恐和害怕的状态。可见由不同线条组合的形体可以对人们的心理起激发或抚慰的作用。而由植物群植组合所形成的外在形体特征同样直接作用于人们的心理。因此在进行植物群植组合时应该充分了解植物组合所形成的外在形体特征的情感语言，使之能正确传达所要表达的意境主题内容。

植物的群植组合所形成的不同轮廓形体具有不同的情感语言，在进行具体的植物配置时应根据主题内容选择相应的组合形体（包括靠修剪或自身组合成的）。如通过乔木群、灌木丛组合或修剪成优美流畅的曲线贯穿于空间环境中表达活泼轻快的主题，或组合成正方形表达严肃、公正的主题等等。当然在一个空间环境中可由多种形体共同组合构成，在具体进行植物配置时可通过能协调在一起的不同形体共同组合来表达主题。并且植物群植外在表现的形体不一定是靠植物自身组合所体现的，也可以借助一定的媒介物进行表现，如攀缘在圆形物体上进行圆形体的塑造，营造温暖、亲切的气氛。

（二）空间要素的情感语言

由于空间具有形体、尺度、色彩、界定元素等特点，每种空间都具有一定的性格，由植物构成的软质空间同样如此。不同空间可引起人的特殊心理反应，比如，使人产生心旷神怡、压抑、恐惧、温暖、冰冷、亲切等心理反应。根据这些不同性格，可把空间分为开敞空间、封闭空间、驱动空间、安定空间、渗透空间、亲密空间、扩度空间、暖空间、冷空间等。

下面针对植物要素限定空间来详细说明不同空间的各种性格：

1. 开敞空间

开敞空间是指空间界定度非常小，能使人产生舒心、轻松、开朗、无拘无束等感觉的空间。该空间可用低矮的植物加以界定便可生成。如使用所有低矮、爬蔓的地被植物或低矮灌木。

2. 封闭空间

封闭空间是指空间界定度非常大，能够使人城市压抑、紧张、烦闷、安全等感觉的空间。当植物最高点与人的视角产生45°或大于90°时，这种空间便产生，并且随着植物的高度、树枝密度的增加而增加。

3. 驱动空间

驱动空间是指能迫使人产生进退行为的空间，该空间是通过空间的尺度、材质、形态、色彩等特性使人产生压抑、烦躁、好奇、期待、无奈等心理反应，从而作出回避或服从的行为。如通过植物障景、对景形成期待的驱动空间。

4. 安定空间

安定空间是指空间形体比较规整，不具有明显的方向感，能使人形成一种稳定、安宁、冷静、和谐、轻松、愉快等感受的空间。该空间生成条件是空间不对人形成运动行为的刺激。如利用植物围合成三面封闭的空间为游人提供休息场所。

5. 渗透空间

渗透空间是指一种介于开敞空间与封闭空间之间的中性空间。该空间能给人以热情、变幻、情趣、活泼等感受。该空间生成条件是立面界定元素虚实相间，其渗透性与虚面成正比，即虚面大则渗透性强，虚面小，则渗透性弱。如种植树干和枝叶能够通透视线的小乔木，使人们所见的空间有较大深远感和神秘感。

6. 亲密空间

亲密空间是指空间的实际尺度可促成亲密的人际交往的空间。该空间能给人以人以亲情、关怀、温暖、神秘等感受。该空间生成条件是空间的实际尺度是 0.25 米左右，即由植物限定的空间在该范围内即可生成亲密的空间。

7. 亲切空间

亲切空间是指空间尺度宜人，能使人在该空间内形成清晰的视觉交往空间。该空间能给人一种熟知、轻快、热情、自如等感受。该空间生成条件是空间的实际尺度是 0.25 米左右，即由植物限定的空间在该范围内即可生成亲切的空间。

8. 扩度空间

扩度空间是指扩大尺度感的空间。即在空间界定元素作用下，使人对该空间产生的尺度感觉比实际尺度大，该空间能使人以变幻、情趣、活泼、神秘等感受。在用植物做界定元素时，可采用障景的方式产生扩度空间。如通过植物首先阻挡人的视觉等到进入另一个更大空间时，由于对比效益，会使得该空间比实际尺度更大。

9. 暖空间

暖空间是指界定元素为暖色调的空间。该空间能给人热情、兴奋、吉祥、喜庆等感受。该空间生成条件是运用红、橘、黄等暖色调的植物，如红枫、紫叶李、马褂木、桃、梅、迎春花等植物。

10. 冷空间

冷空间是指界定元素为冷色调的空间。该空间给人以寒冷、宁静、质朴、自然等感受。该空间生成条件是运用蓝、绿、紫、灰等冷色调的植物，如木兰、木槿、紫丁香、紫藤、醉鱼草、假连翘等植物。

以上是不同空间所表现的性格及精神内涵。当然他们不是绝对独立的，往往可表现出多重性格，如种植一排紫叶李的线性空间就是一个由暖色调组成的渗透空间。

（三）色彩要素的情感语言

颜色时时刻刻与人们的生活联系在一起，是艺术家关心的问题，它影响着人们的精神和情绪。当代美国视觉艺术心理学家布鲁默说："色彩唤起各种情绪，表达情感，甚至影响着我们正常的生理感受"。阿恩海姆也确切指出："色彩能表现清感，这是个无可辩驳的事实"。

色彩在环境造型中是最容易让人感动的设计要素。色彩可以增加表现力和感染力，通过给人造成的视觉刺激，唤起观者的经验，使之通过记忆联想、想象产生心理和生理反应而达到心理共鸣，大大增加环境的表现力，从而对环境气氛起到强化和烘托作用。并且色彩在不同文化、不同国家、不同信仰和习惯的人的情感心理上所产生的影响是有区别的。

同样如此，中国由于地域、民族、民俗、宗教信仰以及民众素质等方面的差异，会给不同地域的城市带来独特的色彩观念和象征意义，因此植物造景在进行色彩搭配时应在把握好一般的色彩情感语言基础上，充分了解地方民众对色彩的情感偏好，使植物造景能通过色彩风貌传达当地人的情感及反映地方特色。

（四）质感要素的情感语言

在植物配置中，植物的质地会影响一个空间的色调、观赏情趣和气氛。

1. 粗壮型

粗壮型植物观赏价值高，泼辣而具有挑逗性。在许多景观中，粗壮型植物在外观上都显得比细小型植物更空旷、疏松、更模糊。

2. 中粗型

中粗型植物具有将整个布局中的各个成分连接成一个统一整体的能力。

3. 细小型

细质地植物柔软纤细，轮廓非常清晰，整个外观文雅而密实，因此，细质地植物最适合在布局中充当更重要成分的中性背景，为布局提供优雅、细腻的外表特征。

在一个设计中最理想的是均衡地使用这三种不同类型的植物，但也要根据空间主题需要进行适当的配置，如在一条比较亲切的生活性道路上可布置大量细小型树叶的树种烘托优雅、安定的生活气息。

（五）味要素的情感语言

香味能使人倍感身心爽朗，如置身于郊野，令神骨俱清，大有逸致。可见香味和其他要素一样能诱发人们的精神，使人振奋，产生快感。因而它也是激发情感的媒介，形成意境的因素。如桂花盛开时，异香袭人，使人处于优雅的意境中，郭沫若赞道"桂蕊飘香，美哉乐土，湖光增色，换了人间"；含笑"花开不张口，含笑又低头，拟似玉人笑，深情暗自流"；又如怡园的"锄月轩"是早春观赏梅花、牡丹的所在，可体验到林和靖"暗香浮动月黄昏"的意境。具有香味的植物如有米兰、栀子花、木香、茉莉等等，在他们散花香味的季节里都能给人带来特别的感受，带来不同的意境体验。

三、线性空间植物造景意境

（一）从空间的主题内容分

线性空间的主题内容与意境美存在着若隐若现的内在联系。当客观存在的软质景观所反映的主题内容能够激起人的心灵深处情感的波澜、引导人们联想，进入一种超越于客观事物的理想境界，即意境开始生成，并随着主体的主观想象产生不同境界的意境内涵美。

1. 生态主题

生态主题的线性空间是指如生态大道、生态绿带等等相关的以生态为主题的线性空间。该类空间的植物造景要求在改善城市环境，创造融合自然的生态游憩空间和稳定的绿地基础上，运用生态学原理和技术，借鉴地带性植物群落的种类组成、结构特点和演替规律，以植物群落为绿化基本单元，科学而艺术地再现地带性植物群落特征的城市绿化。具体建造时应充分利用植物的不同习性及形态、色彩、质地等营造各具特色的景观区域，运用乔、灌、草相结合的多层次植物群落构筑。人们在具有生态绿化种植的空间环境中，能够满足渴望回归自然的心态，心灵也会得到宁静的洗礼和渲染，沉浸在一种生命和谐、忘我的境界，达到一种能够陶冶人们情操的美好境界，这时植物生态意境美得到充分的表达。

生态主题的线性空间植物造景首先要了解线性空间所在区域的地带性植物群落的基本特征，才能进而有选择性的借鉴和艺术性的再现，利用乔、灌、草相结合的多层次植物群落的人工种植来营造森林群落沁人心脾的清新氛围，使人们达到一种回归自然的忘我境界，这样生态主题的线性空间植物造景意境的营造才得以成功地实现。

2. 迎宾主题

迎宾主题的线性空间是指如迎宾大道、迎宾绿带等等相关的以迎宾为主题的线性空间，该空间一般布置于进入城市出入口或边界处，如靠近车站的大道或城郊结合的地方。在迎宾主题的线性空间上，其植物造景整体气势应该热烈、大方，营造喜迎八方来客、热情的植物造景意境内涵。

3. 林荫主题

林荫主题的线性空间是指如林荫路等以林荫为主题的线性空间，该类空间一般由冠幅较大的树群组合成绿树丛荫的整体氛围。

当线性空间宽度小于或等于树木冠幅时，绿树林荫的带状空间给人一种幽深、宁静的氛围，感觉沉醉在与外界隔绝的自我桃园中，悠闲而自得，并具有踏实、稳定的感觉，当然在黑夜中行走除外。而当线性空间宽度大于树木冠幅时，虽然没有绿荫覆地的感觉，但整体上给人绿树遮空的氛围。

4. 滨水主题

滨水主题的线性空间是指如滨水带状公园等以滨水为主题的线性空间，该类空间一般是与江、河、湖、海接壤的线性空间区域，它既是陆地的边沿，也是水的边缘。人们与水有一种与生俱来的热爱和渴望，人们爱水并喜欢接近它、触摸它。人在水域环境中行为心理的一般总体特征是亲水性。

人的亲水心理是人的本性。水是生命之源，人们对水有着强烈的依赖性，无论是生理上还是心理上，水都是绝对不可缺少的东西。因此人们到了具有水域的滨水地区就像回到了母亲的怀抱，心中会感到特别踏实，其一言一行、一举一动，都有着天性的流露。水面使优美的景色在波光闪烁的光影中充分展示，形成城市中最有魅力的地区，结合滨水设计的绿化带线性空间成了人们最受欢迎的公共开放空间。

人们在该空间的行为包括步行、休憩、观赏、社交等等，通过以上行为，充分接触自然、拥抱自然，从城市的紧张生活中解脱出来，从而获得回归自我的精神状态。人们在其中感受着水的各种迷人万象的姿态，如江水的流淌、潮汐的变化、静听江水击岸的回响，是久居都市的人们轻松、悠闲散步的享受场所。因此绿化种植应该以自然式种植为主，总体上要能展现一种阳光、轻松活泼、向上的精神境界，使人们畅游其中，舒坦而真实。

5. 花园主题

花园主题的线性空间是指如花卉带状公园、进而展现出自己独特的意境美。

四季花卉大道等以花卉为主题的线性空间。这种类型的线性空间在花园型的城市中尤为多见，而谈到花园型的城市，我想人们首先想到的是改革开放后日益突起的深圳，在20年深圳夺取了"国际花园城市的桂冠"，"花园在城市中"。在深圳，一年四季都可见到鲜花盛开的景致，尤其是那簕杜鹃（深圳市市花）和美人蕉与乔、灌木科学的配置，形成了色彩丰富、层次分明，且具南国风光的城市绿化景观，同时也象征着特区人艰苦创业、积极向上的奉献精神。今日的深圳，天蓝、地绿、花多、水清，城美，成为一座绿化景观丰富，环境幽雅宜人，且生物多样性与生态环境可持续发展的现代国际花园式大都市。

花园主题的线性空间最大的特色在于"花"字，利用多种种植方式相互结合共同创造花的海洋（当然花园的美名也是离不开绿树的），花的具体种植方式可分为花坛、花境、花丛及花群。

（1）花坛

如在道路的中央布置各种形式的花坛，可分为模纹花坛和花丛花坛。花坛由于要求经常保持鲜艳的色彩和整齐的轮廓，因此多选用植株低矮、生长整齐、花期集中，株丛紧密而花色鲜艳的种类（或观叶）。而低矮紧密、株丛较小的花卉，适合于表现花坛平面图案的变化，可以显示出较细致的纹样，故可用于模纹花坛的布置。如五色觅草、孔雀草、香雪球、三色堇、雏菊、半支莲、红览草、矮翠菊、彩叶草、四季秋海棠、紫鸭肠草等。花丛花坛是以开花时整体的效果为主，表现出不同花卉的品种或品种的群体及其相互配合所显示的绚丽多彩与优美外观。在一个花坛内不在于种类繁多而力求图案简洁，轮廓鲜明，体形有对比，宜选用花色鲜明艳丽、花朵繁茂，在盛开时几乎看不到枝叶又能覆盖花坛上面的花卉，常用的有三色堇、金盏菊、金鱼草、石竹、百日草、一串红、万寿菊，美女樱、鸡冠花、翠菊、羽衣甘蓝、雏菊等。

（2）花境

以树丛、树群、绿篱、矮墙或建筑物作背景的带状自然式布置，花境用于各种绿带线性空间中，可增添轻松活泼的氛围。花境的边缘，依据环境的不同可以是曲线，也可以采用直线，而各种花卉的配置是自然斑状混交。花境中各种各样的花卉配置应考虑到同一季节中彼此的色彩、姿态、体型及数量的调和和对比，整体构图又必须是完整的，还要求一年中季相变化。几乎所有的露地花卉都可以布置花境，尤其宿根和球根花卉能更好地发挥花境的作用。

（3）花丛和花群

常布置于开阔草坪的周围，使林缘、树丛群与草坪之间起联系和过度的效果，也有布置于自然曲线道路转折处。花丛与花群大小不拘，简繁均宜，株少为丛，丛连成群一般丛群较小者组合种类不宜多，花卉的选择，高矮不限，但以茎干挺直、不易倒伏（或植株低矮，匍地整齐）、植株丰富整齐、花朵繁密者为佳，如宿根花卉。

以上三种方式的花卉种植可充分应用于线性空间中，再依据空间具体的氛围进行相应的配置，使人们徜徉在延绵不断的花的带状海洋中时，充满着自豪和快乐感！

6. 地域文化主题

地域文化主题的线性空间是指借助某种地域文化的内涵为主题的线性空间。随着精神文明的不断提高，人们越来越追求具有深刻文化内涵的景观，而要设计出具有高品质的景观就必须充分挖掘周围环境的主题精神进行指导性设计，因此在进行地域文化主题的线性空间植物造景时应该充分反映出主题的内容，传达其主题精神，以此来进行意境的具体营造。

（二）从城市的地域风格分

由于地域的差别，城市都会呈现出一定的地域风格特色，它或多或少地影响着城市中线性空间的整体氛围，从而对其空间的软质景观也产生一定的作用，进而又影响着其空间的植物造景意境的营造。下面主要以下几种比较典型的地域风格作为分析，如皇家型、江南水乡型、热带风光型、海滨型。

1. 皇家型

这是源于古典园林分类的方法，由于中外历代皇家为了显示其至高无上的权利，争相建造具有较大气魄的园林空间，显示端庄、宏大的皇家气派。我国北方区域的有些城市的空间设计仍能探询到受此传统特色气息的身影。

如我国首都北京，地域风格具有浓郁的皇家氛围。在道路等线性空间中的树木种植上可看到香山黄护、油松、白皮松、侧柏、圆柏、银杏、国槐、龙爪槐等具有古老而又端庄、严肃氛围的树种高频率地出现，当然也跟其地方气候特点有关，并且讲究大方、气派的配置。

可见，有些区域的城市由于传袭了古代皇家气息的氛围，在大面积的带状线性空间这种场所中又有施展的可能，其植物造景追求雄伟、壮观的皇家气派，采用粗犷、简约的种植手法。植物具体配置时讲究群体栽植后的整体效果，而不是注重每棵树的个性，人们穿梭于其中时，能沉醉在古代皇帝游玩于其中的那种唯我独尊、至高无上的兴奋感觉当中，也许在脑海里还能够自己虚构着古代人们在此地游玩的辉煌场面，勾起人们种种忆古的思绪。

2. 江南水乡型

精细、细腻、完美、生动、诗意、小桥流水等等来形容江南水乡的意韵最贴切不过了，江南水乡型的地域风格城市给人的感觉就像一幅优美的水墨画，自然、清新！如扬州的瘦西湖线性滨水空间，十里波光幽秀明娟，通宛曲折延达十余里，秀润多姿，幽深不尽，其中的长堤春柳、绿杨林景点的植物配置很好地突出了江南水乡婀娜多姿、妩媚柔情的氛围。

江南地区由于自然条件优越，水源和花木品种丰富，又由于是古代文人荟萃之地，更加讲究细细品味，植物造景更加精致、更加恬静，因此线性空间植物造景在突出江南水乡型的城市意韵时应该多选用枝叶细腻、姿态柔情的树种，自然、轻快的进行配置，使人能感觉到一股江南水乡的清新气息扑面而来。

3. 热带风光型

我国地处南方的许多城市都属于热带风光型的地域风格，由于具有热带气候，使之具有典型的热带性的植物群落，成为南方城市的一大特色。

如西双版纳傣族自治州州府所在地的景洪市，在街道的树种选择和植物的配置方面，充分反映热带风光和热带地区植物生长的多层次结构，以体现热带自然景色为主，同时起到庇荫，减少日晒的绿色屏障作用。配置时，以树体高大，树冠浓荫、四季常绿，观赏和经济价值高，绿化效果好的棕榈科植物为基调。如油棕、椰子、大王椰子、槟榔、糖棕、蒲葵、鱼尾葵、董棕等创造出热带常绿景观效果，并且为体现热带地区繁花似锦，果实飘香的特点，街道绿化还可选用热带果木如芒果、菠萝蜜、袖子、热带乔、灌木花如凤凰花、羊蹄甲、九里香、依兰香等观果、观花植物，成排成行配置，形成丰富多彩的路景。

因此在体现热带风光型的城市为主题时，线性空间应主要种植具有热带风光植物的树种，使人们沐浴在充满热带风情的浪漫情怀中时，城市特色也得到了很好的塑造。

4. 海滨型

海滨型的地域风格是由于与海滨接近而形成的，具有海洋文化特征。它既可以存在于南方、也可以存在于北方，从某种程度上来说，它包括了南方的热带风光型的地域风格。

海滨会使人想起海的宁静与活力，它多变的色彩、清新的海风、淡淡的咸味，以及浪花拍打礁石的响声……这一切构成了我们对于海滨的体验。海滨本身是一个具有强烈属性的地方，能激起人们潜在的某种渴望，所以很多滨海城市均建有线性的滨海观光大道，作为对外展示自我形象的窗口。山东的威海、江苏的连云港、浙江的台州和海南的海南岛等都是具有海洋文化的城市。

可见，海滨型的地域风格城市在具体进行海滨绿化树木种植时应该注意突出海滨的特色风光，如在沿海的线性绿带公园中选用代表性的滨海植物群落树种。并增加植物景观单元的尺度，以与辽阔的海滨空间尺度相协调，进行简洁的植物配置，营造清新、明朗、大气的意境美。

（三）从城市的文化内涵要素分

城市是历史的化石，是文化的载体，对历史的态度和文化的创造直接影响城市景观的质量。尤其作为城市形象窗口的线性空间植物造景，更应该正确对待城市的文化内涵，其意境的营造是离不开城市文化内涵的挖掘。

在传统社会里，文化景观是人类社会中的某一群体为满足某种需要，利用自然条件和自然所提供的材料，有意识地在自然景观之上叠加了人类主观意志所创造的景观。在现代社会里，城市文化景观是大众的产物。由于不同的人类集团和阶层的人，有着不同的文化需求和背景，文化景观也因分化的群体的不同而不同。从一个特殊层面来认识，文化景观是某种群体的文化、政治和经济关系以及社会发达水平的反映。文化景观是人类群体和个人的某种需要，文化景观在最低存在价值上，是人类衣食住行、娱乐和精神需求的补偿，最高价值意义是表现为不同群体的政治观念、价值观念、人文精神和宗教观念。作为"城市文化资本"要素之一，城市文化景观反映着不同城市物质与精神的文化差异。

线性空间植物造景意境营造的主题应该充分反映城市的文化内涵，建造出高品质的绿化景观，只有这样才能适应社会的不断进步和发展，满足现代人们越来越高的精神需求，推动着对城市文明的快速发展。

城市文化具体包括以下两个方面：自然文化与人文文化。线性空间植物造景意境主题内容通常取材于它们，是建立在充分调查城市自然文化和人文文化的基础上，进行具体的植物造景。下面从这两方面出发，分别阐述下植物造景意境的营造。

1. 自然文化

自然文化的形成是受自然环境的地质、地形、气候、动植物等因素影响，在长期的社会发展形成具有区域特征的文化现象。它体现了一个地区人们对自然的认识和把握方式、程度以及审视角度。各个不同区域的人类群体文化都具有各自不同的特点。如以苏州、杭州、绍兴等为代表的江南水乡型的城市，以重庆为代表的山城城市；又如谈到海南岛，婀娜多姿的椰子树会浮现在眼前。谈到洛阳，让人不由想起十大名花之一的牡丹。

充分挖掘城市自然文化，营造线性空间植物造景意境，最重要在于了解其地带性植物的布置情况。因为植物受地带性影响明显，尤可表现出城市的地方风格，如北京的槐树、广州的木棉、成都的芙蓉、武汉的荷花、扬州的垂柳……，这些饶有风味的乡土树种，构成了别具一格的绿化景观，反映着城市的自然文化。

在城市的线性空间中，特别是作为城市窗口的重要地段，其植物主要是选用能够代表城市自然文化的树种为主，如乡土文化树种或者市树市花等植物。在上海外滩南京路到九江路段的植物绿化就是以市花白玉兰为主调的基础上，再在其下满种一片红杜鹃、红装素裹，相映成趣，很好地展现了城市的自然文化特色。并且以植物为基础营造的自然文化是最具生命力的，是传播植物知识，热爱故土的活教材，是建造文化景观的一条重要途径，当然也是植物造景意境营造的一种重要方法。

2. 人文文化

人文文化包括物质与非物质的两类。

（1）物质因素是人文文化景观的最重要体现。包括聚落、饮食、服饰、交通、栽培植物、顺化动物等，并且是以聚落为人文文化的核心。如以大理、拉萨为代表的民族特色浓郁的名城。

（2）非物质因素主要包括思想意识、历史沉淀、民族传统、宗教信仰等。一方水土养一方人。每个地方的人群都具有他们自身的生活方式、生活习惯及精神寄托。

线性空间的植物造景意境营造时既要考虑与客观存在的物质因素所反映出的人文文化相协调，也要与当地人们的思想意识等非物质因素相协调，这样才能更容易打动人的心灵，使城市中人们能深刻感受到意境美所带来的渲染力，外来游人又会强烈感受到该城市独具特色的魅力。

（四）从周边环境的特点分

线性空间处在不同特性的周边环境，其空间氛围是不同的，因而人的心理需求、情感反应当然也是不同的，因此其空间景观的塑造当然不同，植物造景意境的营造也随之有很大区别。例如当线性空间是处于城市中一个高尚社区时与处于城市中的高速公路时，前者追求亲切温馨的情感氛围，后者追求简洁明快的情感氛围。可见，周边环境的特点决定着线性空间植物造景意境的具体营造。

1. 气势磅礴的氛围

当线性空间处于城市当中一个重要的形象窗口或一个城市的标志区域时，并且是以一个大空间环境为基础时，由此可见，营造令人震撼的第一视觉冲击是展现自己独特魅力的良好手段。其植物造景应该在营造气势磅礴的氛围下进行其意境的营造。

2. 庄重严肃的氛围

当周围环境为庄重严肃的氛围时，植物造景应该通过树种的选择及配置进行相应氛围的营造。如通往中山陵道路上整齐茂密的松柏，严谨的空间轴线、庄严的牌楼、密列的雪松、云梯般的踏步、耸入云霄的青山、时隐时现的陵堂，威严肃穆的环境氛围油然而生。置身于这环境中，无人不满怀感慨、崇敬、怀念和沉痛的情感，无人不经受这浓烈的肃穆敬仰环境气氛的感。

因此在类似的空间中，如纪念性、朝拜性的地方，植物造景的意境营造关键在于要突出庄重严肃的氛围，能够使人未进入主题空间中前，通过一系列线状布置的群植树林就能切身感受到场地周围环境散发出来的肃穆气息。植物在该类空间进行具体配置时，应该选用色彩比较深绿色的针叶常绿树或柏树类群植，因为深绿色显得端庄厚重，群植时可造成庄重、沉思的气氛。如各种松柏类的植物都是很好的可选用树种。

3. 自然恬静的氛围

当周围环境是田园风光、城郊结合的地段或公园小道等空间环境时，空间给人的氛围是自然恬静的，是久居闹市中的人们热烈渴望的一种绿色环境。自然恬静氛围的线性空间植物造景，首先，植物的种植一般都是尽量采用自然式的排列方式，其次，常选用花灌木作为地下植被营造自然界中丰富的林下植被的景象。

4. 开阔明朗的氛围

一般靠近滨水的区域如滨海、大江、大湖、大河等视域开阔的空间环境都具有该氛围。该空间环境的最大特色在于其空间的开阔性，在植物造景时，很多时候是根据该特色进行总体布局，总体格调为简洁、明朗，充分与该类空间的总体特性相协调，与开阔的空间尺度相统一。

5. 热闹欢快的氛围

热闹欢快的氛围的线性空间一般处于城市公共集中地，该种空间一般布置于城市的形象大道、城市的入口通道、公园观赏性的小路等迎宾性的观赏场所。

当然迎宾性的线性小场所可分置于很多地方，如很多游玩性的开放空间的线性入口，如通向儿童场所、游乐场、动物园等里面的线性通道。这时道路边的植物种植应该选用色彩明亮、鲜艳的花灌乔木来渲染热闹欢快的氛围，使小孩在还未真正体验实际游玩项目时，就有一份欢快的心情，增添游玩的兴致，使植物造景与游玩项目融为一体。

而又如在城市车站的出入口这种较大尺度的线性空间中，其植物造景同样应该以营造热闹欢快的迎宾气氛为主题，只是景观尺度更大，使人们下车后看到该氛围指导下的植物造景首先就能感觉到城市热情好客的品质，在心理上无形充满着对城市的好感，因而对城市也就产生美好的第一印象。这就要求植物尽量以暖色调为主调进行配置，甚至可以的话，多选用开花性的植物进一步渲染和烘托。

6. 简洁明快的氛围

简洁明快氛围一般是观赏者处于不能或不会慢速浏览景观的条件下所处线性空间的氛围。如在高速或快速道上，观赏者处于一种快速浏览的状态，这是由于观赏者行为心理特性，即在高速运动时，视野范围中尺寸较小的物体在一闪即逝中忽略掉，只有尺寸达到一定大小的物体才能被看到大体概貌，一般人眼需要5秒注视时间才能获得景物的清晰印象。因此绿化景观的空间尺度应与在该速度下的视觉特性相符合，应该大尺度的布置，简洁明快，而非细致繁琐。

7. 生活气息的氛围

居住区附近、居住区内的道路等线性空间通常都具有浓厚的生活气息。随着人们物质生活水平的日益提高，城市居民的眼光不再局限于建筑、户型设计、内部装修等方面的问题，也越来越关注于绿化质量的提高，希望得以"诗意地栖居"，希望在高质量的绿化环境中能产生美的感受以及美的联想，从而消除疲劳、恢复体力，促进健康。可见，能满足上述居民希望的植物造景可以算是良好地营造出了生活气息的氛围，使居民生活在一个安静、卫生、舒适的居住环境，并且人的精神感受也能够得以提高。

在该类空间中最好是多栽植开花植物，或色、形俱美的植物，具芳香的更佳。如世界上最弯曲的生活性街道，丰富多彩、花丛锦簇的地被景观使得空间充满着浓郁的生活气息。还有布置细小型树叶为主的树种也可以烘托优雅、安定的生活气息。

8. 商业气息的氛围

在商业性楼盘中间的线性空间一般都具有商业气息的氛围，这时植物造景应该以此为设计依据，结合商业性主题的特点进行具体的配置。如上海某商业步行街的植物造景，植物以规则、简练的方式进行种植，干净利落，富有现代感的气息，很好地烘托了该步行街的现代商业氛围。

商业性氛围的线性空间充满现代气息和繁华的特点，其空间树木种植形式应该简洁明朗，密度不宜过密，否则就不能反映出应有的商业气氛。并且应选用常绿性的无果树木进行造景，以免到季节时树叶与果实掉落到铺砖地上，购物者来回踩动破坏他们的购物心情，也无形影响了该空间的商业气氛。

第四节 现代园林景观的雕塑艺术

一、雕塑艺术的概念及演化

雕塑艺术很早就出现在人类文化生活中，并且占有非常重要的地位。作为一门独立的学科，它在人类智慧指引下，以三维立体造型表达真实的生活，具有可视、可触的特点。它与美术、建筑、设计、音乐等均属于不同的领域，可这些不同领域的艺术学科有相互联系，存在着不可分割的微妙关系。

在雕塑艺术中，"雕"和"塑"是针对不同的制作材料而言两个不同的造型手法。"雕"是指雕刻，以减法的形式对原有的客观形体进行造型。"塑"则是指塑造，是以做加法的手段用石膏或泥等材料，将心中造型从无到有慢慢塑造起来。如陶艺、泥塑等等。体积、空间是传统雕塑最基本的造型语言，在"雕"与"塑"的过程中，强调概括体积的形体和形体与空间的节奏感是传统雕塑的重要艺术手法。雕塑艺术可以分为圆雕、浮雕、透雕三种形式。

圆雕独立占有三维空间，它的特性决定了我们可以从任何方向、角度对它进行欣赏。如被安放在佛罗伦萨的《抢掠萨宾妇女》，以解决交缠在一起的三人间复杂的空间难题为乐，三个人物紧紧缠绕在一起呈螺旋上升的形态，从任何雕塑的任何角度欣赏，都是一件令人震撼的圆雕作品。

浮雕是以三维立体空间为基础，进行压缩从而产生的雕塑艺术，是在穿插于绘画和雕塑之间，多依附在底板上的一种表现形，因而导致了它只有180°的欣赏范围。法国近代雕塑家罗丹的《地域之门》，通过高浮雕的表现形式，给大众带来了强烈的视觉冲击。

透雕简单来说就是镂空雕塑，保留雕塑主要形体，在浮雕基础上镂空其背景，用镂空的方法来表达雕塑的主次、虚实和疏密等艺术关系，底板衬托的角度都被穿透过去，形成更多的空间变化。在过去透雕这一形式运用到园林景观较少，而随着当代园林景观的发展，它独特的艺术效果对提升现代园林景观起着不容小视的作用。

原始雕塑多是以石材为雕刻材料，创作内容也是以原有形体作为创作对象，作品刻画手法朴拙，但却表现出极强的形象特征。如公元前3000年～公元前2500年的《史前女性躯体图腾》，简略掉了无关紧要的一切，以突出展现女性的生殖部位，由此可见图腾雕塑的出现，开始于原始民众对于女性躯体崇拜的心理情结。在当时用于祈祷、祭祀、膜拜用的图腾就已出现，从此也就意味着雕塑活动的出现。

雕塑艺术同舞蹈、音乐、巫术、绘画等艺术形式一起，构成了人类早期精神活动的重要方式，如南太平洋复活节岛的《巨石雕像》。随着人类等级观念的形成和财富的不断积累，雕塑艺术被更多地运用到庙堂、礼器、墓葬、器具、建筑等各方面，同时也拥有了彰显社会等级、实行思想统治、维护社会秩序的社会属性，使得雕塑艺术在社会中的教化功能充分发挥，如公元前2600年埃及的《狮身人面像》。合理地把握雕塑艺术为自己服务，来颂扬国与勇士征服世界的伟绩，还有《君士丁凯旋门》。

传统雕塑与园林景中雕塑更多的是作为装饰元素出现，如希腊雅典卫城中雕塑艺术就与建筑完美地结合在一起，人物形体造型雕塑圆柱就作为建筑物的一部分增加园林景观美感。随着园林景观迅速的发展壮大，雕塑艺术在园林景观中的表现形式也不再是一个独立的个体，雕塑艺术自身题材的丰富，加以结合喷泉、花坛等形式所展现的优美造型，贯穿于整个园林景观的视觉焦点，使得整个园林景观丰富有灵性。

二战以后世界文化格局进而发生了变化，以纽约为中心的当代艺术蓬勃发展。20世纪初的雕塑艺术以形式表现反抗传统，而当代雕塑艺术造型语言的发展，进而寻找雕塑与现代园林景观、绘画、表演、科技、舞蹈等各个领域的渗透发展的可能性，让雕塑艺术更贴近实际生活。然而雕塑语言本身也存在着自身的艺术性，在各门艺术学科中，每种不同的艺术形式也有着独特的传达方式，或者说是与人类相互沟通的语言。雕塑语言是雕塑家在创作过程中，通过艺术表现手法将自己对社会、生活、文化等各类问题所作出的思考以及作品理念准确传达出来，并可以使人们感受到其作品所蕴含的文化意义与思想情感。当代雕塑的特征是表现内容向现实生活转变，雕塑艺术的表现语言也趋于多元化，雕塑艺术不仅仅是雕塑家的专属领域，许多摄影师、建筑师、画家等不同背景的人物都参与雕塑的创作，新的雕塑形式层出不穷，当代雕塑就像一个万花筒，变化无穷。

二、现代园林景观对雕塑艺术的借鉴

（一）现代园林景观借鉴雕塑艺术的原因

在现代园林景观的不断发展的今天，雕塑艺术造型手法的引入也是有目共睹的。

雕塑艺术不再限制于模仿现实中的具象形态，也不仅仅以装饰作用存在于现代园林景观中。它在现代园林景观发展的过程中，逐步成为整体构成不可或缺的一部分，然而推进现代园林景观向雕塑艺术进行借鉴和吸收的原因是多方面的。

1. 时代精神的演变

园林景观在我国有着悠久的历史，随着社会的发展与时代的变迁，社会新制度的建立，时代精神内涵和人们对于物质的需求也不断地改变。园林景观不再局限于为皇家贵族服务，打破围墙，就注定得到人们更多的关注与交流。1858年，在美国景观设计师奥姆斯特德和沃克斯的竭力倡导下，美国第一座城市公园——纽约中央公园在曼哈顿建立，开启了城市公园运动的序幕。1880年，美国设计师奥姆斯特德等人设计的波士顿公园体系将数个公园连成一体，在波士顿中心地区形成了公园体系，推动了美国城市公园系统、公园路以及国家公园等大尺度的土地利用和区域规划实践的建立。但由于城市急速发展、人口爆炸增长等各方面的原因，城市公园运动最终以失败告终。虽然没有开创出新的景观风格，但城市公园运动确实推动了园林景观的进步。

城市公园运动的开展对世界园林都产生了巨大的影响，法国的凡尔赛宫、英国的邱园等古典园林都在其影响之下从宫廷的贵族的掌控中解放出来，为进一步发展创新做了铺垫。人们视野逐步得到开阔，就必然对现代园林景观提出新的要求，大众渴望在民主的大背景下，推翻一切皇权的阴影，这也推进了对于现代园林景观新形式的出现，美国的金门公园、巴尔博亚公园、黄石国家公园等园林景观都在这种背景的催生下孕育而生，它们既是开放性的现代园林推进演化过程中的必然结果，也体现了民众渴求民主解放的时代精神。时代变迁与时代精神的演变，使人们对于"美"的追求更加迫切，从20世纪20年代开始，西方景观设计受到各种社会的、文化的尤其是艺术的思潮的影响，渐渐呈现出了多元化的发展方向，一系列追求"美"的新兴园林设计手法及艺术思想蓬勃生长，而雕塑更是成为了体现景观设计师艺术理念的载体，雕塑艺术很早就出现在园林景观中，这也就成为两者在后期发展过程中紧密联系提供了基础条件。

2. 当代艺术思潮的影响

西方园林景观起源于古埃及的宅园，它的发展和艺术思潮的推进存在着潜移默化的并行关系。20世纪初，现代主义出现，它的出现动拉开了现代艺术思潮的序幕，艺术领域产生了立体主义、达达主义、超现实主义和未来主义等一大批新思想和以毕加索、米罗等人为代表的艺术家，他们的作品不再像照相机一样完全复制现实，转而选择呈现爆炸状的画面，构图忽略透视原则，用色无视自然界和光的特点。二战以后在美国产生的以波洛克为代表的抽象表现主义，20世纪50年代萌发于英国的波普艺术（新达达主义），70年代以佩尔斯坦、汉森等人为代表的超级写实主义以及随后出现的偶发主义，尤其是极简主义和大地艺术的思想和手法对当代景观设计产生了很大作用。德•马利亚所说的"土壤不仅应被看见，而且应被思考"可以看作是大地艺术关注自然因素的宣言。大地艺术设计师在自然环境中引入艺术这种非语言表达形式所创作出巨大的雕塑，融入园林景观中更像是自然本身，为现代园林景观的发展提供了新的观念和思路。

当代艺术思潮的兴起，它所展现出的丰富形式语言，是之前任何阶段所不能比拟的，行为艺术、装置艺术、后现代主义等新式艺术思维的出现正是当代艺术丰富了艺术形式语言的最好的佐证，他们所表达的追求原创，追求纯粹，追求表现自我个性的价值观，颠覆了传统艺术。艺术在相互交流的过程中，边界也逐步变得模糊。远离了古典的艺术概念，不再强调艺术的手工性质，而越来越强调观念化和商业化，艺术不再是技艺的较量，而成了思想内涵上的比拼。因此，艺术多样性也必然给其他领域更多的借鉴。

艺术的多样性最早都是再加上绘画中提取的语言，对绘画色块、线条的提炼，使更多的园林景观设计师从中获取灵感。现代艺术在当代社会背景下，发展更为宽泛化、多元化。而雕塑艺术从根本上打破了传统形式，突破了自身的限制，诞生了一系列新颖的形式语言，向各个领域发展。在这种思潮的推动下，园林景观也开始突破传统理念的束缚，摆脱单一的艺术形式，向雕塑艺术进行大胆的创新与借鉴。随着艺术形式的改革不断深入，园林景观也受到多种艺术形式的影响，在融合了新的血液后朝着多元化方向发展。与此同时，先进的技术使艺术形式的表现更加彻底地释放，最终使现代园林景观和雕塑艺术关联更加紧密。

3. 自然科学技术的促进作用

传统的技术将园林景观与雕塑艺术限定在自我领域的范围，通常园林景观是以大自然为基础，只有对大自然进行细致的观察，才可能设计出优秀的现代园林景观。然而得益于科技技术发展日新月异，新技术的出现不仅能帮助我们更加便捷地创造自然美景，还能辅助我们创造出突破自然的新景观，为实现两者在形式语言上的交流做出了突出贡献。不断进化的自然科学技术为现代园林景观设计师以及雕塑师提供了更加丰富的新式材料和新工艺，新技术的出现也将传统材料与新材料更加美观和谐地结合于一体，从而为现代园林景观借鉴雕塑艺术提供了更广阔的空间。每种材质都是其特性，深入探寻不同材料的个性从而使园林、雕塑作品能够更加明确而又适宜地表达作品试图表达的含义，也更加易于大众理解。现代园林景观及雕塑艺术中常使用钢化玻璃、碳纤维等新式材料和"反传统"等新式设计手法，不仅直接美化了作品，更加明晰表现出设计者设计意图的同时还间接地推进了雕塑艺术形式语言在园林景观中的表现，为两者的关联提供的强有力的支持。不断更新发展的现代技术极大程度上推动了相互借鉴理念的实施，改善了我们形式语言，推动了现代园林景观与雕塑艺术密切的关联。

（二）现代园林景观要素对雕塑艺术的借鉴

随着现代园林景观的发展，探索更丰富的造型语言对现代园林景观的发展有着极重要的意义。然而雕塑艺术独特的艺术内涵和造型语言，不管是空间、理念，还是材料等方面，都为现代园林景观的借鉴提供了更多的可能。现代园林景观要素植物、建筑、地形等方面对于雕塑艺术的借鉴，"雕"与"塑"的造型手法引入，使科学性与艺术性完美融合，使现代园林景观理念实现更完美的表达。对于雕塑艺术的借鉴，使现代园林景观的原始形态面貌发生了改变，呈现出一种新的艺术方式。

1. 植物的雕塑感表现

园林植物巧妙地传承了雕塑艺术的造型手法，利用植物本身的生态特征，创作造出了一种新颖的园林雕塑模式。园林植物造型与传统雕塑都是为了美化园林或用于纪念意义而塑造具有一定寓意、象征的园林空间的"艺术品"，他们的设计创作都以深刻的文化内涵为支撑兼具美学意义。

（1）视觉要素的雕塑感

人们在欣赏一件完整的雕塑时，在没有完整观赏到作品形体结构时，通常是色彩先入为主，影响人们对于雕塑艺术的第一感觉，不同的色彩所给人的空间感觉也是不同的。从波普艺术时期开始，色彩就被大量运用到雕塑艺术中，色彩合理的搭配与组合，丰富雕塑语言的同时，更能吸引人们的眼球。具有很高的观赏价值的园林植物就可以利用自身的视觉要素，包括植物的姿态、色彩、体量、枝干、质地、表皮、叶、花、果实等，达到与雕塑艺术相同的艺术追求。

植物配置就等同于雕塑艺术的组合手法，植物本身所具有的自然色彩，通过合理的搭配将植物自身特点加以整合，就可以塑造出具有强烈美感的形式语言。如雕塑创作一样，不是所有的植物都能进行搭配，还需要园林景观设计工作者对色彩和生长习性进行归纳，植物视觉要素会随着季相变化，也就不完全等同于雕塑色彩的固定搭配。搭配过程中要讲色彩层次、前后呼应等处理得恰到好处，使其既要有对比，又要均衡统一。大乔木至低矮草花植物的组合平面配置，充分利用植物色彩、形态的差异，根据雕塑艺术的手法错落有致的布置，使自然与艺术融为一体，从而展示雕塑艺术深刻的文化内涵。植物视觉要素的运用更尊重天地自然赋予人们的一切，追求"宛如天成""天趣自然"的艺术美感。

随着现代园林景观表现形式的多样化，各种不同色彩的植物拼凑、布置在一起，设计成各种图案，传达不同的内涵寓意，产生不同的观赏效果，这就是我们熟知的模纹花坛。模纹花坛借鉴了雕塑艺术中浮雕的雕塑形式，以三维立体空间为基础，压缩而产生的雕塑艺术，是在穿插于绘画和雕塑之间，多依附于一个平面，且只有180°的欣赏范围。模纹花坛通常也以特定的文化背景相联系，结合周围环境，利用相对低矮、枝叶饱满的植物进行配置，在一个平面栽种出预先设计好的图案，从而达到预期的艺术效果。如法国维兰德里城堡内的情爱园，设计刺绣花坛为植物种植骨架，以四种不同图案、颜色的模纹花坛象征不同的爱情主题。

（2）造型语言的塑造

根据这里对于雕塑的定义我们可以了解，"雕"和"塑"是针对不同的制作材料而言两个不同的造型手法。"雕"是指雕刻，以减法的形式对原有的客观形体进行造型。"塑"则是指塑造，是以做加法的手段用石膏或泥等材料，将心中造型从无到有慢慢塑造起来。植物造型中去繁就简和营造层次很大程度上借鉴了雕塑艺术的塑造手法，雕塑艺术从写实主义到抽象化的发展，使得植物造型有了很大的借鉴空间。不同材料对于雕塑艺术的形态是有影响的，而植物造型以植物本身为载体，充分考虑到植物的特性，进行简洁、朴素的塑造，用雕塑艺术的表现手法来引起人们的共鸣。

植物造型以几何组合和写实造型的语言出现在园林景观中，不仅只是对于雕塑艺术的模仿，同时还兼备了人们的审美需求。如在维兰德里庄园里的三块方形花坛，是典型的16世纪文艺复兴风格，该类"哥特式"的花坛是以修剪的黄杨篱为图案，并在其中种植各种颜色的花卉。

2. 建筑形体造型的塑造

自古以来雕塑艺术与园林建筑的关系就紧密相关，建筑作为"凝固的音乐、立体的诗"，同样以其体型、材质、体积表现其三维艺术效果以及凹凸的质感变化。在园林景观建筑中，建筑师总是偏爱雕塑艺术的表现手法，又因为雕塑家的雕塑作品和建筑师的建筑作品又都是以材料为基础的空间艺术，但是建筑师更多考虑到的是使用功能，当然建筑师在考虑使用功能的同时也兼顾到雕塑艺术的形式语言。园林景观建筑以满足人们的功能使用为基础的，但时代的发展赋予了其更多的审美需求，这就促使了园林景观建筑与雕塑艺术产生更多的关联。

（1）抽象几何形体的组合

雕塑艺术的发展过程中，雕塑家们不断探索新的形式语言，将大量方形、三角形、圆形等形式组合在一起，抽象几何形体的塑造为雕塑艺术注入了新的能量。布朗库西开启了现代主义雕塑艺术新时代，他通过抽象几何的雕塑艺术形体表现，简约的形象结构，饱满、圆润或者棱角分明的外观，使人们感受到作品的节奏与韵律，同时对建筑家的造型语言也产生了影响。法国建筑师勒·柯布西耶对建筑的塑造就如同他创造的抽象雕塑图样，他对体积的控制和表面轮廓的掌握非常准确，他将雕塑手法引入到建筑中，深深地影响了建筑的发展趋势，其朗香教堂就以其生动的雕塑语言震惊了建筑界。然而雕塑艺术抽象几何的形体表达，则更受当代人们的欢迎，人们可以通过自己的主观想象，赋予雕塑艺术新的内容。

雕塑艺术与建筑有着极大的关联性，很多雕塑家同时也是建筑设计师，这也就赋予了建筑更大的借鉴空间。建筑设计师偏爱用抽象的几何形式概括自然中的事物，并达到与人、环境的和谐统一。建筑对于雕塑艺术中的借鉴，最常见的当属错落有致的抽象几何形体组合，重复抽象几何的排列，结构与结构之间的穿插，这些模拟雕塑艺术的设计手法都能展现出建筑整体的凹凸雕塑艺术美感，体量上让也人们感受到耐人寻味的节奏感。1973年建成的意大利的悉尼歌剧院就是以抽象几何的外观而备受瞩目，它就以自身抽象几何的建筑造型成为澳大利亚的象征。扇形之间有序的穿插，使得整个建筑像贝壳一般漂浮在海上，它在具备建筑功能的同时，也成为了一件不朽的雕塑作品。当代建筑设计师赖特设计的流水别墅就借鉴了雕塑艺术组合、穿插的手法，一层的平台向两侧扩展延伸，二层的平台向前伸展，两层平台有节奏地高低错落，几片高耸的片石墙错落地穿插在平台之间。无论是在空间处理、体量组合，还是与环境结合均取得极大的成功，也成为载誉于世的活雕塑。建筑作为物质载体呈现出雕塑艺术美感，是建筑设计者以雕塑化的审美特征和形式语言为思维方式，从而进行创作的产物。

（2）动感韵律的体现

雕塑艺术中形体的扭转以及线条的运用传达出丰富的动感韵律，如波丘尼《空间连续的独特形体》，就以形体的扭转以及曲面的线条，传达出强烈的运动感。雕塑艺术的动感韵律，很大程度上也影响了建筑设计的发展。西班牙建筑设计师安东尼·高迪就将运动的波浪形利用到了极致，他偏爱螺旋面、曲线条，在他著名的建筑作品米兰公寓就完全借鉴了雕塑艺术中的动势与均衡，传达出强烈的运动雕塑美感。米兰公寓位于巴塞罗那市，整座曲线构成的建筑如同海浪翻滚的自然景象，屋顶高低起伏，墙面奇形怪状，建筑体量非常大。而这件极具雕塑意味的建筑，在1984年也被联合国教科文组织纳入世界文化遗产中。

3.地形的雕塑感

大自然的鬼斧神工，地貌丰富多样，呈现了人力难以企及的艺术美感，同时也提供了丰富的可进行创造的景观环境。地形的高低、大小、比例、尺度、外观形态等方面的变化创造出丰富的地表特征，《园冶》中曾论及园地"惟山林最胜，有高有凹，有曲有深，有峻而悬，有平而坦，自成天然之趣，不烦人事之工。"现代园林景观所追求的开放性的同时，对于自然的憧憬也丝毫没有减退。在现代园林景观中，雕塑艺术的形式语言越来越频繁地被运用到地形、地貌的塑造中，景观设计师们对微地形的塑造也有对雕塑艺术抽象手法的模仿和对雕塑韵律与节奏的借鉴。

（1）微地形的塑造

20世纪60到70年代，雕塑家们感到穷途末路的时候，他们选择走出画廊到废弃的采石场、远离城市的荒漠和荒山野岭中去寻找灵感，创造出的一种大尺度的雕塑。它超越了人们对于雕塑艺术认知的范畴，视环境为一个整体，将场地视为雕塑材质进行抽象塑造。雕塑家由对展示雕塑转向大地，这种对于微地形的塑造，打破了人们所认知的传统雕塑艺术范畴。

（2）台阶组合景观

雕塑艺术的形式语言越来越频繁地被运用到地形的塑造，如果说微地形的塑造是对雕塑艺术抽象手法的模仿，那台阶组合景观则是对雕塑韵律与节奏的借鉴。20多年来一直致力于雕塑创作和研究的女艺术家阿塞娜·塔哈，她创作了很多与现代园林地形相结合的作品，作品在恰到好处把握雕塑韵律的同时，更通过作品魅力向人们传达出丰富的内涵。塔哈对于地形的塑造手法，偏爱自然中的波浪曲线和螺旋线条，以及对于自然的抽象模仿，这都和著名雕塑家波丘尼的创作特点相似，唯有不同的是她创作的对象是和人们关系密切的大地，不仅仅是一件满足人们精神审美的艺术品，作品被赋予了更多的功能性。她的作品往往都依靠各种复杂的台地进行创作，曲线、折线、层叠的形式，使地形中的台地极具韵律趣味。

三、现代园林景观整体雕塑趋势

罗斯在《园林中的自由》中给园林景观定位"实际上它是室外雕塑，不仅被看作一件物体，并被设计成一种令人愉快的空间关系围绕在我们周围"。现代园林景观当做空间的一部分，甚至是一个空间的主题，从而使现代园林景观与雕塑艺术成为有机整体。

现代园林景观的雕塑趋势更好地利用树林、山坡等自然等自然景观来衬托雕塑，优美的大自然与雕塑艺术完美的结合，给两者赋予了更深刻的意义。现代园林景观是实现人与自然和谐相处的场所，在极其有限的空间内创造出供人观赏游憩的景观，从而满足观赏游憩者的心理需求。雕塑艺术不再以装饰角色存在，也不仅仅作为点缀，而是与现代园林景观融合在一起，具有了更多参与形式和情趣内容。就其本身已成为园林景观内在的形态，成为一个崭新的"雕塑景观"。现代园林景观是实现人与自然和谐相处的场所，在极其有限的空间内创造出供人观赏游憩的景观，从而满足观赏游憩者的心理需求。雕塑艺术不再以装饰角色存在，也不仅仅作为点缀，而是与现代园林景观融合在一起，具有了更多参与形式和情趣内容。就其本身已成为园林景观内在的形态，成为一个崭新的"雕塑景观"。

现代园林景观与雕塑艺术之间界限的模糊，使两者都拓展更新了自身的功能和内容，更注重两者在艺术表现形式的结合，从保证了现代园林景观整体美观及整体功能的合理性。野口勇就善于将园林景观视作空间雕塑，他将雕塑艺术与园林景观联系起来，所提出的空间即雕塑深深地影响了现代园林景观的发展。他在1956年至1958年期间创作的联合国教科文组织巴黎总部的雕塑花园，就是现代园林景观引入雕塑造型语言的优秀案例。庭院分为下沉日本庭院和供人们休憩的内院。构成庭院的置石、石灯笼、石板桥，还是有水池中的汀步和不分植物，都是野口勇在日本特意挑选运至巴黎。在雕塑花园中他运用流畅的曲线，并在园中突出展示他的雕塑元素。园中众多小品看似布局随意，实则不然，点线面的有序穿插体现了充满活力的艺术思想，给人留下的广阔的思维空间。野口勇一直致力于探索塑造室外雕塑的方法，在很多游戏场地的设计他都将地面塑造出各种造型的立体雕塑，如圆锥、金字塔、斜坡等，并结合布置水池、小溪、滑梯等形式，给孩子们创造出一个无忧无虑、自由快乐的世界。他创作的大量雕塑作品，其中查斯·曼哈顿银行下沉庭院、土门键纪念馆庭院、"加州剧本"庭院都是具有雕塑感的现代园林景观。"加州剧本"庭院位于洛杉矶一座办公楼下较封闭的方形场地中，他将庭院设计规划为活力喷泉、水源与水的利用、丛林人行道、荒漠几个景区，每个景区都由雕塑、水、石与植物组合而成。水流从三角形的墙中喷出流经庭院，在石板下若隐若现，最后消失的尽头是一个小巧石制的金字塔下。将规则和不规则的造型零散布局于这个方形的封闭空间，启发人们联想的同时，也给人们营造了一个具有象征意义的冥想空间。野口勇认为，艺术家与土地的交流能使他摆脱对工业产品的依赖，从而获得创作灵感，这也是他喜爱雕塑和园林景观设计的一个重要原因。他探索了一条结合雕塑艺术和现代园林景观结合的道路，发展了现代园林景观发展的新的形式语言。

现代园林景观设计不再仅仅局限于为人们营造一个空间环境，对于雕塑语言的借鉴与吸纳，更丰富了现代园林景观的视觉效果，强化的了现代园林景观的艺术主题和人文内涵。雕塑表面的肌理感、质感，雕塑形体的节奏感，空间，雕塑整体的扩张延伸，雕塑造型手法的雕、刻、塑、凿等特征都慢慢融入到现代园林景观设计中，从而给现代园林景观融入了新鲜的血液。因此，在现代园林景观日渐显现的雕塑语言，来表现现代园林景观主题思想，更有利于为人们创造雕塑美感与内涵结合的现代园林景观。现代园林景观与雕塑艺术之间的文化将两个不同概念的艺术形式紧密联系在一起，无论是园林艺术还是雕塑艺术都传达着一种文化，现代社会的发展富含一种包容差异性文化的氛围，同时雕塑又以其独特的造型表现手法和空间语言能力，恰到好处的融入园林空间。这种对于空间艺术造型融合的再思考，不仅提高了人们的生存环境质量，还丰富了不同艺术形式的文化内涵，指引园林艺术进入一个新的时代。

第五章　园林景观规划设计理论

　　由于园林景观规划与设计涉及城市规划、环境艺术、建筑设计、园艺林业等多个学科，因此相关的规划设计理论是很多的。在具体实践或创作中，除应遵循上述学科的相关理论方法外，园林景观规划设计也形成了自己的理论体系及方法，如景观评价的理论与方法，景变序迁理论、自然线势与飘积理论，量化设计理论等，这些理论之间既相互关系，又相对独立，在规划设计中有各自的方法与作用。

第一节　园林景观分析与评价的理论与方法

一、园林景观规划设计的层面

　　人们最初认识的园林景观是自然地理方面的，其次是空间。在空间设计中包含了人的创意，这也是人工造园艺术性的体现。而对于园林景观和审美还取决于人的审美心理，因此，时间也是园林景观的重要特征。可见园林景观是具有多个层面的，西安建筑科技大学的佟裕哲教授在多年研究与实践的基础上把园林景观学发展为四个层面（见图5-1）。

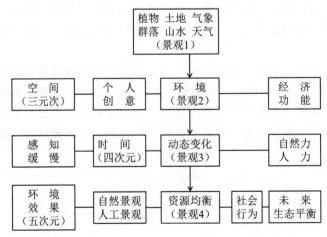

图5-1 园林景观建筑设计的四个层面

我们所重点研究的是园林景观学的第四个层面，即自然和文化因素的相互作用及其生态平衡的问题，研究如何在把握其生态规律的基础上，用科学合理的方法和程序进行环境园林景观规划。值得注意的是，由于园林景观具有时间性（第四次元）会随着地质构造的变化和自然力（飘积原理）、人力对它造成的影响而使园林景观改变。因此，园林景观也属动态，是自然和社会的系统下所衍生的产物，我们在进行园林景观环境规划时，应注意其自然、空间及人文的统一，注意其自然生态的保护及其对环境效果的影响。

二、园林景观的环境效果

园林景观环境的规划设计是以满足人类使用和欢愉为目的的。西方园林景观建筑师哈伯德（Hubbard）认为：园林景观建筑环境最重要的功能，是在人类的聚居环境中与乡间的自然景色中创造并保存美。同时都市中的人远离了乡村的景致，因而迫切地需要经由自然与园林景观艺术的帮助，以提供美丽且平静的景色与声音，来纾解他们每日紧张生活的压力，所以园林景观建筑也要重视改善都市人群日常生活的舒适性、方便与健康，并相信与自然景观的接触对人类的品德、健康与幸福臭绝对必要的。

同林景观的环境效果是体现在多方面的。有纯自然的景观效果品质，它体现了一种自然力作用下天然的美，是人类所共同崇尚的；有自然与人工相结合品质的景观效果，它体现出人工与自然的协和美和人与自然景观的有情观念；有人工景观品质的景观效果，它是人力的体现，如建筑、环境艺术雕塑等都是在人的创意下所产生的景观美。但景观环境效果的表达往往是人工与自然相结合的居多，在这里所体现的也多是个人创意的层面，是园林景观学中的初级层次。

三、园林景观分析与评价的主要学派

社会的飞速发展，导致自然景观资源的严重破坏，环境的视觉污染也与环境的其他污染一样，日益严重，并威胁到人类的身心健康。面对这一问题，美、英等发达国家自20世纪60年代中期开始出台一系列保护风景美学资源的法令，如美国的《野地法》（1964年）、《国家环境政策法》（1969年）、《海岸管理》（1972年）和英国1968年通过的《乡村法》等。这些法律的实施，标志着长期以来为人所享用，但并不为人所珍惜的风景美学资源，将与其他有经济价值的自然资源一样，具有法律地位。该领域研究具有多学科综合性特点，研究人员除园林景观规划专家及专业资源管理人员外，还有心理及行为科学家、生态学家、地理学家、森林科学专家等。他们分别将本学科的研究思想与方法，带到园林景观美学研究领域中来，从而使这一领域学派林立，方法各异。目前，较为统一地划分为四大学派：专家学派、心理物理学派、认识学派（或称心理学派）、经验学派（现象学派）。

（一）专家学派

专家学派的景观评价工作，由少数训练有素的专业人员来完成，认为凡是符合形式美原则的风景都具有较高的景观质量。从线条、形体、色彩和质地四个方面来分析，强调多样性、奇特性、统一性等形式法则来主导景观质量的分级。此外，专家学派还常常把生态学原则作为风景质量评价的标准，因此，专家学派内部还有生态学派和形式美学派之分。

该学派主要人物有莱维斯·利特农、马吉尔、斯麦登等。专家们通过实践直接为土地规划、风景管理及有关法规的制定和实施提供依据。美国在景观评价研究及实践中，一直占据统治地位，并已被许多官方机构所享用。

1. 美国林务局的风景管理系统 VMS（Visual Management System）。

2. 美国土地管理局的风景资源管理 VRM（Vieual Resouner Management）。

3. 美国土壤保护局的风景资源管理 LRM（Landscape Resounes Management）。

4. 联邦公路局的视觉污染评价 VIA（Visual Impact Assessment）。

5. 加拿大森林防务部门的有关风景评价及管理系统。

以上各种管理系统，都是专家学派的思想和研究方法的具体体现，由于各部门的性质及管理对象不同，各评价系统有其各自的特点。如景观的视觉冲击评价，常借助于一定的模拟技术，包括：计算机模拟技术（如 VIEWIT 软件）、图画技术、照片及影视剪辑技术等。

专家学派景观评价的方法是一系列分类、分级的过程，其重要依据则是形式美的原则及相关生态学原则，其突出特点是实用性强。因此，长期以来在景观评价方面占据主要地位，但在可靠性、灵活性和有效性方面却越来越受到人们的质疑。

（二）心理物理学派

心理物理学派是把心理物理学的信号检测方法应用到景观评价中，通过测量公众对景观的审美态度，得到一个反映景观质量的量表，然后将该量表与各景观成分之间建立起数学关系。这种评价模型实际上分为两部分，一是测量公众的平均审美态度即景观美景度；二是对构成景观的各成分的客观测量。心理物理学派在景观评价中应用极广，主要有以下几方面。

1. 森林景观评价及管理应用。心理物理学方法应用最为成熟的景观类型就是森林景观，它通过对森林景观的评价，建立美景度量表与林分各自然因素之间的回归方程，直接为森林的景观管理服务。如歇若伊德（Shroeder）和戴尼尔（Daniel 1981年）就用诸如林木胸径、朽木、倒木的多少，下层灌木及地面植被的多少等7个因素来预测一处森林的中西黄松林分的景观质量（美景度）。

SBE（美景度估测值）=0.20×阔叶草（1b/acre）+0.60×胸径＞16in的西黄松（株数/acre）−0.10×采伐残遗物（m³/acre）+0.26×灌木（1b/acre）+0.04×禾草（1b/ acre）−0.001×胸径＜5in的西黄松（株/acre）−0.02×胸径5～16in的西黄松（株/acre）−3.87

式中，1 b（磅）=0.4536kg，1 acre（英亩）=4047m²，1 in（英寸）=0.0254米。

从实际效果来看，这一模型有较高的预测能力和可靠性。其中布鲁什（Brush）则注意分析各自然因素对森林空间的影响，由此分析人们的审美评判，这样森林的采伐措施就显得非常重要。至于评价模型中心的自变量，应选用什么样的因素为好，阿查尔（Arthur，1977）也做了系统的研究。他把各种因素归为三大类：自然成分、设计因素、林木勘查指标。自然成分包括倒木、林木大小、高度等7个指标；设计因素则包括观景仰角、景深、多样性等20个指标；林木勘查指标有单位面积林木数、大小、郁蔽度等11个指标。研究发现，林木勘查指标与自然成分之间的相关性很好，且这些因素都较容易定量和控制，具有实际应用价值；而设计因素虽然能很好地用来预测景观质量，但这些因素比较抽象，不容易定量，也不容易通过经营管理得到控制，故实用性较差一些。

布雅夫（Buhy off）等人还对城市绿地的景观评价做了研究，先实地测量各景观成分，然后与公众的平均审美评判建立关系模型，再把景观成分通过测量图片上的有关因素进行定量，如各成分（要素）的比例、天空的面积等，然后将这些成分同公众的审美评判建立关系。

2.远景景观评价应用。上述方法，取景都以一个林分为单位，排除如背景的远山等林地本身以外的所有其他因素，而实际上，一处景观的质量同其周边因素也是密不可分的。布雅夫（Buhy off）等人于1982年提出了多元回归方程：

$$SBE=127.12+10.32SHRP-0.57SHRP^2+1.79BVF-6.11MDAM-61.07FORDEN+0.93FLT$$

式中，SHRP——照片中峻山面积；

BVF——照片中远景森林面积；

MDAM——照片中景林受虫害面积；

FORDEN——照片中森林覆盖率；

FLT——照片中平地面积。

另外，森林受害面积对森林景观质量影响的关系函数：

$$Y=1.03-0.28S$$

式中，S=受害面积。

3.娱乐景观评价的应用。研究证明，具有不同娱乐爱好的人对森林砍伐具有不同的审美态度，爱好狩猎和娱乐兴趣的人，往往对砍伐抱肯定态度；而爱好露营、漂流等活动的人，则持否定态度者居多。所以，人的各种活动（娱乐）爱好，也直接影响人的审美评判标准。此外斯切尔洛德（Schroeder）和艾德森（Anderson）等人还对城市娱乐区进行研究，发现娱乐区的安全感与人们的审美评判不存在线性关系。

4.心理物理学方法在其他方面的应用。心理物理学方法应用范围极广，远不止以上几方面。如拉提麦（Latimer）、马尔拉（Malm）等人在1981年研究大气的光学特性与人的审美评判间的关系，发现大气的光学质量与审美评判有很高的相关性，并建立了以大气物理因子如色度、光彩、太阳高度角、云量为自度量来预测景观质量的关系模型。

Auderson在同期研究某些社会因素，如景观类型的名称对审美评判的影响中，发现冠有"原始旷野""天然森林""国家公园"等名称的风景照片，往往比标有"娱乐区""商业区"等名称的风景照片更能获得好评。这反映了人们对自然的崇尚，说明景观评价应着眼于自然与社会的各方面因素。

综合来看，心理物理学派有如下几个特点：

1. 景观审美是景观与人之间共同作用的过程，而心理物理学派的目的正是为了建立反映这种主客观作用的关系模型。

2. 承认人类具有普遍一致的景观审美观，并把这种普遍的、平均的审美观作为景观质量衡量的标准。

3. 人们对景观的审美评判（景观质量）是可以通过景观的自然要素来预测和定量的。

因此，心理物理学方法是各种景观评价方法中最严格、可靠性最好的一种方法。从实用性来看，尽管目前还不如专家学派的方法那么突出，但从某种意义上讲，心理物理学方法是一种一劳永逸的方法，一旦景观评价模型建立起来了，则只要对有关风景成分进行测量，即可根据模型得出风景质量的有关数据。稍嫌不足的是，由于心理物理学方法要求景观成分的严格定量，使得景观评价模型的应用范围还不够广，往往只适用于同建模所基于的实验景观相一致的景观类型，而且心理物理学方法强调公众的平均审美水平，因而忽视了个性及文化、历史背景对景观审美评价过程的影响。

（三）认知学派

以上介绍的两大学派都有一个共同的特点，就是通过测量构成景观的各自然要素来评价景观质量，认知学派则不然，他把景观作为人的生存空间、认识空间来评价，强调景观对人的认知及情感反应上的意义，试图用人的进化过程及功能需要去解释人对景观的审美过程。该学派的源头一直可以追溯到18世纪英国经验主义美学家E. 巴客（E. Burke, 1729—1787），他认为"崇高"感和"美"感是由人的两类不同情欲引起的，一类涉及人的"自身保存"；另一类则涉及人的"社会生活"。前者在生命受到威胁时，才表现出来，与痛苦、危险等紧密相关，是"崇高"感的来源；后者则表现为人的一般社会关系和繁衍后代的本能，这是"美"感的来源。到20世纪70年代中期，这种美学思想在景观美学领域里得到系统的发展，并形成了较为成熟的理论体系——景观美学的认知学派。与此同时，卡普兰（Kaplan. S）也以进化论为前提，从人的生存需要出发，提出了景观信息的观点，提出并完善了他的景观审美理论模型。他认为，人为了生存的需要和为了生活得更安全、舒适，他必须了解生活的空间和该空间以外的存在，他必须不断地获取各种信息，去寻求更适合于生存的环境。所以，在景观审美过程中，他既要景观具有可被辨识和理解的特性——"可解性"（Malongsense），又具有可以不断地被探索和包含着无穷信息的特性——"可索性"（Inuoluement），如果这两个特性都具备，则景观质量就高。Kaplan即其后继者还提出了相关的审美模型（见表5-1、表5-2）。

表5-1 四维量的景观审美理论模型

空间	信息需要	
	可靠性	可索性
二维平面	一致性	复杂性
三维平面	可读性	神秘性

表5-2 反映地形地貌特征的景观审美实用模型

	可解性	可索性
地形	坡度	空间多样性
（自然景观）	相对地势	地势对比
地物	自然性	高度对比
（人文景观）	和谐性	内容丰富

基于以上理论，另一位地理学家维尔瑞秋（Vlrich）也提出了相似的景观评价模式，他把Kaplan.S1975年的模型中的"可解性"扩展为四个维量，而把神秘性单独作为一个维量，于是得一个五维量的景观评价模型。

Vlrich将进化论美学思想同情感学说相结合，提出景观审美的"情感一唤起"模型，从而进一步开拓了景观审美过程的研究。并且运用脑电图、心电图等精密的科学测试手段，来客观地测量人的情感反应，避免了语言表达测试的种种弊病，使得该理论体系不断得到完善。另外，Vlrich还认为，自然景观的作用不仅仅在于其作为审美对象而存在，它也直接影响着人的生理及心理的各种反应，研究发现，自然景观往往明显地加速疾病的康复，产生积极的心理反应，而城市景观则延缓病体的恢复，易产生消极的心理反应。

可见，认知学派是从更为抽象的维量出发（如复杂性、神秘性等）来整体把握景观，强调景观评价模型的普遍适用性。同时，许多研究证明了用维量来估测景观质量的可靠性和灵敏性。但是，如果只停留在抽象的维量分析，那就意味着它只是一种理论分析途径，只有把这些抽象的维量同具体景观因素相联系时，才能使认知学派具有实用价值，也才能使理论本身更趋完美。所以，认知学派需同心理物理学派的评价方法相结合。

（四）经验学派

与专家学派相比，心理物理学派和认知学派都在一定程度上肯定了人在景观审美评价中的主观作用，而经验学派则几乎把人的这种作用提到了绝对高度，把人对景观审美评判看作是人的个性及其文化历史背景、志向与情趣的表现。因此，经验学派的研究方法一般是考证文学艺术家们的关于景观审美的文学、艺术作品及名人的日记等来分析人与景观的相互作用及某种审美评判所产生的背景。同时，经验学派也通过心理测量、调查、访问等方式，记述现代人对具体景观的感受和评价，但这种方法同心理物理学派常用方法有所不同，被测试人不是简单地给景观评出优劣，而要详细地描述他的个人经历体会及关于某景观的感受等，其目的不是为了得到一个具有普遍意义的景观美景度量表，而是为了分析某种景观价值所产生的背景、环境。

经验学派的主要代表人物是洛温斯尔（Lcnventhal），他曾精辟地分析过历史景观的重要意义，认为它能使人产生一种连续、持久、淀积的感情，这种感情促使我们能用历史的观点去认识和考察个人或团体，这实际上是把景观作为具体的个人或团体的一部分来认识，他还由此分析了美国城市居民对乡村风景的怀旧心理从而导致了他们对乡村田园风光无比热爱这一现象的历史、背景等。

从理论体系来看，经验学派同其他三派比起来，有些势单力薄，这是因为它并不研究景观本身的优劣，严格来说算不上是评价景观的一种方法，但它有很高的灵敏性。虽然在实用价值方面不如其他学派，但它强调人的作用，为加强景观美育提供了理论依据。

总体来说，上面介绍的四个学派在其研究方法和对象上的各种特点，从整个审美体系来看，各种研究方法是相关联系、互为补充的，它们之间既有相同之处，也有区别之处（见表5-3）。

表5-3 景观审美评判学派的比较

	专家学派	心理物理学派	认知学派	经验学派
对景观质量的认识	客观性	半客观性	半主观性	主观性
	形式美原则生态学原则自然要素	自然要素人文要素	自然要素的功能景观质量取决于人	人文要素的反映
人的地位	被动性	半被动性	半主动性	主动性
	景观为独立于人之外的客体人是欣赏者	人的普遍审美观作为评判标准	以人为本	人文因素对景观的作用与影响
对客观景现的把握	分解	组分	维量	整体
	基本单元造型因子	景观因子景观组分	维量分析景观特性	全生态体整体意识

四、园林景观环境的综合评价

（一）社会效益、经济效益的一体化

社会效益偏重于景观环境所起到的人的精神方面、社会道德秩序方面、社会安定与安全方面的效益；经济效益偏重于用经济的杠杆衡量经济价值的高低，以及投资、经营、维护、再开发、土地利用和经济收益等方面的效益；而环境效益则偏重于生态保护、防止公害、治理污染、改善物理环境和创造舒适、优美居住环境等方面的效益。表面上看，各有侧重，可以分别定性。但实际上这三者无法孤立地实现，常常是一种互为条件、互为因果的关系，在进行景观环境规划设计时应强调这三个效益的统一性。

（二）园林景观环境的生态价值

人类进行景观的评价及景观环境的创造，其根本目的是使人能够健康、愉快、舒适、安全地生活。社会从低级向高级发展，而生物聚落维系生存的基本是自然生态平衡。在21世纪，城市环境的主要目标应是在高科技的条件下向高层次的生态城市迈进。现在，人类生存的环境在不断恶化，尤其是在大城市，噪声、粉尘、化学烟雾、有害射线、汽车废气、大气酸雨、高分子化合物的挥发、水质和农作物的变质、人控环境中缺氧、化学垃圾以及充斥整个环境的硬质构筑物，都在极大地损伤人类的身心健康，使人陷入孤独、紧张、自律性丧失的境地。所以，环境的质量首先要有利于生存，给予健康的保证。与生态环境相联系的，首先是人与自然的和谐，其次是控制污染，寻找新能源，利用各种技术手段尽可能地恢复自然平衡，追求高质量的自然生态

环境。

（三）园林景观环境的生古意义

园林景观环境是人的情绪和情感的调节器，充满生活情趣的环境可以使人愉悦、快慰。要使人们在情感上得到愉快和满足，环境要进行人性化设计，要充满生活气息，与人的日常行为、心理需求相吻合，符合人生存的各种条件。

（四）园林景观环境的文化内涵

人与景观是相互作用的，是一种创造和被创造的关系。人既是景观环境的组成部分，又在潜移默化当中受到景观环境的影响和塑造。因此，好的景观环境应使人从中得到有意义的启迪，富有想象的参与，民族的认同感，并从中获得满足。

（五）园林景观环境的再创造和时效

再创造是指景观环境的开放、管理和更新，具有群众的参与性。环境欲取得经久不衰、常在常新的效果，创造并不难，管理是关键，否则时效很短，随时间而失去原有韵味及价值，不会更好地发挥其综合效益。为了再创造，在设计中要因地制宜和留有余地，为群众参与提供必要的条件。

园林景观环境及其评价是一个非常复杂的体系，由于景观本身是人与各种自然要素的综合，而人对景观的评价又是多主体性的。因此，要全面、完整、系统、准确地描述景观和景观环境及其评价并不是一件容易的事情，我们只能在某种限度内对其做相对性、模糊性的评判，就整体而言还只能是越来越逼近准确化的定性分析。

第二节　量化设计理论

一、关于量化设计理论

量化设计是在上述景观评价理论体系基础上的进一步深化，它涉及多方面，如景观环境容量的确定，植物的生态、功能及作用的量化，环境质量的模糊（Fuzzy）评判等。本节将以绿色植物对空气中粉尘（可吸入颗粒物）的量化控制为例，来说明景园环境中某些要素的量化设计问题。

二、绿色植物对空气中可吸入颗粒物的量化控制分析

绿色植物因其自身的生态习性及本体特征，在其生长过程中对空气中的可吸入颗粒物，一定的阻挡和滞留作用，不同的植物有不同的滞尘效果与作用。在以前的研究中，对许多常见园林绿化植物的滞尘作用与效果提供了大量的量化数据，但大多为特定条件下的理论值（饱和值），在实际环境中，由于受气候、季节等诸多环境因素影响，这些数据在具体规划设计中难以采用，可操作性差。采用何种技术方法，取得何种量化数据、在实践中如何运用，才能通过植物绿化更有效地控制局部地区空气中可吸入颗粒物的含量，为不同地区、不同空气状况的环境提供植物绿化的量化设计依据，是一个值得进一步深入研究的课题。

（一）空气中可吸入颗粒物的组成及危害

空气中可吸入颗粒物，通常又称为粉尘，是指在一定时间内能浮在空气中的固体微粒。空气中粉尘的成分是极其复杂的。一般来说，不同区域、不同时间空气中粉尘的成分是有所不同的。

1. 空气中可吸入颗粒物组成及分类。通常，按粉尘的理化特性分为有机性粉尘（包括植物性粉尘、动物性粉尘、人工有机粉尘等）；无机性粉尘（矿物粉尘、金属性粉尘、人工无机性粉尘等）；混合性粉尘。按粉尘的粒径大小可分为：降尘，其粒径大于 $10\mu m$，一般肉眼是可见的；飘尘，其粒径一般小于 $10\mu m$。飘尘粒径在 $0.1\sim10\mu m$ 之间为显微粉尘，在空气中按斯托克斯定律作等速下降；小于 $0.1\mu m$ 为超显微粉尘，其扩张能力极强，在空气中按布朗运动扩散。

空气中可吸入颗粒物的来源大致有自然源和人为源两类，其中由风化产生大约占总量的70%；人为发生源中以工业污染产生的粉尘为主，通常可达总量的25%～30%。

2. 空气中可吸入颗粒物的危害。由于空气中可吸入颗粒物的成分极为复杂，又无处不在，所以对人的生存环境、日常生活和身体健康造成很大影响，具体表现在以下几个方面：

（1）地表上几乎所有的物体表面都附着有粉尘，因此，会导致对建筑物、构筑物及相关材料一定的腐蚀，对绿色植物也有损害作用，不利于环境卫生、环境美化，对城市风貌影响很大。

（2）空气中的粉尘可导致多种上呼吸道疾病，如游离在空气中的二氧化硅成分，在肺组织中可形成胶体溶液，从而引起肺组织纤维化病变，导致"硅肺病"。

（3）空气中的粉尘可导致人群皮肤过敏症，是传播疾病的途径之一。

（4）空气中可吸入颗粒含量过高，还是导致形成大雾的主要原因，对人类活动带来不便。

（5）空气粉尘含量过高可加剧局部环境"热岛效应"，从而带来一系列环境问题。

（二）绿色植物生态习性及对粉尘的吸收作用

绿色植物因其丰富的外、形特征及生态习性，可以有效地阻挡地面粉尘进入空气中，大多数植物的叶片对空气中可吸入颗粒物有良好的滞留作用。一般来说，叶片宽大、平展、硬挺而风吹不易晃动、叶面粗糙且多茸毛、总叶量又大的植物，更有利于滞尘。由表5-4、表5-5、表5-6可见，植物对粉尘的吸收和滞留作用是很明显的。

表5-4 一些树种阻挡灰尘的百分率

树种	冷杉	落叶松	云杉	山毛榉	橡树	白蜡	花秋	白桦	杨树	洋槐
百分率/%	2.94	4.05	5.42	5.90	7.15	8.68	9.99	10.59	12.80	17.58

表5-5 某些树种叶片单位面积滞尘量

树种	绣球只	重阳木	广玉兰	木槿	朴树	榆树
数量/（$g \cdot m^{-2}$）	0.63	6.81	7.10	8.13	9.37	12.29

表5-6 同一区域空旷地与树林的粉尘浓度对比

与污染源的距离及方向	绿化情况	浓度/mg·m⁻³	绿化减尘率/%
东南（测定时处于下风向）360m	空旷地	1.5	53.3
	悬铃木林下（郁闭度0.9）	0.7	
西南（测定时处于下风向）360m	空旷地	2.7	37.1
	刺楸树丛背后	1.4	
东向（测定时处于下风向）250m	空旷地	0.5	60.0
	悬铃木林带（高15m，宽20m，郁闭度小于0.9）背后	0.2	

（三）影响绿色植物滞尘作用的因素及特点

由于空气中可吸入颗粒物的成分相当复杂，粒径大小及形式又各不相同，加上各种环境因素及植物自身千姿百态的形体特征和生态习性差异，使得绿色植物的滞尘作用，受到诸多方面的极为复杂的影响。对植物滞尘作用影响较为明显的因素主要有两个方面，一是植物自身的本体特征；二是复杂的外部环境因素。

1. 植物本体特征

（1）树形。即树木的外形。单株植物有各自的形态，世界上没有完全相同的两株植物。根据每个树种独特的主干、分枝和树冠发育的自然规律，可把树木大致归纳为乔木和灌木。乔木高度一般在10~35m之间，灌木高度常在1~5m之间。不同的树形，对不同高度的粉尘阻挡与滞留作用不同。

（2）质地。绿色植物树冠的质地构成要素主要有叶和花的形状、大小、生长密度、生长状态等。相对而言，叶形和生长密度特征对滞尘作用影响较大。一般来说，叶片宽大、重叠、叶群厚密且叶片茸毛多或有分泌物者滞尘效果最好。

（3）季相。绿色植物的萌发、展叶、开花、结果、红叶、落叶等生命现象，与环境的季节变化密切相关。植物的季节现象，以其丰富的内容、多姿多彩的形态，让人们感觉到周围景观的变化和四季的变迁。由于树木滞尘功能的发挥主要由生长期的叶片来承担。因此，对于落叶树木来说，季节变化影响很大；对于常绿树木来说，由于冬季生长较慢，植物新陈代谢功能减弱，也对其滞尘作用有一定影响。

（4）抗性。树木主要靠其叶片中叶绿素的光合作用来维持生存，若叶面滞留的灰尘达到一定厚度，就会直接影响植物正常生长，同时也会使树木的滞尘能力下降。因此，植物抵抗蒙尘能力的大小，也是影响植物滞尘作用的因素之一。

2. 自然环境因素

（1）风速、风频。风是自然环境中最为常见的现象之一，它对植物滞尘及环境状况影响非常大，具体主要有风速和风频两个因素。绿色植物滞尘量的大小除其他因素外，还取决于空气中颗粒物的运动方式及运动速度，当风速达到一定量时，植物对粉尘的阻挡和吸附能力大大下降，直至为零或负量，因此环境中风速是影响植物滞尘量的重要物理指标之一。另外，环境中刮风的频率，即风频，也是影响植物滞尘功能的重要物理量。只有在风速较低或无风时，植物的滞尘功能才表现得最为突出，若在一段时间内风频过高，植物则基本丧失其滞尘功能。

（2）空气湿度。空气中的固体微粒可因湿度的增加而相互凝结或因自身的浸润性吸收水分而增大，从而更有利于降尘或被植物叶片所捕捉、滞留。据测定，当空气中相对湿度 $\phi=95\%$ 时，和 $\phi=40\%$ 相比，微粒半径通常要增大1.3倍。同时，空气湿度的增加也会使植物叶面更湿润，从而提高植物的滞尘能力。当然，植物的蒸腾作用也时刻在调节着空气湿度。因此，湿度也是影响植物滞尘作用的重要物理量。

（3）降水。自然界的降水过程，除本身可有效降低空气中灰尘含量、固化地面及其他物体表面可能扬起的灰尘外，又大大提高空气湿度，更主要的是可以有效冲刷植物叶面灰尘，利于植物生长恢复植物的再滞尘功能。实践证明，当一次性降水量达到一定值时，通常可使植物的滞尘功能完全恢复。因此，环境中的降水量是植物滞尘发挥作用大小的关键因素。

3. 其他因素。影响植物滞尘功能的因素非常多，作用较为明显的还有一些其他因素，比如人为因素、空气中粉尘浓度日变化特征、高度分布、区域性粉尘组分的特征等。

一般地说，经常性喷洒式浇灌的植物，如草坪、灌木丛、小型乔木等，它们的滞尘功能可完全恢复或大大加强。植物的光合作用、呼吸作用规律及功能特点与相应地区的空气粉尘浓度日变化特征也有一定的关系。据测定，通常在早7：00—9：00左右和晚17：00—19：00左右，空气中粉尘含量出现波峰，中午或午后出现波谷，这一现象的出现与人的活动规律有直接关系，但在中午时分人的上下班活动亦较集中，此时出现波谷则与植物强的新陈代谢作用不无关系。

此外，空气中可吸入颗粒物的浓度在竖向上也有相应的分布规律，根据资料显示，在距工厂较远的某区域，距地1.5m、5.3m、8.5m处的粉尘浓度分别为15mg/m³、0.134mg/m³、0.138mg/m³。由此可见，一般距地面高度5~15m处受地面影响较小，浓度也较稳定，在研究高大乔木的滞尘功能时应考虑这一因素。

（四）研究的技术路线及方法

由以上论述可以看出，植物滞尘的功能、机制及原理极其复杂，诸因素之间又互相制约、互相影响，想全面描述它们是困难的，而建立科学的、合理的、能全面反映诸要素之间相互作用关系的数学模型更是难上加难。就目前的研究状况看，我们可以测定某一特定条件下某种植物的滞尘量，或测定环境中植物群落的滞尘效果，但缺乏直接应用于实践的较为全面、合理的植物量化设计数据，以致大多数园林规划设计人员只能考虑视觉传达方面的因素，而无法更进一步考虑在量化方面的因素。

1. 植物量化控制粉尘研究的相关问题及可行性分析。在城市规划或绿地规划设计中，对各方面量化指标的重视和运用已越来越普遍，但在植物绿化指标的运用上主要还是绿化率、绿地率等指标，这些指标并不能确切地表达绿化量的多少，尤其在植物滞尘方面难以依此为据来推算。如，在关于植物滞尘作用的量化设计中，建筑师经常会面临下列问题：

（1）在城市总体或区域规划中，确定多大的绿地率是合理的？

（2）若给出一定量的绿地率，其依据是什么？

（3）对于某一特定的环境，绿地率达到多少才会对空气中可吸入颗粒物有明显的控制作用？是否有临界值？

（4）一定量的绿化其控制作用是多大？与各种环境因素存在何种数学关系？

（5）在实际环境中，植物滞尘功能的恢复和衰变规律是什么？

（6）相对于环境总量，植物绿化的控制作用占多大比重？

（7）在规划设计中，什么样的量化数据才具备可操作性？

（8）就滞尘而言，如何更准确地衡量植物的环境效益和经济效益？

（9）植物绿化的年增量与植物滞尘量的关系是什么？能否以此来预测未来年份的灰尘浓度（假设已知某环境灰尘排放总量或浓度）？……

假如我们能够科学地回答上述一系列问题的话，就可以为量化设计提供合理的依据。根据已有研究成果表明，学术界已开始认同用"绿量"来作为衡量绿化多少的单位。所谓植物绿化的绿量，是指绿地内各种绿化平均密度的枝、叶、花等的总体积，单位为立方米，一个单位绿量为某树种1立方米的绿化体积。

虽然影响植物生态功能的因素非常多，机制也很复杂，但用绿量作为绿化定量指标后，就为绿化规划中的量化设计提供了基础。单位绿量使不同植物绿化在各项功能中有了可比性，也使植物绿化的数量有了较为准确和合理的量化标准。植物绿量概念的引入可以较好地解决影响植物绿化量化诸多方面的问题，主要表现在以下几个方面。

（1）植物绿量解决了因形态不同而带来的难以量化的问题，使不同或同一植物群落在空间体量上具备了可比性，提高了绿化量化的科学性和准确度，可在数量上较确切地反映一片绿化的"多"与"少"。如，采用绿化率、绿地率作为绿化量化指标时，同样面积的草坪、乔木林，或草坪、灌木、乔木混种林，在绿地率相同时，其发挥的生态效益却大不相同，这些指标无法准确反映绿化在空间上的总量。

（2）以绿量为单位，为不同绿化形式的各项生态指标提供了量化的基础，可以建立一套相关的、具有可比性和可操作性的绿化指标体系，从而为量化设计提供科学的依据。

（3）以绿量为单位，可以有效提高绿化量化设计中的精确度。传统的绿化指标体系，只能大致反映绿化量的多少，精度较低，无法满足绿化环境质量评价的准确度要求。

（　）采用绿量作为绿化指示单位，便于建立科学研究模型及采集各种数据，便于分析绿化设计中相关量化的各种因素，并对其进行不同权数的分配或取舍。

因此，把绿量概念引入绿化设计，是实现量化设计的基础，是建立相关量化设计理论体系及方法的重要物理量，也使得对这一复杂问题的研究有了一定的可行性。当然，在具体实践中，还应结合其他指标进行。

2.研究的目标。植物绿化可以有效降低空气中的粉尘含量，这一点是毋庸置疑的，我们需要解决的是，如何通过研究获得可供设计参考的量化指标，用何种方法去获得这些指标并验证其合理性，这也是我们研究这一问题所应实现的目标。

3.研究内容及相关物理量。从以上介绍可以看出，影响植物滞尘作用的因素是很多的，几乎所有因素是动态变化的，它们之间又是相互作用、相互关联的，运用数学或物理方法研究问题，必须确定其中主要因素，确定哪些量可以是常量，哪些量可以是变量，进而根据所设计的研究方案建立试验模型，才有可能对这一问题进行量化研究。研究中应深入分析各相关因素的特点及内在关系，分析植物滞尘的原理、机制、效应，对相关环境因素进行分析分类，确定相关物理量，对实验中所测数据进行分析比较，建立数学模型，进而建立指标体系及设计数据库，并在实际工程中应用、验证和修正。

根据植物的本体特征、滞尘原理、空气中粉尘特点及相关环境因素的特征，在此确定以下相关物理量：

（1）Z_{max}——某植物单位绿量最大滞尘量，单位为 g/m^3；

$\bar{Z}$——某植物单位绿量年平均滞尘量，单位为 g/m^3。

（2）G_{max}——某区域空气粉尘浓度年峰值，单位为 mg/m^3；

$\bar{G}$——某区域空气粉尘浓度年平均量，单位为 mg/m^3；

G_t——某区域空气粉尘年总量，单位为 kg。

（3）V_f——极限风速，单位为 m/s（植物滞尘量与扬尘量相等的风速，丧失滞尘功能）；

D_f——年周期极限风速总天数，单位为天（d）；

δ_f——风作用下植物扬尘量系数；

f_p——污染风频（%）。

（4）ϕ——空气湿度（%）；

δ_ϕ——植物滞尘增加量的修正系数。

（5）R_{min}——植物完全恢复滞尘功能的最小降雨量，单位为 mm；

D_r——年周期累计达到的总天数，单位为天（d）；

f_T——年降雨频率（植物恢复最大滞尘量的次数）。

（6）L_t——植物总绿量，单位为 m^3；

L_c——常绿植物绿量，单位为 m^3；

L_1——落叶植物绿量，单位为 m^3；

δ_c——常绿植物滞尘修正系数；

δ_1——落叶植物滞尘修正系数；

δ_z——某植物绿量年增加量系数。

（7）其他物理量。总用地面积（m^2）、地被植物覆盖面积（m^2）、裸露地表面积（m^2）、硬质地面面积（m^2）、建筑用地面积（m^2）、建筑外表面积（m^2）、绿化覆盖率、绿化率等。

4.研究所采用的技术路线及方法。解决问题的关键在于建立科学的实验模型，运用所测数据进行分析，建立数学模型，同时与实测数据相对照取得相关数据和修正系数，进而建立数据库，以便为工程实践服务。在具体实施过程中，至少应进行2～3个周期（2～3年）来采集相关数据，并对相关数据进行反复验算修正，在可能的条件下，应结合实际项目作对照试验，从而找出数学模型的缺陷，验证所选诸因素的合理性，以便进行改进和调整。

在研究过程中，应注意以下几个问题：

（1）研究周期内所有气候及环境资料应与该地区常年统计资料进行对照，以便使所得数据更具代表性。

（2）各种数据的取得可选用其平均量，在针对具体环境设计时，尽可能选取最不利条件下的环境粉尘量作为计算依据。

（3）人工环境清洁对局部区域空气粉尘浓度亦有影响，在此并未计入。

（4）由于环境中诸因素极其复杂，在研究测试中应根据实际情况对初期研究方案进行及时的调整和改进。

目前，绿色环保及可持续发展的概念已深入人心，人们越来越关注运用技术手段来解决环境中的许多问题。地球环境的承受力是有一定限度的，如何科学地把握好这一"限度"，如何避免人类无度的开发和对环境的破坏，充分运用现有技术手段，对复杂环境问题进行科学、恰当地量化研究和控制是必要的。同时，可进一步充实和丰富绿色文化的内涵，使这一新的理念不仅仅停留在概念上。通过对绿色植物量化控制空气粉尘问题的论述，希望能为进一步研究这一课题提供有益的启示，为充分发挥绿色植物的生态功能，为人类生存环境的改善发挥应有的作用。需要指出的是，单纯通过植物绿化解决空气质量问题的效果是极为有限的，想还给人类和自然一个洁净的大气需要全社会和各学科共同的努力。唯有如此，人类才能真正实现可持续发展的目标，为子孙后代留下一方适于生存的空间环境。

第三节　园林景观视觉设计与透视理论

一、视觉设计与形态心理学理论

园林景园艺术的规划设计，主要是通过视觉传达手段来实现的。因此，在规划设计中应充分认识人的视觉特性，把握视觉设计的基本规律，使园林景观中优秀的成分展示于人的面前，不好的因素能最大限度地隐藏，正如《园冶》中所说："俗则屏之，佳则收之"。

视觉设计通常有点线面、质感、形式、明暗、空间五个要素，在园林景园设计中通过对园林景观环境体量、空间、色彩、质感、形态和意境的设计，使人产生舒适、愉快和心理上的联想或感觉等。

人类视觉的本能能力是有限的，但由于技术的发展，人类的视野已越来越广阔了，正向着宏观和微观两个方向无限地扩大，使人类原有的视觉本能（即明暗视觉、色彩视觉、形态视觉）更加优越。如人的视觉在通常条件下的分辨能力大约为1/10mm；用简单的放大镜可以分辨1/500mm的物体；到19世纪末，由于发明了光学显微镜，人类的视觉能力提高到 1/5000mm；到 20 世纪中叶，人类用电子显微镜已可以看清 1/500000mn 的物体了。

人类可以分辨很细小的物体，但有时由于受到视觉中某些要素的干扰，眼睛会产生某些错觉。如在特定背景条件下图形的非常规变化、心理惯性的影响等，会使人对形态的把握产生偏差，即所谓错视图，将消极形态角度的错视图，经过积极的形态修正，可以成为合于情理的自然景观，所以运用视知觉的这种特性及心理法，则，可以在景观设计中取得意想不到的效果，这就是形态心理学研究的内容之一。

形态心理学原理开始于 20 世纪初，逐步完善并在设计中被广泛应用。

二、视觉透视现象

视觉中的 12 种透视现象。

（一）肌理特征透视法

物体的表面肌理、质感，近看清晰度好，远看则减弱并浑然一体。如带有斑点的建筑外饰面，在近看时，斑点花纹明确，远看则成为一片灰色。

（二）尺寸透视法

物体尺度近大远小，同样高度的人远、近高度不同。

（三）一点透视法

相平行的线到远处将交于一个灭点。

（四）双目视差透视法

由于双目之间有视差，可以准确地确定某个物体的位置及与其他物体之间的相对关系。

（五）动态透视法

当人走近固定物体时，本来不动的物体好像加速了；当物体和人的视点以同样速度移动时，由于同步的原因及距离的变化，人感觉物体运动得慢。

（六）大气层透视法

空气中有雾气、湿度大的地区和干燥地区不同，雾气的厚薄密度感也不同，在颜色上亦有变化。

（七）景深透视法

视线焦点上的物体比较清晰，周围变得模糊，在纵向上，愈靠近焦点附近的物体越清晰，在照片中可以看出这一现象。

（八）上下位置透视法

看近处的景物用俯视，看远处的景物用仰视，视平线消失在地平线上。

（九）叠像透视法

当视线消失在远处时，处于中间过程的物体出现双图像，这些物体离我们越近，双图就越明显。

（十）运动速度的变化

物体靠近运动的观察者，显得运动速度很快，甚至近处的物体要比远处的快，如人乘火车看两侧的树林与远处的房屋就属这种变化现象。

（十一）外轮廓线的完整或连续

介于中间的物体能够打破远处物体的轮廓线，或者叫作部分重叠（重复）。

光影变化关系（产生的透视感）。运用光影的变化亦可产生透视感，基于人类视觉的习惯性，远近不同物体在同一光源下的透视效果不同，产生相应的光影关系亦不同。

在园林景园规划与设计中，可根据不同空间及场所气氛的要求，运用不同的透视原理及手法，可以产生设计所需要的效果。

第四节　自然线势及飘积理论

园林景园艺术属造型艺术中的形象艺术，它是研究自然形象的再现、观念造型、联想造型等观念客观化的一个分支的艺术领域。

对自然美加以人工或艺术化时，它的表现方式应服从于支配自然本身的一些规律。园林景观设计是以自然为素材的一门艺术，最好保持其素材的自然气息。仿效自然就要遵循自然的结构和秩序。当再现某些自然形象时，线势这个最有力的表现手段，必然成为应用的一种方法。

一、飘积与河曲

自然界的自然力对地貌景物影响最为普遍的是风力、水力（流水、雨水）、地质重力、气体膨胀力与化学腐蚀力等。这些自然力作用于植物群落、山石岩体、砂土地形、江河川道、水际岸边等自然形体表面，历时日久，则显示出自然力对其形体的影响作用。如植物群落的密茂稀疏、山石岩体顶部的突兀浑圆、塬梁峁沟的自然均衡与稳定、地形的展延与竖向阶梯形的叠落、河道的弯曲与蜿蜒、洲际岸边的凹凸宛转与隆起平伸等等。

美国造园学家约翰·格兰特、卡洛尔·格兰特所著《庭园设计》中，提出了飘积（drifts）理论，他认为风力是影响植物种子传播和繁殖的重要因素，所以自然景观中的自然植物群落的形状，它是源于自然力的作用，这种现象称为飘积形体或飘积线势。引申这种飘积概念，就会认识到：

（一）风力为主力及雨、日照、地形、地表径流等自然力，构成了自然植物群落的参差错落分布的形态，凸凹宛转的林际线，高低起伏与曲伸流畅的山林轮廓线。

（二）风雨为主及其他自然作用于无生命的山体、岩石构成了自然山石景物的外貌。如山石岩体部的突兀浑圆；塬梁峁沟的自然均衡与稳定；高山与丘陵连绵无际流畅的山际轮廓线等。

（三）风力作用于沙漠、戈壁滩而构成的均匀流畅的沙漠轮廓线。

（四）流水为主的自然力，所构成的河道的弯曲与蜿蜒、洲际岸边的凹凸宛转与隆起平伸等更为流畅的自然线势。

这些经过自然力的飘积作用而形成的种种自然景观和物体形象，常具有美学法则中的统一谐调、自然均衡的效应，它凝缩了自然环境和自然美所具有的形象特征。因此，飘积理论成为人工造型艺术创作的美感源泉。

二、自然线势在园林景观设计中的运用

自然力的飘积作用，常使自然影响的形体表面呈圆浑、稳定均衡状态，线形呈曲线和下向动势（垂直与倾斜）。群体结构的空间分布呈钝角过渡，其景物形象与轮廓均表现出强烈的自然气息和动势。格兰特还发现自然曲线线势具有动态感，可使之产生稳定、中速、快速运动等景观心理效果。

在园林景观规划与设计实践中，运用此理论，可更好地把握和再现自然美。如在水面设计中运用漂积原理所形成的自然湖面，形式就非常优美、自然。根据漂积原理，在进行湖面设计时应注意符合以下原则：

（一）水面边缘形成"四不像"形态，类似某种形象，如动物则容易误导人的视觉联想。

（二）水面应有一个主要空间和几个次要空间组成，且以桥、洞涵等手段体现水面之源，使之貌似活水。

（三）在岸边主要观景点的视野范围内，岸线凹凸曲折变化应不少于三个层次，较大水面时可以湖心岛作为调节。

（四）岸线曲折有致，辅以山石、花木等处理，不做规整光滑之处理。

三、关于生态美学

在研究自然力的飘积现象和自然景物形状的曲线线势的特征时，已经涉及了生态美学，所以在这里概要地了解一下国际上研究生态美学初步得出的概念及其体系。它的结构构成包括环境、自然、景观、形状和美的感知层次（外表与内在的、形式与内容的、直观与精神的、情感与理性的等），如色彩、形态构成和谐的比例，属于外表层次。

对审美客体结构美的感知归入理性层次。在这方面，注意力集中在大自然和艺术都具有的美感和美的概念范畴上，其中艺术偏于感觉上的美，环境重视观念上的美。所以生态美，实质上包括生态体系结构、功能、合理性的理解，它是一种综合的、复杂的、理性的美，这种美的基础是质朴、节约、源泉、简洁、纯洁、恒常、精华、永恒等等。

第六章　园林景观组景手法

园林景观美学构成要素有很多种，景物作用于人的感官而形成美学观念，园林景观通过空间结构的变化，运用各种组织手法把各种景观的美学要素展现在人的面前，通过一系列视觉刺激、听觉刺激及其他感官刺激，使人产生美的感受。园林景观组景涉及景园总体布局、结构方式、空间形态，景观要素的几何因素（点、线、面形式等）、物理因素（色彩、肌理、质感等）、人文因素（性状、情感、风格等）等诸多方面，因此，其组景的手法亦非常丰富。本章将根据园林景观各要素的特点，以中国古典园林景观组景为背景，对山石、植物、综合性等园林景观组景手法进行介绍。

第一节　园林景观组景手法综述

一、园林景观环境及用地选择

中国传统园林、庭园的总体设计，首先重视利用天然环境、现状环境，不仅为了节省工料，重要的是得到富有自然景色的庭园总体空间。明代计成在《园冶》相地篇中说："相地合宜，构园得体"。用地环境选择得合适，施工用料方案得法，才能为庭园空间设计、具体组景创造优美的自然与人工景色提供前提。其次，选地要遵循因地制宜的原则。古时的环境及用地分为山林、城市、村庄、郊野、宅旁、江湖等。近现代也仍然是这些，只是城市中的园林类型增多，城市用地的自然环境条件越来越差，人工工程环境越来越多。在这种条件下如何创造和发展自然式庭院风格，需要在研究传统庭园理论的同时，寻求适应城市条件的新的设计方法。人们会认识到在现今城市设计中，保护已有自然环境（水面、树林、丘陵地）和尚存的历史园林庭园的重要。因为自然山林、河湖水面、平岗丘陵地势、溪流、古树等都是发展自然式园林和取得"构园得体"的有利条件。具体设计时可将上述问题概括为以下三点。

（一）选择适合构园的自然环境，在保护自然景色的前提下去构园

构园之所以把山林地、江湖地、郊野地、村庄地等列为佳胜，是体现中国自然式庭园始终提倡的"自成天然之趣，不烦人事之工"的重要设计思想。这种设计思想对于资金建设力量雄厚、到处充塞着人工建筑的今日园林景观环境有很现实的借鉴意

义。如山林郊野地，有高有凹、有曲有深、有峻而悬、有平而坦，加之树木成林，已具有了60%的自然景观，再按功能铺砌园路磴道，设置必要的小建筑等人工组景设计，园林景观即可大体构成。如江湖、水面、溪流环境，经整砌岸边、修整或设计水面湖型，再按组景方法布局，以水面为主体的景园则可自然构成。我国很多传统景园就是按此思想构园的。但现在面临的问题是不重视保护自然景观、过量地动用人工工程，应引以为戒。

（二）利用自然环境，进行人工构园的方法

相地合宜和构园得体，两者关系非常紧密。或者说构园得体，大部分源于相地合宜。但构园创作的程度，从来不是单一直线的，而是综合交错的。建筑师、造园师的头脑里常常储存着大量的，并经过典型化了的自然山水景观形象，同时还掌握许多诗人、画家的词意和画谱。因此，他们相地得时候，除了因势成章、随宜得景之外，还要借鉴名景和画谱，以达到构园得体。如计成在相地构园中，曾借鉴过关同（五代）、荆浩（后梁）的笔意、画风，谢朓（南北朝）的登览题词之风，以及模仿李昭道（唐朝）的环窗小幅、黄公望（元代）的半壁山水等。这体现了设计创作中利用自然构园过程的实践与理论的关系和方法。

（三）人工环境占主体时的构园途径和方法

在城市中心的中层建筑密集区、建筑广场、中层住宅街坊、小区和建筑庭院街道上构园是最困难的，但它们也是最渴望得到绿地庭园的地方。在建筑空间中构园或平地构园应注意运用以下人工造园的方法。

1. 建筑空间与园林空间互为陪衬的手法。可以绿树为主，也可以建筑群为主。前者种植乔木，后者可为草坪。根据功能和城市景观效果确定。

2. 用人工工程仿效自然景观的构园方法。凿池筑山是常法（北京圆明园、承德避暑山庄都是挖池堆山，取得自然山水效果），但要节工惜材，山池景物宜自然幽雅，不可矫揉造作。做假山时要注意山体尺度，山小者易工，避免以人工气魄取胜。

3. 划分空间与互为因果的方法。平地条件和封闭的建筑空间内构园，要做出舒展、深奥的空间效果，需多借助划分空间和互为因果的手法，并注意建筑形式、尺度以及庭园小筑的作用，如窗景、门景、对景的组景等。

二、园林景观结构与布局

园林景观的使用性质、使用功能、内容组成，以及自然环境基础等，都要表现到总体结构和布局方案上。由于性质、功能、组成、自然环境条件的不同，结构布局也各具特点，并分为各种类型，但它的总体空间构园理论是有共性的。

（一）总体结构的几种类型

有自然风景园林和建筑园林。建筑园林、庭园中又可分为以山为主体，以水面为主体，山水建筑混合，以草坪、种植为主体的生态园林景观。

自然风景园林布局的特征。如自然环境中的远山峰峦起伏呈现出节奏感的轮廓线，由地形变化所带来的人的仰、俯、平视构成的空间变化，开阔的水面或蛇曲所带来的水体空间和曲折多变的岸际线，以及自然树群所形成的平缓延续的绿色树冠线等。巧于运用这些自然景观因素，再随地势高下，体形之端正，比例尺度的匀称等人工景物布置，是构成自然风景园林结构的基础，并体现出景物性状的特点。

建筑园林景观布局的特征。中国城市型或建筑功能为主的庭园，常以厅堂建筑为主划分院宇，延续走廊，随势起伏；路则曲径通幽；低处凿池，面水筑榭；高处堆山，居高建亭；小院植树叠石，高阜因势建阁，再铺以时花种竹。

（二）总体空间布局

1. 景区空间的划分与组合。把单一空间划分为复合空间，或把一个大空间划分为若干个不同的空间，其目的是在总体结构上，为庭园展开功能布局、艺术布局打下基础。划分空间的手段离不开庭园组成物质要素，在中国庭园中的屋宇、廊、墙、假山、叠石、树木、桥台、石雕、小筑等，都是划分空间所涉及的实体构件。景区空间一般可划分为主景区、次景区。每一景区内都应有各自的主题景物，空间布局上要研究每一空间的形式，大小、开合、高低、明暗的变化，还要注意空间之间的对比。如采取"欲扬先抑"，是收敛视觉尺度感的手法，先曲折、狭窄、幽暗，然后过渡到较大和开朗的空间，这样可以达到丰富园景，扩大空间感的效果。

2. 景区空间的序列与景深。人们沿着观赏路线和园路行进时（动态），或接触园内某一体型环境空间时（静态），客观上它是存在空间程序的。若想获得某种功能或园林艺术效果，必须使人的视觉、心理和行进速度、停留的空间，按节奏、功能、艺术的规律性去排列程序，简称空间序列。早在1100年前，中国唐代诗人灵一诗中"青峰瞰门，绿水周舍，长廊步履，幽径寻真，景变序迁……"，就已提出了景变序迁的理论，也就是现在西方现代建筑流行的空间序列理论。中国传统景园组景手法之一，步移景异，通过观赏路线使园景逐步展开。如登高-下降-过桥-越涧-开朗-封闭-远眺-俯瞰-室内-室外——使景物成序列曲折展开，将园内景区空间一环扣一环连续展开。如小径迂回曲折，既延长其长度，又增加景深。景深要依靠空间展开的层次，如一组组景要有近、中、远和左、中、右三个层次构成，只有一个层次的对景是不会产生层次感和景深的。

景区空间依随序列的展开，必然带来景深的伸延。展开或伸延不能平铺直叙地进行，而要结合具体园内环境和景物布局的设想，自然地安排"起景""高潮""尾景"，并按艺术规律和节奏，确定每条观赏线路上的序列节奏和景深延续程度。如一段式的景物安排，即序景-起景-发展-转折-高潮-尾景；二段式即序景-起景-发展-转折-高潮-转折-收缩-尾景。

3. 观赏点和观赏路线。观赏点一般包括入口广场、园内的各种功能建筑、场地，如厅堂、馆轩、亭、榭、台、山巅、水际、眺望点等。观赏路线依园景类型，分为一般园路、湖岸环路、山上游路、连续进深的庭院线路、林间小径等。总之，是以人的动、静和相对停留空间为条件来有效地展开视野和布置各种主题景物的。小的庭园可有1～2个点和线；大、中园林交错复杂，网点线路常常构成全园结构的骨架，甚至从网点线路的形式特征可以区分自然式、几何式、混合式园。观赏路线同园内景区、景点除了保持功能上方、便和组织景物外，对全园用地又起着划分作用。一般应注意下列四点：

（1）路网与园内面积在密度和形式上应保持分布均衡，防止奇疏奇密。

（2）线路网点的宽度和面积、出入口数目应符合园内的容量，以及疏散方便、安全的要求。

（3）园入口的设置，对外应考虑位置明显、顺合人流流向，对内要结合导游路线。

（4）每条线路总长和导游时间应适应游人的体力和心理要求。

（三）运用轴线布局和组景的方法

人们在一块大面积或体型环境复杂的空间内设计园林时，初学者常感到不知从何入手。历史传统为我们提供两种方法，一是依环境、功能做自由式分区和环状布局；二是依环境、功能做轴线式分区和点线状布局。轴线式布局或依轴线方法布局有三个特点：以轴线明确功能联系，两点空间距离最短，并可用主次轴线明确不同功能的联系和分布；依轴线施工定位，简单、准确、方便；沿轴线伸延方向，利用轴线两侧、轴线结点、轴线端点、轴线转点等组织街道、广场、尽端等主题景物，地位明显、效果突出。

西方整形式（几何式）园林景观结构布局和运用轴线布局的传统是有直接联系的。通常采用笔直的道路与各功能活动区、点相连接，有时采用全园沿一条轴线做干道或风景线。

三、园林景观造景艺术手法

中国造园艺术的特点之一是创意与工程技艺的融合以及造景技艺的丰富多彩。归纳起来包括主景与配（次）景、抑景与扬景、对景与障景、夹景与框景、前景与背景、俯景与仰景、实景与虚景、内景与借景、季相造景等。

（一）主景与配景（次景）

造园必须有主景区和配（次）景区。堆山有主、次、宾、配，园林景观建筑要主次分明，植物配植也要主体树和次要树种搭配，处理好主次关系就起到了提纲挈领的作用。突出主景的方法有主景升高或降低，主景体量加大或增多，视线交点、动势集中、轴线对应、色彩突出、占据重心等。配景对主景起陪衬作用，不能喧宾夺主，在园林景观中是主景的延伸和补充。

（二）抑景与扬景

传统造园历来就有欲扬先抑的做法。在入口区段设障景、对景和隔景，引导游人通过封闭、半封闭、开敞相间、明暗交替的空间转折，再通过透景引导，终于豁然开朗，到达开阔景园空间，如苏州留园。也可利用建筑、地形、植物、假山台地在入口区设隔景小空间，经过婉转通道逐渐放开，到达开敞空间，如北京颐和园入口区。

（三）实景与虚景

园林景观或建筑景观往往通过空间围合状况、视面虚实程度形成人们观赏视觉清晰与模糊，并通过虚实对比、虚实交替、虚实过渡创造丰富的视觉感受。如无门窗的建筑和围墙为实，门窗较多或开敞的亭廊为虚；植物群落密集为实，疏林草地为虚；山崖为实，流水为虚；喷泉中水柱为实，喷雾为虚；园中山峦为实，林木为虚；青天观景为实，烟雾中观景为虚，即朦胧美、烟景美，所以虚实乃相对而言。如北京北海有"烟云尽态"景点，承德避暑山庄有"烟雨楼"，都设在水雾烟云之中，是朦胧美的创造。

（四）夹景与框景

在人的观景视线前，设障碍左右夹峙为夹景，四方围框为框景。常利用山石峡谷、林木树干、门窗洞口等限定视景点和赏景范围，从而达到深远层次的美感，也是在大环境中摘取局部景点加以观赏的手法。

（五）前景与背景

任何园林景观空间都是由多种景观要素组成的，为了突出表现某种景物，常把主景适当集中，并在其背后或周围利用建筑墙面、山石、林丛或者草地、水面、天空等作为背景，用色彩、体量、质地、虚实等因素衬托主景、突出景观效果。在流动的连续空间中表现不同的主景，配以不同的背景，则可以产生明确的景观转换效果。如园林景观规划与设计白色雕塑易用深绿色林木背景，水面、草地衬景；而古铜色雕塑则采用天空与白色建筑墙面作为背景；一片春梅或碧桃用松柏林或竹林作为背景；一片红叶林用灰色近山和蓝紫色远山作为背景，都是利用背景突出表现前景的手法。在实践中，前景也可能是不同距离多层次的，但都不能喧宾夺主，这些处于次要地位的前景常称为添景。

（六）俯景与仰景

园林景观利用改变地形建筑高低的方法，改变游人视点的位置，必然出现各种仰视或俯视视觉效果。如创造峡谷迫使游人仰视山崖而得到高耸感，创造制高点给人的俯视机会则产生凌空感，从而达到小中见大和大中见小的视觉效果。

（七）内景与借景

园林景观空间或建筑以内部观赏为主的称内景，作为外部观赏为主的为外景。如亭桥跨水，既是游人驻足休息处，又是外部观赏点，起到内、外景观的双重作用。

园林景观具有一定范围，造景必有一定限度。造园家充分意识到景观之不足，于是创造条件，有意识地把游人的目光引向外界去猎取景观信息，借外景来丰富赏景内容。如北京颐和园西借玉、泉山，山光塔影尽收眼底；无锡寄畅园远借龙光塔，塔身倒影收入园地故借景法可取得事半功倍的景观效果。

（八）季相造景

利用四季变化创造四时景观，在园林景观设计中被广泛应用。用花表现季相变化的有春桃、夏荷、秋菊、冬梅；树有春柳、夏槐、秋枫、冬柏；山石有春用石笋、夏用湖石、秋用黄石、冬用宣石（英石）。如扬州个园的四季假山；西湖造景春有柳浪闻莺、夏有曲院风荷、秋有平湖秋月、冬有断桥残雪；南京四季郊游，春游梅花山、夏游清凉山、秋游栖霞山、冬游覆舟山。用大环境造景名的有杏花邨、消夏湾、红叶岑、松柏坡等。其他造景手法还有烟景、分景、隔景、引景与导景等。

四、园林景观空间艺术布局

园林景观空间艺术布局是在景园艺术理论指导下对所有空间进行巧妙、合理、协调、系统安排的艺术，目的在于构成一个既完整、又变化的美好境界，常从静态、动态两方面进行空间艺术布局（构图）。

（一）静态空间艺术构图

静态空间艺术是指相对固定空间范围内的审美感受，按照活动内容，分为生活居住空间、游览观光空间、安静休息空间、体育活动空间等；按照地域特征，分为山岳空间、台地空间、谷地空间、平地空间等；按照开朗程度，分为开朗空间、半开朗空间和闭锁空间等；按照构成要素，分为绿色空间、建筑空间、山石空间、水域空间等；按照空间的大小，分为超人空间、自然空间和亲密空间；依其形式，分为规则空间、半规则空间和自然空间；根据空间的多少，又分为单一空间和复合空间等。在一个相对独立的环境中，有意识地进行构图处理就会产生丰富多彩的艺术效果。

1. 风景界面与空间感。局部空间与大环境的交接面就是风景界面。

风景界面是由天地及四周景物构成的。以平地（或水面）和天空构成的空间，有旷达感，所谓心旷神怡；以峭壁或高树夹持，其高宽比大约6：1～8：1的空间有峡谷或夹景感；由六面山石围合的空间，则有洞府感；以树丛和草坪构成的大于或等于1：3空间，有明亮亲切感；以大片高乔木和矮地被组成的空间，给人以荫浓景深的感觉。一个山环水绕，泉瀑直下的围合空间则给人清凉世界之感；一组山环树抱、庙宇林立的复合空间，给人以人间仙境的神秘；一处四面环山、中部低凹的山林空间，给人以深奥幽静感；以烟云水域为主体的洲岛空间，给人以仙山琼阁的联想。还有，中国古典景园的咫尺山林，给人以小中见大的空间感。大环境中的园中园，给人以大中见小（巧）的感受。

由此可见，巧妙地利用不同的风景界面组成关系，进行园林景观空间造景，将给人们带来静态空间的多种艺术魅力。

2. 静态空间的视觉规律。利用人的视觉规律，可以创造出预想的艺术效果。

（1）最宜视距。正常人的清晰视距为25～30m，明确看到景物细部的视野为30～50m，能识别景物类型的视距为150～270m，能辨认景物轮廓的视距为500m，能明确发现物体的视距为1200～2000m，但这已经没有最佳的观赏效果。至于远观山峦、俯瞰大地、仰望太空等，则是畅观与联想的综合感受了。

（2）最佳视域。人的正常静观视场，垂直视角为130°，水平视角为160°。但按照人的视网膜鉴别率，最佳垂直视角小于30°、水平视角小于45°，即人们静观景物的最佳视距为景物高度的2倍或宽度的1.2倍，以此定位设景则景观效果最佳。但是即使在静态空间内，也要允许游人在不同部位赏景。建筑师认为，对景物观赏的最佳视点有三个位置，即垂直视角为18°（景物高的3倍距离）、27°（景物高的2倍距离）、45°（景物高的1倍距离）。如果是纪念雕塑，则可以在上述三个视点距离位置为游人创造较开阔平坦的休息欣赏场地。

（3）远视景。除了正常的静物对视外，还要为游人创造更丰富的视景条件，以满足游赏需要借鉴画论三远法，即仰视高远、俯视深远、中视平远，可以取得一定的效果。

仰视高远。一般认为视景仰角分别大于45°、60°、90°时，由于视线的不同消失程度可以产生高大感、宏伟感、崇高感和威严感。若小于90°，则产生下压的危机感。中国皇家宫苑和宗教园中常用此法突出皇权神威，或在山水园中创造群峰万壑、小中见大的意境。如北京颐和园中的中心建筑群，在山下德辉殿后看佛香阁仰角为62°，产生宏伟感，同时，也产生自我渺小感。

俯视深远。居高临下，俯瞰大地，为人们的一大乐趣景园中也常利用地形或人工造景，创造制高点以供人俯视。绘画中称之为鸟瞰俯视也有远视、中视和近视的不同效果。一般俯视角小于45°、30°、10°时，则分别产生深远、深渊、凌空感。当小于0°时，则产生欲坠危机感。登泰山而一览众山小，居天都而有升仙神游之感，也产生人定胜天感。

中视平远。以视平线为中心的30°夹角视场，可向远方平视。利用创造平视观景的机会，将给人以广阔宁静的感受，坦荡开朗的胸怀。因此，园林中常要创造宽阔的水面、平缓的草坪、开敞的视野和远望的条件，这就把天边的水色云光、远方的山廓塔影借来身边，一饱眼福。

远视景都能产生良好的借景效果，根据"佳则收之，俗则屏之"的原则，对远景的观赏应有选择，但这往往没有近景那么严格，因为远景给人的是抽象概括的朦胧美，而近景才给人以形象细微的质地美。

（二）动态序列的艺术布局及创作手法

园林景观对于游人来说是一个流动空间，一方面表现为自然风景的时空转换；另一方面表现在游人步移景异的过程中。不同的空间类型组成有机整体，并对游人构成丰富的连续景观，就是园林景观的动态序列。

景观序列的形成要运用各种艺术手法，如风景景观序列的主调、基调、配调和转调。风景序列是由多种风景要素有机组合，逐步展现出来的，在统一基础上求变化，又在变化之中见统一，这是创造风景序列的重要手法。以植物景观要素为例，作为整体背景或底色的树林可谓基调，作为某序列前景和主景的树种为主调，配合主景的植物为配调，处于空间序列转折区段的过渡树种为转调；过渡到新的空间序列区段时，又可能出现新的基调、主调和配调，如此逐渐展开就形成了风景序列的调子变化，从而产生不断变化的观赏效果。

1. 风景序列的起结开合。作为风景序列的构成，可以是地形起伏，水系。例如某公园入口区绿化基调、主调、环绕，也可以是植物群落或建筑空间，配调、转调示意无论是单一的还是复合的，总应有头、有尾，有放、有收，这也是创造风景序列常用的手法。以水体为例，水之来源为起，水之去脉为结，水面扩大或分支为开，水之溪流又为合。这和写文章相似，用来龙去脉表现水体空间之活跃，以收、放变换而创造水之情趣。如北京颐和园的后湖，承德避暑山庄的分合水系，杭州西湖的聚散水面。

2. 风景序列的断续起伏。这是利用地形地势变化而创造风景序列的手法之一，多用于风景区或郊野公园。一般风景区山水起伏，游程较远，我们将多种景区、景点拉开距离，分区段设置，在游步道的引导下，景序断续发展游程起伏高下，从而取得引人入胜、渐入佳境的效果。如，泰山风景区从山门开始，路经斗母宫、柏洞、回马岭来到中天门就是第一阶段的断续起伏序列；从中天门经快活三里、步云桥、对松亭、异仙坊、十八盘到南天门是第二阶段的断续起伏序列；又经过天街、碧霞祠，直达玉皇顶，再去后石坞等，这是第三阶段的断续起伏序列。

3. 园林景观植物景观序列的季相与色彩布局。园林景观植物是景观的主体，然而植物又有其独特的生态规律。在不同的土地条件下，利用植物个体与群落在不同季节的外形与色彩变化，再配以山石水景、建筑道路等，必将出现绚丽多姿的景观效果和展示序列。如扬州个园内春植翠竹配以石笋，夏种广玉兰配太湖石，秋种枫树、梧桐配以黄石，冬植腊梅、南天竹配以白色英石，并把四景分别布置在游览线的四个角落，在咫尺庭院中创造了四时季相景序。一般园林中，常以桃红柳绿表春，浓荫内花主夏，红叶金果属秋，松竹梅花为冬。

4. 园林景观建筑群组的动态序列布局。园林景观建筑在景园中只占有1%～2%的面积，但往往它是某景区的构图中心，起到画龙点睛的作用。由于使用功能和建筑艺术的需要，对建筑群体组合的本身，以及对整个园林景观中的建筑布置，均应有动态序列的安排。

对一个建筑群组而言，应该有入口、门庭、过道、次要建筑、主体建筑的序列安排。对整个园林景观而言，从大门入口区到次要景区，最后到主景区，都有必要将不同功能的景区，有计划地排列在景区序列轴线上，形成一个既有统一展示层次，又有多样变化的组合形式，以达到应用与造景之间的完美统一。

第二节　传统山石组景子法

一、山石组景渊源及分类

据史载，唐懿宗时期（公元860—874年），曾造庭园，取石造山，并取终南山草木植之，1958年于西安市西郊土门地区出土的唐三彩庭园假山水陶土模型，说明了唐长安城内庭园假山水已很流行，但由于历代战争及年久失修，这种庭阁假山水景物已荡然无存，但市区旧园中却留下来大量的南山庭石。

唐长安时期选南山石布石之法，多做横纹以示瀑布溪流，平卧水中以呈多年水冲浪涮古石之景，两者均呈流势动态景观，加之石形浑圆，皴纹清秀，布局疏密谐调，景致清新高雅，达到互相媲美，壁山石选蓝田青石为之。依其石形、石性及皴纹走势，借鉴中国山水画及山石结构原理，将石分类为以下几类。

1. 峰石。轮廓浑圆，山石嶙峋变化丰富。

2. 峭壁石。又称悬壁石，有穷崖绝壑之势，且有水流之皴纹理路。

3. 石盘。平卧似板，有承接滴水之峰洞。

4. 蹲石。浑圆柱，即蹲石，可立于水中。

5. 流水石。石形如舟，有强烈的流水皱纹，卧于水中，可示水流动向，再辅以散点及步石等。

选用上述各类山石，以山水画理论及笔意，概括组合成山，依不对称均衡的构图原理，主山呈峰峦参差错落，主峰嶙峋峻峭，中有悬崖峭壁，瀑布溪流，下有承落水之石盘，滴水叮咚，山水相互成景；次峰及散点山石，构成壁山，群体主次分明，轮廓参差错落，富有节奏变化，加之石面质感光润、皱纹的多变，壁山壮丽、风格古朴，再于洞中植萝兰垂吊，景观格外宜人。

二、山石组景基本手法

山水园是中国传统园林景观和东方体系园林景观主要特征之一。自然式园林景观常常离不开自然山石与自然水面，即所说的"石令人古，水令人远"。

（一）布石

布石组景又称点石成景，日本称石组。根据地方山石的石性、皱纹并按形体分类，用一定数量的各种不同形体的山石与植物配合，布置成构图完美的各种组景。

1. 岸石。岸石参差错落，要注意平面交错，保持钝角原则；注意立面参差，保持平、卧、立，有不同标高的变化；注意主题和节奏感。

2. 阜冈、坡脚布石。运用多变的不对称的均衡手法布石，以得到自然效果。"石必一丛数块，大石间小石，须相互联络，大小顾盼，石下宜平，或在水中，或从土出，要有着落。"中国画画石强调布石与两石、组石的关系，池畔大石间小石的组合，"石分三面，分则全在皱擦勾勒。画石在于不圆、不扁、不长、不方之间。倘一成形，即失画石之意。"说明要自然石形，而不要图案石形。

3. 石性与皱法有关，又与布石有关。"画石则大小磊叠，山则络脉分支，然后皱之"。中国山水画技法构图与庭园布石构图有密切联系，如唐长安时期的庭园布石多用终南山石、北山石。石性呈横纹理、浑圆形，姿质秀丽，宜作立石、卧石；宜土载石，宜石树组景，而不宜磊叠，不宜堆砌高山。唐长安时期有作盆景假山，是采取了横纹立砌手法，得到成功。

（二）假山

中国园林景观自古就流传有造山之法，清代李渔在书中写道："至于垒石为山之法，大小皆无成局。然而欲垒巨石者将如何而可，曰不难，用以土代石之法，既减人工又省物力，具有天然委曲之妙。混假山于真山之中，使人不能辨者，其法莫妙于此。垒高广之山全用碎石，则如百衲僧衣求无缝处而不可得，此其所以不耐观也。以土间之则可泯焉无迹，且便于种树。树根盘固与土石比坚，且树大叶繁混然一色，不辨其为谁石谁土。此法不论土多石少，亦不必定求土石间半。土多则土山带石，石多则石山带土。土石二物不相离。石山离土则草木不生是童山耳。小山亦可无土。但以石作主而土附之。土不胜石者，以石壁立而土易崩。必仗石为藩离故也。外石内土此从来不易之法……石纹石色取其相同，如粗纹与粗纹当拼在一起，细纹与细纹宜在一方。紫碧青红各以类聚是也。至于石性则不可不依，拂其性而用之，非止不耐观且难持久。石性维何，斜正纵横之理路是也。"假山的结构发展至今日，仍以这四大类为主。

1. 土山。

2. 土多石少的山。沿山脚包砌石块，再于曲折的磴道两侧，垒石如堤以固土，或土石相间略成台状。

3. 石多土少的山。三种构造方法，即山的四周与内部洞窟用石；山顶与山背的土层转厚；四周与山顶全部用石，成为整个的石包土。

4. 石山。全部用石垒起，其体形较小。

以上各种构造方法，均要因地制宜，注意经济，注意安全（如干土的侧压力为1时，遇水浸透后湿土的侧压力则为3～4，所以泥土易崩塌），一般仍以土石相间法为好。

第三节　传统园林景观植物组景手法

一、植物组景基本原则

（一）植物种植的生态要求

植物姿态长势自然优美，需有良好的水土，充足的日照、通风条件以及宽敞的生长空间。

（二）植物配置的艺术要求

在严格遵守植物生态要求条件下，运用构图艺术原理，可以配置出多种组景。中国园林景观喜欢自然式布局，在构图上提倡"多变的，不对称的均衡"的手法。中国也用对称式布局，四合院或院落组群的对称布局的庭院，植物配置多趋于对称。但中国景园建筑传统，在庄严规整庭院条件下也避免绝对对称（如故宫轴线上太和殿院内的小品建筑布置，东侧为日晷，西侧则为嘉量）。植物配置注意比例尺度，要以树木成年后的尺度、形态为标准。在历史名园中的植物品种，配置也是构成各个景园特色的主要因素之一。如凤翔东湖是柳、杨，张良庙北花园是古柏、凌霄，轩辕陵园是侧柏，颐和园的油松，拙政园的执杨，网师园的古柏，沧浪亭的若竹，小雁塔园的国槐等等，都自成特色，具有地方风格。

二、植物配置的方式

我国古代造园著作中有不少论述，其中清代杭州陈昊子所著《园林雅课》中，关于花木的"种植的位置法"一篇，有以下几种方式："如园中地广多植果木松篁，地隘只宜花草菜苗。设若左有茂林，右必留旷野以疏之。前有方塘，须筑台榭以实之。外有曲径，内当垒奇石以遮之。花之喜阳者，引东旭而纳西晖。花之喜阴者，植北隅而领南熏。其中色相配合之巧，又不可不论也。"陈昊子的"种植位置法"从生态谈到布局，从运用对比谈到色彩配合，是他在造园实际中的科学总结。中国山水两中对植物形态的表现也充分体现了传统园林景观植物组景的手法。现代植物配置总结为，香色姿，大小高低，常绿落叶，明暗疏密，花木与树群，花木与房屋，花木与山池等的多种因素的组合。常用的配置方式有以下几种。

1.孤植（独立树）。具有色、香、姿特点，作对景、主题景物、视线上的对景，如屋、桥、路旁、水池等转点处。

2.同一树种的群植。有自然丛生风格，如柿子林、黄栌林等。

3.多种树种的群植。错落有致，大小搭配，常绿与落叶配合，高低配合，前后左右、近中远层次配置得当。

4.小空间内配置。近距离以观赏为主，色香姿较好的花木，如竹、天竹、腊梅、山茶、海棠、海桐等，或配置成树石组景，空间尺度要合适。

5.大空间内配置。可用乔木划分空间，注意最佳视距和视域，D=3～3.5H，并与房屋配合成组景。

6.窗景配置。绿意满窗，沟通内外扩大空间，配置成各种主题景物，如小枝横生、一叶芭蕉、几竿修竹。

7.房屋周围的花木配置。根据房屋的使用功能要求，兼顾植物本身的生态要求来决定花木配置的方式。处理好树与房屋基础、管沟之间的界限；处理好日照、采光、通风的关系。栽植乔木时，夏日能遮阴，冬天不影响室内日照。主要的房间窗口和露台前要有观景的良好的视距及扩散角度。在处理房屋立面与植物配景关系时，要注意房屋和庭园是个统一体，花木配置不能只看成是个配景。

8.山池的花木配置。假山与花木配置，要尺度合适。低山与乔木在比例上不是山，而是阜阪、岗丘。假山上只适合栽植体量小的花木或垂萝，以显示山的尺度。不少历史名园中，由于对花木的成年体量估计不足，到后来大都失去良好比例。岸边的花木与池形、池的水面大小有关；岸边花木多与池滨环路结合，属游人欣赏的近景。它的布局与效果最引人注意，需要做到株距参差，岸形曲折变化。以石砌岸时，花木亦随之错落相间而有致。池中倒影是构成优美生动画面的一景，所以在山崖、桥侧、亭榭等临水建筑的附近，不宜植过多的荷花，以免妨碍水面清澈晶莹的特征。如北京颐和园的谐趣园，由于荷花过多，加之高出水面而失去谐趣的景致。睡莲的花叶娟秀，超出水面不高，适于较小的水景，如北京故宫内御花园小池浮莲的效果。

第四节　传统建统、小品、水面组景

一、水面组景

因自然水面成景是上乘之法，它可以借得自然气势的水景。如中国太湖之滨的无锡蠡园、渔庄等，具有开朗明静的湖泊风光。但多数园林水面是经过人工设计的。中国古代山水园多用凿池筑山的手法，一举两得，既有了水又有了山。中国山水园的哲学观点更加重视石令人古、水令人远的景观心理效应。园中无水不活，水有动态、静态，得景随宜。所以，园中水面和池形设计有举足轻重的地位，特别在自然式风格园林景观中的水面与池形讲究很多。

（一）水面及池型设计

唐以前的水面，多属简单方形、圆形、长方形、椭圆形。太液池发展为稍似复合型水面空间（类似今日北海公园的琼岛居中）划分水面的形式。到北宋凤翔东湖时期的水面，逐渐向复合型发展，水面中间设岛并有长堤相连，空间日益变化曲折。到南宋时期的苏州园林，水面空间划分手法更加丰富，类型也随之增多。水面与池型应依据园的性质、规模和景观意境的要求，加以推敲。水面常与山石、树木，建筑等共同组合成景，一般应注意以下几点。

1.庭园空间较小的水面，应以聚为主，池型可为方池、矩形池、椭圆池等。

2.庭园空间稍大或园中的一角，设计水池时，应以聚为主而以分为辅。

3.园林景观中以水为主题的景观，可以湖面手法，聚积水面辽阔，使人心旷神怡。

4.园林景观中以山水建筑、花木综合景观为主题时，可以像苏州拙政园的手法，即水面有聚有分；空间有大有小、有近有远、有直有曲；景物随空间序列，依次展开，组成极为丰富的以水面为主题或衬托的景物。如拙政园西部水面漾涵缭绕，构成空间幽静，景深延续、景色引人入胜的效果。

5.中国自然山水园，多数水面设计为不规则的形状，与西方几何式池型相区别。水面及岸边与建筑相联系的部分，也多运用整形、几何手法。如陕西张良庙北花园的池泉形、周公庙池泉的八角池，以及圆明园、颐和园、苏州留园等的池岸处理，也多采取整形与自然不规则形式相结合的手法。

（二）池岸岸型设计

宜循钝角原则，去凸出凹入，岸际线宜曲折有致，切忌锐角。岸边形式和结构，宜交替变化，岩石叠砌、沙洲浅渚、石肌泊岸。或将水面分成不同标高，构成梯台叠水，增加动与静景观。池岸与水面标高相近，水与阶平。忌将堤岸砌成工程挡土墙，人工手法过重，失去景物的自然特征。

二、建筑与小品组景

中国园林景观中院落组合的传统，在功能、艺术上是高度结合的。以院为单元可创造出多空间并具有封闭幽静的环境，结合院落空间可以布置成序列的景物。

（一）庭院

布置花坛、树木、山石、盆景、草坪、铺面、小池等，可构成独立的空间。

（二）小院

多布置在房屋与曲廊的侧方，形成一个套院。它能使连续过多的房屋得到通风采光的余地，给回廊曲槛创造曲折的空间。院内可种植丁香、天竹、腊梅等，加上光影效果，小院别有景致。

（三）廊院

四周以廊围起的空间组合方式，其结构布局，属内外空透，相互穿插增加景物的深度和层次的变化。这种空间可以水面为主题，也可以花木假山为主题景物，进行组景。成功的实例很多，如苏州沧浪亭的复廊院空间效果；北京静心斋廊院、谐趣园；西安的九龙汤等。

（四）民居庭院

分城市型与乡村型；分大院与很小的院。随各地气候不同、生活习惯不同，庭院空间布局也多种多样。

随民居类型又分为有前庭、中庭及侧庭（又称跨院）、后庭等。民居庭院组景多与居住功能、建筑节能相结合，如"春华夏荫覆"（唐长安韩愈宅中庭）。北京四合院不主张植高树，因北方喜阳，不需太多遮阳，所见庭内多植海棠、木瓜、枣树、石榴、丁香之类的灌木，也有做花池，花台与铺面结合组景的。在北方庭院内水池少用，因冰冻季节长且易损坏。稍大的庭院如北京桂春园、鉴园、半亩园属宅旁园，园内多有廊庭连续，曲折变化，园路曲径通幽，也有池榭假山等。近现代庭园宜继承古代的优良传统，如节能、节地（指咫尺园林景观处理手法）优秀的组景技艺等，扬弃不必要的亭阁建筑、假山，而代之以简洁明朗的铺面、草坪，花、色、香、姿的灌木，间少数布石、水池的布置方式，可得到现实效果。

（五）亭

亭是游人止步、休息，眺望为目的的小筑之一，成为中国景园中的主要点景物。可设在山巅、林荫、花丛、水际、岛上，以及游园道路的两侧。亭本身作为点景物建筑，所以类型愈来愈多，有半亭（古代采用多，与廊构成一体）、独立亭。亭的平面、立面形式更加多样，如正方亭、五角、六角、八角、圆形、扇形。单檐方亭通常为4柱或12柱，六角亭为6柱，八角亭为8柱，重檐方亭可多至12柱，六角及八角亭的柱数则按单檐柱数加倍，其外观有四阿、歇山及攒尖等盖顶形式。双亭（又称鸳鸯亭）的形式也很多，北宋凤翔东湖中的双亭是最简朴形式，它用六柱构出双亭，在国内稀有。其他如清代北京桂春园中的双方形交接的双亭也是最精美的一例。

（六）榭与舫

系傍水建筑物，又称水榭。其结构形式是凌空作架或傍水筑台，形态随环境而定。舫是仿舟楫之形，筑于水中的建筑物，形似旱船。它前后分三段，前舱较高，中舱略低，尾舱建两层楼以远眺。

（七）楼阁轩斋

楼多为两层，面阔3～5间，进深多至6架，屋顶作硬山或歇山式，体形宜精巧。阁与楼相似，重檐四面开窗，其造型较楼为轻快。小室称轩，书房称斋。

（八）廊

在园林景观中有遮阳避雨的功能。它是园内的导游路线，又是各建筑物之间的连接体，同时也起划分景区空间的作用。其体形宜曲宜长，可随形而弯，依势而曲，或盘山腰，或穷水际。它的类型很多，有直廊、曲廊、波形廊、阶梯廊（北京静心斋与华山玉泉院有此类型）、复廊（沧浪亭）。按廊的位置分，有沿墙走廊、爬山走廊、水廊、空廊、回廊等。沿墙走廊时离时合，在墙廊小空间内栽花布石，丰富景观。

（九）桥

直桥（平桥）结构用整块石板或木板架设，低近水面给游人以凌波而渡的感觉。曲桥的结构有三曲、九曲等形式，是一种有意识地给游人造成迂回盘绕的路线，以增加欣赏水面的时间。桥上栏杆有以低矮石板构成，风格质朴。还有在浅水面上"点其步石"，形成自然野趣（也称汀步）。

（十）墙垣

主要用于分隔空间，对局部的景物起着衬托和遮蔽的作用。墙垣分平墙、梯形墙（沿山坡向上）、波形墙（云墙）；从构造材料上划分为白粉墙、磨砖墙、版筑墙、乱石墙、篱墙，近代用版及铁栏杆墙等。中国园林中喜欢做月洞门，各种折、曲线装修门，都是利用墙所做的框景，墙面上空透花格也是通视内外空间，有增加景深的作用，也是一种借景手法。在小园内又有良好的通风采光效果。

（十一）铺地

园路、庭院铺面是中国园林景观的一大特点，广传于西方。远在唐代就有花砖铺地，《园冶》中云："大凡砌地铺街，小至花园住宅。惟厅厦中一概磨砖，如路径盘蹊，长砌多般乱石，中庭或宜叠胜（指斜方连叠的花纹），近砌亦可回纹。八角嵌方，选鹅子铺成蜀锦；层楼出步（阳台、平台）……"苏州园林和北京故宫御花园，中南海园中多有以上做法。西安地区可采泾河卵石铺地。

（十二）内外装修与组景

装修又称装饰，即柱与柱间，按通风采光功能，做可启闭的木造间隔花板，分室内、外用两种。园林建筑细部构件设计，要求配合景园环境及景色，要求精巧秀丽，生动有趣，避免呆板。装修又要求轻便灵活可隔可折。近代西方建筑提倡流通空间，中国最早就有此理论。装修构件运用得宜，可增加建筑体形与细部构件的整体感。如门窗扇、挂落、格扇、窗格等构图，装饰纹样和精细雕刻，以及饰面等，可构成玲珑秀丽，雅洁多姿的外观，增加园林景观组景的变化。现代材料及工业化生产方法，亦可继承其特点，做到简洁质朴美观的装修效果。这需要有创作的思想和努力，把中国传统园林景观这一文化遗产传之后代。

（十三）器具和陈设

这是园林景观中的综合艺术表现的部分。各民族文化的特点各异，综合艺术的器具、陈设品类也有不同特点。中国园林景观中这种陈设器具，可以说是艺术精华的展览，从苏州私家园到皇家圆明园都有此特点：器具、小筑陈设在庭院室外空间的导游路线上或庭园四角处，或建筑出入口两侧，有时设在游览路线的转折点处做对景观的处理等。如石刻包括石桌、石椅、石凳、石墩、磁鼓、石座、日晷、石水盆、石灯笼、石雕等，在庭园中常与花木、水池组景；池景点缀包括石池壁、石螭吐水口、石盆水景、石水槽、石涵洞等；盆景点缀包括花盆座、花台、花池、树池、鱼缸、盆景池座等。又如花格架、藤罗架、照壁砖雕、窗格等；室内书画、壁画、匾额、对联、各种木器家具陈设等，同园林景观融为一个整体，作为综合艺术共同来展现出中国园林景观的艺术和风格。

第七章　园林景观种植设计

园林景观种植，又称植物造景、景观种植或植物配置，是指在园林景观环境中进行自然景观的营造，即按照植物生态习性、生态学原理、园林景观空间与构图艺术原理、环境保护要求，进行合理配置，创造优美、实用的园林景观空间环境，以充分发挥园林景观综合功能和作用，改善人类的居住环境质量。园林景观设计要素中植物是最重要的因素之一，是构成景观的重要视觉成分，它具有自然性、复杂性、生态性和美学价值。

第一节　园林景观植物生长发育和环境的关系

环境是指植物生存地点周围空间的一切因素的总和。从环境中分析出来的因素称为环境因子，而在环境因子中对景园植物起作用的因子称为生态因子，其中包括气候因子（光、温度、水分、空气、雷电、风、雨和霜雪等）、土壤因子（成土母质、土壤结构、土壤理化性质等），生物因子（动物、植物、微生物等）、地形因子（地形类型、坡度、坡向和海拔等）。

这些因子综合构成了生态环境，其中光照、温度、空气、水分、土壤等是植物生存不可缺少的必要条件，它们直接影响着植物的生长发育。当然，这些生态因子并不是孤立地对植物起作用，而是综合地影响着植物的生长发育。

一、光与植物的生长发育

光是绿色植物最重要的生存因子，绿色植物通过光合作用将光能转化为化学能，为地球上的生物提供了生命活动的能源。影响光合作用的主要因子是光质（光谱成分）、光照强度和光照长度。

一般而言，植物在全光范围即在白光下才能正常生长发育，但是白光中的不同波长段，即红光（760～626nm）、橙光（626～595nm）、黄光（595～575nm）、绿光（575～490nm），青蓝光（490～435nm）、紫光（435～370mn），对树木的作用是不完全相同的。蓝光紫光对树木的加长生长有抑制作用，对幼芽的形成和细胞的分化均有重要作用，它们还能促进花青素的形成，使花朵色彩鲜艳。紫外线也具有同样的功能，所以在高山上生长的树木，节间均缩短而花色鲜艳。对树木的光合作用而言，以红光的作用最大，红光有助于叶绿素的形成，促进二氧化碳的分解与碳水化合物的合成；其次是蓝紫光，蓝光则有助于有机酸和蛋白质的合成，而绿光及黄光则大多被叶子所反射或透过，而很少被利用。

（一）植物对光照强度的要求及适应性

在园林景观建设中了解树木的耐阴性是很重要的，如阳性树种的寿命一般比耐阴树种的短，但阳性树种的生长速度较快，所以在进行树木配植时必须搭配得当。又如树木在幼苗阶段的耐阴性高于成年阶段，即耐阴性常随年龄的增长而降低，在同样的庇荫条件下，幼苗可以生存，但成年树即感到光照不足。了解了这一点，则可以进行科学的管理，适时地提高光照强度。此外，对于同一树种而言，生长在其分布区南界的植株就比生长在其分布区中心的植株耐阴；而生长在分布区北界的植株则较喜光。同样的树种，海拔愈高，树木的喜光性愈强。土壤的肥力也可影响树木的需光量，如榛子在肥土中相对最低需光量为全光照的 1/50～1/60，而在瘠土中约为全光照的 1/18～1/20。掌握这些知识，对引种驯化、苗木培育、树木的配植和养护管理等方面均会有所帮助。

（二）光照长度与植物的生长发育

日照的长短除对植物的开花有影响外，对植物的营养生长和休眠也起重要的作用。一般而言，延长光照时数会促进植物的生长或缩短生长期，缩短光照时数则会促进植物进入休眠或延长生长期。苏联曾对欧洲落叶松进行不间断的光照处理，结果使所受光照处理的植株的生长速度加快了近15倍；我国对杜仲苗施行不间断的光照处理，使其生长速度增加了1倍。对从南方引种的植物，为了使其及时准备过冬，则可用短日照的办法使其提早休眠以增强抗逆性。许多园林景观树木对光照长度并不敏感，影响最大的是光照强度。

二、温度与植物的生长发育

温度和光一样，是树木生存和进行各种生理生化活动的必要条件。树木的整个生长发育过程以及树种的地理分布等，都在很大程度上受温度的影响。只有在一定的温度条件下，树木才能进行正常生长，过高、过低的温度对树木都是有害的。树木的生活是在一定的温度范围内进行的，各种温度数值对树木的作用是不同的，我们通常所讲的温度三基点，是指某一个生理过程所需要的最低温度、最适温度和不能超过的最高温度。

温度对树木的影响，首先是通过对树木各种生理活动的影响表现出来的。树木的种子只有在一定的温度条件下才能吸水膨胀，促进酶的活化，加速种子内部的生理生化活动，从而发芽生长。一般树木种子在0～5℃开始萌动，以后发芽速率与温度升高呈正相关，最适温度为25～30℃之间，最高温度是35～45℃，温度再高就对种子发芽产生不利的影响。对于温带和寒温带的许多树种的种子，则需经过一段时间的低温，才能顺利地发芽。

树木的生长是在一定的温度范围内进行的，不同地带生长的树木，对温度在量上的要求是不同的。在其他条件适宜的情况下，生长在高山和极地的树木最适合生长温度约在10℃以内，而大多数温带树种在5℃以上开始生长；最适生长温度为25～30℃，而最高生长温度为35～40℃。亚热带树种，通常最适生长温度为30～35℃，最高生长温度为45℃。一般在0～35℃的温度范围内，温度升高，生长加快，生长季延长，温度下降，生长减慢，生长季缩短。其原因是，在一定温度范围内，温度上升，细胞膜透性增强，树木生长时必需的二氧化碳、盐类的吸收增加，同时光合作用增强，蒸腾作用加快，酶的活动加速，促进了细胞的延长和分裂，从而加快了树木的生长速度。

三、水分与植物的生长发育

水是生物生存的重要因子，它是组成生物体的重要成分，树体内含水约有50%。只有在水的参与下，树木体内的生理活动才能正常进行，而水分不足，会加速树木的衰老。水主要来源于大气降水和地下水，在个别情况下，植物还可以利用数量极微的凝结水。水是通过不同质态、数量、持续时间这三个方面的变化对树木起作用的。水可呈多种质态，如固态水（雪、雹）、液态水（降水、灌水）和气态水（大气湿度、雾），不同质态水对树木的作用不同；数量，是指降水的多少；水的持续时间，是指干旱、降水、水淹等持续的日数。水的这三个方面对树木的生命活动影响重大，直接或间接影响树木的生长、开花和结果。

在自然界不同的水分条件下，适应着不同的树种。如干旱的山坡上常见松树生长良好；通常在水分充足的山谷、河旁，赤杨、枫杨生长旺盛。这说明树木对水分有不同的要求，它们对土壤湿度有不同的适应性。树木对水分的要求与需要有一定的联系，但却是两个不同的概念树种对水分的需要和要求有时是一致的，有时也可能不一致。如赤杨喜生于水分充足的地方，是对水分需求量高、对土壤水分条件要求比较严格的树种；松树对水分的需要量也较高，但却可生长在少水的地方，对土壤湿度要求并不严格；云杉的耗水量较低，对土壤水分的要求却严格；按树种对水分的要求可分为耐旱树种、湿生树种和中生树种。

湿生树种是指在土壤含水量多、甚至在土壤表面有积水的条件下也能正常生长的树种，它们要求经常有充足的水分，不能忍受干旱，如池杉、枫杨、赤杨等。这些树种，因环境中经常有充足的水分，没有任何避免蒸腾过度的保护性形态结构，相反却具有对水分过多的适应特征。如根系不发达，分生侧根少，根毛也少，根细胞渗透压低，为810.6～1215.9kPa，叶大而薄，栅栏组织不发达，角质层薄或缺，气孔多面常开放，因此，它们的枝叶摘下后很易萎缩。此外，为适应缺氧的生境，有些湿生树种的茎组织疏松，有利于气体交换。多数树种属中生树种，不能长期忍受过干和过湿的生境，根细胞的渗透压为506.6～2533.1kPa。

四、土壤与植物的生长发育

土壤是树木栽培的基础，树木的生长发育要从土壤中吸收水分和营养元素，以保证其正常的生理活动。土壤对树木生长发育的影响是由土壤的多种因素（如母岩、土层厚度、土壤质地，土壤结构、土壤营养元素含量、土壤酸碱度以及土壤微生物等）的综合作用所决定。因此，在分析土壤对树木生长的作用时，首先应该找出影响最大的主导因子，并研究树木对这些因子的适应特性。

土壤孔隙中含有空气的多种成分，如氧、氮、二氧化碳等。氧气是土壤空气中最重要的成分，我们常说的土壤通气性好坏主要是指含氧的状况。所有的树根和土壤微生物都要进行呼吸，不断地耗氧并排出二氧化碳等，若土壤通气不良，会减缓土壤与大气间的交换，使氧气含量下降，而二氧化碳含量增加，这样不利于氧与二氧化碳间的平衡，影响根系生长或停长，从而导致树木生长不良。

土壤化学性状主要指土壤的酸碱度及土壤有机质和矿质元素等，它们与树木的营养状况有密切关系。土壤酸碱度一般指土壤溶液中的 H^+ 浓度，用 pH 值表示，土壤 pH 值多在 4～9 之间。由于土壤酸碱度与土壤理化性质和微生物活动有关，因此土壤有机质和矿质元素的分解和利用，也与土壤酸碱度密切相关。所以土壤酸碱度对树木生长的影响往往是间接的。土壤反应有酸性、中性、碱性三种。过强的酸性或碱性对树木的生长都不利，甚至因无法适应而死亡。各种树木对土壤酸碱度的适应力有较大的差异，大多数要求中性或弱酸性土壤，仅有少数适应强酸性（pH 值为 4.5～5.5）或碱性（pH 值为 7.5～8.0）土壤。

此外，在一些地区由于盐碱化而影响树木的生存。盐碱土包括盐土和碱土两大类。盐土是指含有大量可溶性盐的土壤，多由海水浸渍而成，为滨海地带常见，其中以氧化钠和硅酸钠为主，不呈碱性反应；碱土是以含碳酸钠和碳酸氢钠为主，pH 值呈强碱性反应的土壤，多见于雨水少、干旱的内陆。

对园林树木而言，落叶树在土壤中含盐量达 0.3% 时会引起伤害，常绿针叶树则在含盐量为 0.18%～2% 时，即会引起伤害。因此，在盐碱地进行园林绿化时，既要注意土壤的改造，更要选择一些抗盐碱性强的园林树木，如柽柳、紫穗槐、海桐、无花果、刺槐、白蜡等。

五、其他环境因子与植物的生长发育

（一）地势与植物的生长发育

地势本身不是影响树木分布及生长发育的直接因子，而是由于不同的地势，如海拔高度、坡度大小和坡向等对气候环境条件的影响，而间接地作用于树木的生长发育过程。

海拔高度对气候有很大的影响，海拔由低至高则温度渐低、相对湿度渐高、光照渐强、紫外线含量增加，这些现象以山地地区更为明显，因而会影响树木的生长与分布。山地的土壤随海拔的增高，温度渐低、湿度增加、有机质分解渐缓、淋溶和灰化作用加强，因此 pH 值渐低。由于各方面因子的变化，对于树木个体而言，生长在高山上的树木与生长在低海拔的同种个体相比较，则有植株高度变矮、节间变短等变化。树木的物候期随海拔升高而推迟，生长期结束早，秋叶色艳而丰富、落叶相对提早，而果熟较晚。

不同方位山坡的气候因子有很大差异，如南坡光照强，土温、气温高，土壤较干；而北坡正好相反。在北方，由于降水量少，所以土壤的水分状况对树木生长影响极大，在北坡，由于水分状况相对南坡好，而可生长乔木，植被繁茂，甚至一些阳性树种亦生于阴坡或半阴坡；在南坡由于水分状况差，所以仅能生长一些耐旱的灌木和草本植物。但是在雨量充沛的南方则阳坡的植被就非常繁茂了。此外，不同的坡向对树木冻害、旱害等亦'有很大影响。

坡度的缓急、地势的陡峭'起伏等，不但会形成小气候的变化而且对水土的流失与积聚都有影响，还可直接或间接地影响到树木的生长和分布。坡度通常分为六级，即平坦地为5°以下、缓坡为6°～15°、中坡为16°～25°、陡坡为26°～35°、急坡为36°～45°、险坡为45°以上。在坡面上水流的速度与坡度及坡长成正比，而流速愈快、径流量愈大时，冲刷掉的土壤量也愈大。山谷的宽狭与深浅以及走向变化也能影响树木的生长状况。

（二）风与植物的生长发育

风是气候因子之一。风对树木的作用是多方面的，有对树木良好作用的一面，如微风与和风有利于风媒传粉、可以促进气体交换、增强蒸腾、改善光照和光合作用、降低地面高温、减少病原菌等；但也有不利的一面，如大风对树木起破坏作用，经常被大风吹刮的树木会变矮、弯干、偏冠，强风会吹落嫩枝、花果，折断大枝，使树木倒伏，甚至整株被拔起。

各种树木的抗风能力差别很大，一般而言，凡树冠紧密、材质坚韧、根系强大深广的树种，抗风力就强，而树冠庞大、材质柔软或硬脆、根系浅的树种，抗风力就弱。但是同一树种又因繁殖方法、立地条件和配置方式的不同而有异。用扦插繁殖的树木，其根系比用播种繁殖的浅，故易倒；在土壤松软而地下水位较高处亦易倒；直立树和稀植的树比密植者易受风害，而以密植的抗风力最强。

（三）大气污染与植物的生长发育

随着工农业现代化的发展，环境污染问题日趋严重。城市工厂生产和生活中的能源燃烧、汽车排气等是市区主要的污染源。目前，受到注意的污染大气的有毒物质已达400余种，通常危害较大的有20余种。按其毒害机制可分为六种类型。

1. 氧化性类型。如臭氧、氧气及二氧化氮等。

2. 还原性类型。如二氧化硫、硫化氢、一氧化碳、甲醛等。

3. 酸性类型。如氟化氢、氧化氢、硅酸烟雾等。

4. 碱性类型。如氨等。

5. 有机毒害型。如乙烯等。

6. 粉尘类型。镉、铅等重金属，飞沙、尘土、烟尘等。

在城市中汽车过多的地方，由汽车排出的尾气经太阳光紫外线的照射会发生光化学作用，而变成浅蓝色的烟雾，其中，90%为臭氧，其他为醛类、烷基硝酸盐、过氧乙酰基硝酸酯，有的还含有为防爆消声而加的铅，这是大城市中常见的次生污染物质。

大气污染既有持续性的，也有阵发性的；既有单一污染，也有混合污染。不同污染源对树木的危害不同。不同树木对污染的反应不同，有敏感的（常用作监测），有抗性较强的。受害表现有急性型、慢性型、时滞暴发型（经 1～2 次高浓度阵发性污染后，开始一段时间并不表现危害症状或很轻，而后在污染并不延续的情况下，以爆发形式表现出急性危害）和抗耐型四种类型。

在充分了解不同地点污染的特点和同一地点不同季节污染的变化状况的基础上，选择不同抗性的树木进行栽培，才能在一定程度上发挥树木的净化作用。

（四）生物因子与植物的生长发育

在树木生存的环境中，尚存在许多其他生物，如各种低等、高等动物，它们与树木间有着各种或大或小的、直接或间接的相互影响，这些生物因子对树木生长发育的影响也是不能忽视的。而在树木与树木间也存在着错综复杂的相互影响。

第二节 园林景观植物种植设计基本形式与类型

一、园林景观植物种植设计基本形式

园林景观种植设计的基本形式有三种，即规则式、自然式和混合式。

（一）规则式

规则式又称整形式、几何式、图案式等，是指园林景观中植物成行成列等距离排列种植，或做有规则的简单重复，或具规整形状。多使用植篱、整形树、模纹景观及整形草坪等。花卉布置以图案式为主，花坛多为几何形，或组成大规模的花坛群；草坪平整而具有直线或几何曲线型边缘等。通常运用于规则式或混合式布局的园林环境中。具有整齐、严谨、庄重和人工美的艺术特色。

（二）自然式

自然式又称风景式、不规则式，是指植物景观的布置没有明显的轴线，各种植物的分布自由变化，没有一定的规律性。树木种植无固定的株行距，形态大小不一，充分发挥树木自然生长的姿态，不求人工造型；充分考虑植物的生态习性，植物种类丰富多样，以自然界植物生态群落为蓝本，创造生动活泼、清幽典雅的自然植被景观，如自然式丛林、疏林草地、自然式花境等。自然式种植设计常用于自然式的园林景观环境中，如自然式庭园、综合性公园安静休息区、自然式小游园、居住区绿地等。

（三）混合式

混合式是规则式与自然武相结合的形式，通常指群体植物景观（群落景观）。混合式植物造景就是吸取规则式和自然式的优点，既有整洁清新、色彩明快的整体效果，又有丰富多彩、变化无穷的自然景色；既有自然美，又具人工美。

混合式植物造景根据规则式和自然式各占比例的不同，又分三种情形，即自然式为主，结合规则式；规则式为主点缀自然式；规则式与自然式并重。

二、园林景观植物种植设计类型

(一) 根据园林景观植物应用类型分类

1. 树木种植设计，是指对各种树木（包括乔木、灌木及木质藤本植物等）景观进行设计。具体按景观形态与组合方式又分为孤景树、对植树、树列、树丛、树群、树林、植篱及整形树等景观设计。

2. 草花种植设计。是指对各种草本花卉进行造景设计，着重表现草花的群体色彩美、图案装饰美，并具有烘托园林气氛、创造花卉特色景观等作用。具体设计造景类型有花坛、花境、花台、花池、花箱、花丛、花群、花地、模纹花带、花柱、花箱、花钵、花球、花伞、吊盆以及其他装饰花卉景观等。

3. 蕨类与苔藓植物设计。利用蕨类植物和苔藓进行园林造景设计，具有朴素、自然和幽深宁静的艺术境界，多用于林下或阴湿环境中，如贯众、凤尾蕨、肾蕨、波士顿蕨、翠云草、铁线蕨等。

(二) 按植物生境分类

景园种植设计按植物生境不同，分为陆地种植设计和水体种植设计两大类。

1. 陆地种植设计。园林景观陆地环境植物种植，内容极其丰富，一般园林景观中大部分的植物景观属于这一类。陆地生境地形有山地、坡地和平地三种。山地宜用乔木造林；坡地多种植灌木丛、树木地被或草坡地等；平地宜做花坛、草坪、花境、树丛、树林等各类植物造景。

2. 水体种植设计。水体种植设计是对园林景观中的湖泊、溪流、河沼、池塘以及人工水池等水体环境进行植物造景设计。水生植物虽没有陆生植物种类丰富，但也颇具特色，历来被造园家所重视。水生植物造景可以打破水面的平静和单调，增添水面情趣，丰富景园水体景观内容。水生植物根据生活习性和生长特性不同，可分为挺水植物、浮叶植物、沉水植物和漂浮植物四类。

(三) 按植物应用空间环境分类

1. 户外绿地种植设计。是园林景观种植设计的主要类型，一般面积较大，植物种类丰富，并直接受土壤、气候等自然环境的影响。设计时除考虑人工环境因素外，更加注重运用自然条件和规律，创造稳定持久的植物自然生态群落景观。

2. 室内庭园种植设计。种植设计的方法与户外绿地具有较大差异，设计时必须考虑到空间、土壤、阳光、空气等环境因子对植物景观的限制，同时也注重植物对室内环境的装饰作用。多运用于大型公共建筑等室内环境布置。

3. 屋顶种植设计。在建筑物屋顶（如平房屋顶、楼房屋顶）上铺填培养土进行植物种植的方法，屋顶种植又分非游憩性绿化种植和屋顶花园种植两种形式。

第三节　园林景观植物种植设计手法

一、树列与行道树设计

(一) 树列设计

树列，也称列植树，是指按一定间距，沿直线（或曲线）纵向排列种植的树木景观。

1. 树列设计形式。树列设计的形式有两种，即单纯树列和混合树列。单纯树列是用同一种树木进行排列种植设计，具有强烈的统一感和方向性，种群特征鲜明，景观形态简洁流畅，但也不乏单调感。混合树列是用两种以上的树木进行相间排列种植设计，具有高低层次和韵律变化，混合树列还因树种的不同，产生色彩、形态、季相等景观变化。树列设计的株距取决于树种特性、环境功能和造景要求等，一般乔木间距3～8m，灌木1～5m，灌木与灌木近距离列植时以彼此间留有空隙为准，区别于植篱。

2. 树种选择与应用。树列具有整齐、严谨、韵律、动势等景观效果。因此，在设计时宜选择树冠较整齐、个体生长发育差异小或者耐修剪的树种。树列景观适用于乔木、灌木、常绿、落叶等许多类型的树种。混合树列树种宜少不宜多；一般不超过三种，多了会显得杂乱而失去树列景观的艺术表现力。树列延伸线较短时，多选用一种树木，若选用两种树时，宜采用乔木与灌木间植，一高一低，简洁生动。树列常用于道路边、分车绿带、建筑物旁、水际、绿地边界、花坛等种植布置。行道树就是最常见的树列景观之一，水际树列多选择垂柳、树杨、水杉等树种。

(二) 行道树设计

行道树是按一定间距列植于道路两侧或分车绿带上的乔木景观，行道树设计要考虑的主要内容是道路环境、树种选择、设计形式、设计距离、安全视距等。

1. 道路环境。行道树生长的道路环境因素较为复杂，并直接或间接影响着行道树的生长发育、景观形态和景观效果。总体上可将环境因素分为两大类，即自然因素和人工因素。自然因素包括温度、光照、空气、土壤、水分等；人工因素包括建筑物、路面铺筑物、架空线、地下埋藏管线、交通设施、人流、车辆、污染物等。这些因素或多或少地影响了行道树设计时的树种选定、种植定位、定干整形等。因此在设计之前要充分了解各种环境因素及其影响作用，为行道树设计提供依据。

2. 树种选择。行道树树种设计要认真考虑各种环境因素，充分体现行道树保护和美化环境的功能，科学、正确地选择适宜树种。具体选择树种时一般要求树木具有适应性强、姿态优美、生长健壮、树冠宽大、萌芽性强、无污染性等特点。另外，选择树种时，应尽量选用无花粉过敏性或过敏性较少的树种，如香樟、女贞、刺槐、乌桕、水杉、黄杨、榔榆、冬青、银杏、梧桐等。

3. 设计形式。行道树设计形式根据道路绿地形态不同，通常分为两种，即绿带式和树池式。

（1）绿带式。是指在道路规划设计时，在道路两侧，位于车行道与人行道之间、人行道或混合道路外侧设置带状绿地，种植行道树。较为宽阔的主干道有时也在分车绿带中种植行道树，以进一步增加景园空间绿量和环境生态效益。带状绿地宽度因用地条件及附近建筑环境不同可宽可窄，但一般不小于1.5m宽，至少可以种植一列乔木行道树。

（2）树池式。是指在人行道上设计排列几何形的种植池以种植行道树的形式。树池式常用于人流或车流量较大的干道，或人行道路面较窄的道路行道树设计。树池占地面积小，可留出较多的铺装地面以满足交通及人员活动需要^树池形状以正方形较好，其次为长方形和圆形。树池规格因道路用地条件而定，一般情况下，正方形树池以1.5m×1.5m较为合适，最小不小于1m×1m；长方形树池以1.2m×2m为宜；圆形树池直径则不小于1.5m。行道树宜栽植于树池的几何中心位置。

4. 设计距离。行道树设计还必须考虑树木之间，树木与架空线、建筑、构筑物、地下管线以及其他设施之间的距离，以避免或减少彼此之间的矛盾，使树木既能充分生长，最大限度地发挥其生态与环境美化功能，同时又不影响建筑与环境设施的功能与安全。

行道树的株距大小依据所选择的树木类型和设计初种树木规格而定。一般采用5m作为定植株距，一些高大乔木也可采用6～8m的定植株距，总的原则是以成年后树冠能形成较好的郁闭效果为准。设计初种树木规格较小而又需在较短时间内形成遮阳效果时，可缩小株距，一般为2.5～3m，等树冠长大后再行间伐，最后定植株距为5～6m。小乔木或窄冠型乔木行道树一般采用4m的株距。

5. 安全视距。行道树设计时还要考虑交叉道口的行车安全，在道路转弯处空出一定的距离，使驾驶员在拐弯或通过路口之前能看到侧面道路上的通行车辆，并有充分的刹车距离和停车时间，防止交通事故发生。这种从发觉对方汽车立即刹车而不致发生撞车的距离，称为"安全视距"。根据两条相交道路的两个最短视距，可在交叉口转弯处绘出一个三角形，称为"视距三角形"，在此三角区内不能有构筑物，行道树设计也要避开此三角区。一般采用30～35m的安全视距为宜。

二、孤景树与对植树设计

（一）孤景树设计

孤景树又称孤植树、孤立木，是用一株树木单独种植设计成景的园林树木景观。孤植树是作为园林局部空间的主景构图而设置的，以表现自然生长的个体树木的形态美，或兼有色彩美，在功能上以观赏为主，同时也具有良好的遮阳效果。

1. 环境设计。孤景树的设计必须有较为开阔的空间环境，既保证树木本身有足够的自由生长空间，而且也要有比较适宜的观赏视距与观赏空间，人们可以从多个位置和角度去观赏孤景树。

孤景树在环境中是相对独立成景，并非完全孤立，它与周围环境景物具有内在的联系，无论在体量、姿态、色彩、方向等方面，与环境其他景物既有对比，又有联系，共同统一于整个绿地构图之中。孤景树设计的具体环境位置，除草坪、广场、湖畔等开朗空间外，还可布置于桥头、岛屿、斜坡、园路尽端或转弯处、岩洞口、建筑旁等。自然式绿地中构图力求自然活泼，在与环境取得协调均衡的同时，避免使树木处于绿地空间的正中位置。孤景树也可设计应用于整形花坛、树坛、交通广场、建筑前庭等规则式绿地环境中，树冠要求丰满、完整、高大，具有宏伟的气势。有时也可将树冠修剪成一定造型，进一步强调主景效果。

2. 树种选择。孤景树设计一般要求树木形体高大，姿态优美，树冠开阔，枝叶茂盛，或者具有某些特殊的观赏价值，如鲜艳的花果叶色彩、优美的枝干造型、浓郁的芳香等。还要求生长健壮、寿命长，无严重污染环境的落花、落果，不含有害于人体健康的毒素等。在各类园林绿地规划设计时，要充分利用原有大树，特别是一些古树名木作为孤景树来造。一方面是为了保护古树名木和植物资源，使之成为园林景观空间重要的绿色景观而受到保护；另一方面，古树名木本身具有很高的不可替代的观赏价值和历史意义。

（二）对植树设计

对植树是指按一定轴线关系对称或均衡对应种植的两株或具有两株整体效果的两组树木景观。对植树主要做配景或夹景，以烘托主景，或增强景观透视的前后层次和纵深感。如建筑入口两侧可种植龙爪槐、桂花、海桐等对植树景观。

1. 对植树设计形式。根据庭园绿地空间布局的形式不同，对植树设计分规则对称式和不对称均衡式两种。规则对称式对植多用于规则式庭园绿地，布局严格按对称轴线左右完全对称，树种相同，树木形态大小基本一致，采用单株对植，具有端庄、工整的构图美。不对称均衡式对植多用于自然式或混合式庭园绿地中，在构图中线的两侧不完全对称布置，稍有变化，可用形态相似的不同种树，同种树树形可以有所变化，植株与中心线的距离也可不等，位置也可略有错落。在数量上也可变化，如一株大树与两株一组的稍小树木对植布置。不对称均衡式对植树景观显得自由活泼，能较好地与自然空间环境取得协调。

2. 树种选择与应用。对植树设计一般要求树木形态美观或树冠整齐、花叶娇美。规则对称式多选用树冠形状比较整齐的树种，如龙柏、雪松等，或者选用可进行整形修剪的树种进行人工造型，以便从形体上取得规整对称的效果，不对称均衡式对植树树种要求较为宽松。在对植树配植时，要充分考虑树木立地位置和空间条件，既要保证树木有足够的生长空间，又不影响环境功能的发挥。如在建筑入口两侧布置对植树，不能影响人员进出或其他活动不要影响建筑室内采光，距离建筑墙面要有足够树木生长的空间距离等。

三、树丛设计

树丛是指由多株（通常两株到十几株不等）树木做不规则近距离组合种植，具有整体效果的园林树木群体景观。树丛主要反映自然界树木小规模群体形象美，这种群体形象美又是通过树木个体之间的有机组合与搭配来体现的，彼此之间既有统一的联系，又有各自的变化。在园林构图上，常做局部空间的主景，或配景、障景、隔景等。同时也兼有遮阳作用，如水池边、河畔、草坪等处，皆可设置树丛。树丛可以是一个种群，也可由多种树组成。树丛因树木株数不同而组合方式各异，不同株数的组合设计要求遵循一定构图法则。

（一）两株树丛

两株组合设计一般采用同种树木，或者形态和生态习性相似的不同种树木。两株树木的形态大小不要完全相同，要有变化和动势，创造活泼的景致。两株树木之间既有变化和对比，又要有联系，相互顾盼，共同组成和谐的景观形象。两株间距要适当，一般以小于矮树冠径为宜，在不影响两株个体正常发育的条件下，尽可能栽得靠近一些。

（二）三株树丛

三株树木组合设计宜采用同种或两种树木。若为两种树，应同为常绿或落叶，同为乔木或灌木等，不同树木大小和姿态有所变化。平面布置呈不等边5角形。三株树通常成"2+1"式分组设置，最大和最小靠近栽植成一组，中等树木稍离远些栽成另一组，两组之间具有动势呼应，整体造型呈不对称式均衡。若三株树木为两种，则同种的两株分居两组，而且单独一组的树木体量要小，这样的丛植景观才具有既统一又变化的艺术效果。

（三）四株树丛

四株树木组合设计宜用一种或两种树木。用一种树木时，在形态、大小、距离上求变化，用两种树木时，则要求同为乔木或灌木。布局时同种树以"3+1"式分组设置，三种中两株靠近，一株偏远，方法同三株组合，单株一组通常为第二大树。整体布局可呈不等边三角形或四边形。选用两种树木时，树量比为3∶1。仅一株的树种，其体量不宜最小或最大，也不能单独一组布置，应与另一种树木进行"2+1"式组合配植。

（四）五株树丛

三株组与二株组五株树木组合设计，若为同一树种，则树木个体形态、动势、间距各有不同，并以"3+2"各自组合方式同三株树丛和二株树丛。五株树丛亦可采用"4+1"式组合配植，其中单株组树木不能为最大，两组距离不宜过远，动势上要有联系，相互呼应。五株树丛若用两种树木，株数比以3∶2为宜，在分组布置时，最大树木不宜单独成组。

树丛配植，株数越多，组合布局就越复杂，但再复杂的组合都是由最基本的组合方式所构成。芥子园画谱中说："五株既熟，则千万株可以类推，交搭巧妙，在此转关"。因此，树丛设计仍然在于统一中求变化，差异中求调和。树丛树木株数少，种类也宜少，树木较多时，方可增加树种，但一般10～15株的树丛，树种也不宜超过5种。

树丛设计适用于大多数树种，只要充分考虑环境条件和造景构图要求以及树木形态特征与生态习性，皆可获得优美的树丛景观。各类园林绿地树丛的常用树种有紫杉、冷杉、金钱松、银杏、雪松、龙柏、桧柏、水杉、白玉兰、紫薇、栾树、七叶树、红枫、鸡爪槭、紫叶李、桂花、棕榈、杜鹃、海桐、苏铁、丝兰、凤尾兰、大王椰子、石榴、石楠、梧桐树、榉树、南洋杉、紫玉兰、琼花等。

四、树群设计

树群是指由几十株树木组合种植的树木群体景观。树群所表现的是树木较大规模的群体形象美（色彩、形态等），通常作为园林景观艺术构图的主景之一或配景等。树群可为一个种群，也可为一个群落。

（一）树群设计形式

树群设计形式有单纯树群和混交树群两种。单纯树群只有一种树木，其树木种群景观特征显著，景观规模与气氛大于树丛，一般郁闭度较高。混交树群由多种树木混合组成一定范围树木群'落景观，它是园林树群设计的主要形式，具有层次丰富，景观多姿多彩、持久稳定等优点。树群一般仅具观赏和生态功能，树群内不做休息遮阴使用，但在树冠开展的乔木树群边缘，可设置休息设施，略具遮阳作用。

（二）树群结构

混交树群具有多层结构，通常为四层，即乔木层、亚乔木层、大灌木层和小灌木层。还有多年生草本地被植物，有时也称之为"第五层"。树群各层分布原则是乔木层位于树群中央，其四周是亚乔木层，而大、小灌木则分布于树群的最外缘。这种结构不致相互遮挡，每一层都能显露出各自的观赏特征，并满足各层树木对光照等生存环境条件的需求。

（三）树群树种选择与应用环境

混交树群设计，乔木层树种要求树冠姿态优美，树群冠际线富于变化；亚乔木层树木最好开花繁茂或具有艳丽的叶色；灌木层以花灌木为主，适当点缀常绿灌木。

树群树种设计须考虑群落生态，选用适宜的树种。如乔木层多为阳性树种；亚乔木层为稍能耐阴的阳性树种或中性树种；灌木层多为半阴性或阴性树种。在寒冷地区，相对喜暖树种则必须布置在树群的南侧或东南侧。只有充分考虑环境生态，才能实现设计愿望，获得较稳定的树木群落景观。

树群一般设计应用于具有足够观赏视距的环境空间里，如近林缘的开阔草坪上、土丘或缓坡地、湖心小岛以及开阔的水滨地段等。观赏视距至少为树群高度的4倍或树群宽度的1.5倍以上，树群周围具有一定的开敞活动空间。树群规模不宜太大，一般以外缘投影轮廓线长度不超过60m，长宽比不大于3：1为宜。

五、树林设计

树林是指成片、成块种植的大面积树木景观。如综合性公园安静休息区休憩林、风景游览区的风景林（如彩叶林）以及城市防护绿地中的卫生防护林、防风林、引风林、水土保持林、水源涵养林等。树林据其结构和树种不同可分为密林、疏林、单纯林和混交林等。根据形态不同，可分为片状树林和带状树林（又称林带），各种类型的树林景观设计要求各不相同。

（一）密林

密林是指郁闭度较高的树林景观，一般郁闭度为70%～100%。密林又有单纯密林和混交密林之分。单纯密林具有简洁、壮观的特点，但层次单一，缺乏季相景观变化。单纯密林一般选用观赏价值较高、生长健壮的适生树种，如马尾松、油松、白皮松、水杉、枫香、桂花、黑松、梅花、毛竹等。混交密林具有多层结构，通常3～4层。大面积的混交密林不同树种多采用片状或块状、带状混交布置，面积较小时采用小片状或点状混交设计，以及常绿树与落叶树相混交。

密林平面布局与树群基本相似，只是面积和树木数量较大。单纯密林无须做出所有树木单株定点设计，只做小面积的树林大样设计，一般大样面积为25m×20m～25m×40m。在树林大样图上绘出每株树木的定植点，注明树种编号、株距，编写植物名录和设计说明。树林大样图比例一般为1：100～1：250，设计总平面图比例一般为1：500～1：1000，并在总平面图上绘出树林边缘线、道路、设施及详图编号等。

（二）疏林

疏林的郁闭度为40%～60%。疏林多为单纯乔木林，也可配植一些花灌木，具有舒适明朗，适合游憩活动的特点，公共庭园绿地中多有应用。如在面积较大的集中绿地中常设计布局疏林，夏日可遮阴纳凉，冬季也能进行日光浴，还适合林下野餐、打拳练功、读书看报等，所以是深受人们喜爱的景园环境之一。疏林可根据景观功能和人活动使用情况不同设计成三种形式，即疏林草地、疏林花地和疏林广场。

六、林带设计

在园林绿地中，林带多应用于周边环境、路边、河滨等地。一般选用1～2种树木，多为高大乔木，树冠枝叶繁茂，具有较好的遮阳、降噪、防风、阻隔遮挡等功能。林带一般郁闭度较高，多采用规则式种植，亦有不规则形式。株距视树种特性而定，一般1～6m。小乔木窄冠树株距较小，树冠开展的高大乔木则株距较大。总之，以树木成年后树冠能交接为准。林带设计常用树种有水杉、杨树、栾树、桧柏、山核桃、刺槐、火炬松、白桦、银杏、柳杉、池杉、落羽杉、女贞等。

七、植篱设计

植篱是指由同一种树木（多为灌木）做近距离密集列植成篱状的树木景观。园林绿地中，植篱常用作边境界、空间分隔、屏障，或作为花坛、花境、喷泉、雕塑的背景与基础造景内容。

（一）植篱设计形式

1.矮篱。设计高度在50cm以下的植篱称为矮篱。矮篱因高度较低，常人可以轻易跨越。因此，一般用作象征性绿地空间分隔和环境绿化装饰。如花境边缘、花坛和观赏草坪镶边等常设计矮篱。

2.中篱。设计高度在50～120cm的植篱称为中篱。中篱因具一定高度，常人一般不能轻易跨越，所以具有一定空间分隔作用。中篱也是园林中常用的植篱形式。如绿地边界划分、围护、绿地空间分隔、遮挡不高的挡土墙面以及植物迷宫等常用中篱。中篱设计宽度一般为40～100cm，种植1～2列篱体植物，篱体较宽时采用双列交叉种植，株距30～50cm，行距30～40cm。

3. 高篱。设计高度在120～150cm的植篱称为高篱。高篱因高度较高，常人一般不能跨越。所以，高篱常用做园林绿地空间分隔和防范，也可用做障景，或用作组织游览路线。一般人的视线可以水平通过篱顶，所以仍然存在景观空间联系。高篱设计宽度一般60～120cm，种植1～2列树木，双列交叉种植。株距50cm左右，行距40～60cm。

4. 树墙。设计高度在150cm以上的植篱称树墙，因多选用常绿树种，所以也称绿墙。树墙的高度超过了一般人的视高（150cm），所以树墙具有视线阻挡作用，在景园绿地中常用来进行空间分隔和屏障视线，以分隔不同的功能空间，减少相互干扰，遮挡、隐蔽不美观的构筑物及设施等。树墙也可用来做自然式与规则式绿地空间的过渡处理，使风格不同，对比强烈的布局形式得到调和。另外，树墙做背景也具有良好的效果。

5. 常绿篱。采用常绿树种设计的植篱，称常绿篱，也简称篱。常绿篱通常虽无花果之艳，但整齐素雅，造型简洁，是绿地中运用最多的植篱形式。常绿篱通常需定期修剪整形，种植方式同一般植篱。

6. 花篱。设计树种为花灌木的植篱又称花篱。花篱除一般绿篱功能外，还具有较高的观花价值，或享受花朵之芳香。花篱种植形式与一般植篱基本相同，不同之处在于为使植物多开花，花篱一般不做或少做规则式修剪造型。

7. 果篱。设计时采用观果树种，能结出许多果实，并具有较高观赏价值的植篱又称果篱或观果篱。果篱与花篱相似，一般也不做或少做规则整形修剪，以尽量不影响结果观赏。

8. 刺篱。设计时选用多刺植物配植而成的植篱又称刺篱。刺篱的主要功能是边界防范，阻挡行人穿越绿地，有时也兼有较好的观赏功能。

9. 彩叶篱。以彩叶树种设计的植篱又称彩叶篱。彩叶篱色彩亮丽，运用于庭园环境，具有较好的绿化美化装饰功能。彩叶篱种植形式同一般植篱，一般也不做整形修剪。

10. 蔓篱。设计一定形式的篱架，并用藤蔓植物攀缘其上所形成的绿色篱体景观称为蔓篱。蔓篱主要用来围护和创造特色篱景。

11. 编篱。将绿篱植物枝条编织成网格状的植篱又称编篱，目的是增加植篱的牢固性和边界防范效果，避免人或动物穿越。有时亦能创造一定特色篱景。

（二）植篱造型设计

植篱造型设计一般有几何型、建筑型和自然型三种。

1. 几何型。又称平直型，篱体呈几何体型，篱面通常平直，篱体断面一般为矩形、梯形、折形、圈形等。几何型是植篱最常见的造型形式，可用于矮篱、中篱、高篱、绿篱等。几何型植篱需定期修剪造型。几何型植篱尽端若不与建筑物或其他设施连接时，一般需做端部造型处理，以便显得美观、得体。

2.建筑型。是将篱体造型设计成城墙、拱门、云墙等建筑式样。建筑型植篱可用于中、高植篱和树墙，多选用常绿树种，需定期造型修剪。

3.自然型植篱树木自然生长，不做规则式修剪造型，或在生长过程中稍做整理，篱体形态自然，通常以花、叶、果取胜。多用于花篱、彩叶篱、果篱、刺篱等。

八、花卉造景设计

（一）花坛设计

1.独立花坛。在绿地中作为局部空间构图的一个主景而独立设置于各种场地之中的花坛称为独立花坛。独立花坛的外形轮廓一般为规则几何形，如圆形、半圆形、三角形、正方形、长方形、椭圆形、五角形、六角形等，其长短轴之比一般小于3∶1。

独立花坛一般布置于广场中央、道路交叉口、大草坪中央以及其他规则式景园绿地空间构图中心位置。独立花坛面积不宜太大，通常以轴对称或中心对称设计，可供多面观赏，呈封闭式，人不能进入其中，一般多设置于平地，也可布置于坡地。根据花卉景观内容不同，独立花坛又有盛花花坛、模纹花坛和混合花坛三种设计形式。

2.组合花坛。组合花坛又称花坛群，是指由多个花坛按一定的对称关系近'距离组合而成的一个不可分割的花卉景观构图整体。各个花坛呈轴对称或中心对称。呈轴对称时，各个花坛排列于对称轴两侧；呈中心对称时，各花坛围绕一个对称中心，规则撑列。轴对称的纵、横轴的交点或中心对称的对称中心就是组合花坛景观的构图中心。在构图中心上可以设计一个花坛，也可以设计喷水池、雕塑、纪念碑或铺装场地等。

组合花坛多用于较大的规则式绿地空间花丼造景设计，也可设置在大型建筑广场以及公共建筑设施前。组合花坛的各个花坛之间的地面通常铺装，还可设置坐凳、座椅或直接将花坛植床床壁设计成坐凳，人们可以进入组合花坛内观赏、休息。

3.带状花坛。设计宽度在1m以上，长宽比大于3∶1的长条形花坛称为带状花坛。园林绿地中，带状花坛可作为连续空间景观构图的主体景观来运用，具有较好的环境装饰美化效果和视觉导向作用。如较宽阔的道路中央或两侧、规则式草坪边缘、建筑广场边缘、建筑物墙基等处均可设计带状花坛。

4.连续花坛群。由独立花坛、带状花坛、组合花坛等不同形式多个花坛沿某一方向布局排列，组成有节奏的、不可分割的连续花卉景观构图整体，称为连续花坛群。连续花坛群通常运用于较大的庭园绿地空间，如大型建筑广场、休闲广场，具有一定规模的规则式或混合式游憩绿地等。连续花坛群可布置于同一地平面或斜面上，也可成阶梯式布局。阶梯式布局时可与跌水等景观内容结合设计应用。连续花坛群一般按一定轴线布局设计，并常以独立花坛、喷水池、雕塑来强调连续景观构图的起点、高潮和结尾。

5.沉床花坛。沉床花坛是设计于低凹处，植床低于周围地面的花坛，又称下沉式花坛。设计沉床花坛，可以不借助于登高而能俯视花坛景观，从而取得较好的观赏效果。沉床花坛多设计成模纹花坛，面积不宜过大。设计时要特别注意排水问题，必要时可考虑动力排水方案。沉床花坛一般结合下沉式广场设计，可应用于游憩绿地、休闲广场等。

6. 浮水花坛。浮水花坛是指采用水生花卉或可进行水培的宿根花卉设计布置于水面之上的花坛景观，也称水上花坛。浮水花坛设计选择水生花卉（多为浮水植物）时不用种植载体，直接用围边材料（如竹木、泡沫塑料等轻质浮水材料）将水生花卉围成一定形状。设计选择可水培宿根花卉时则除花坛围边材料外，还需使用浮水种植载体，将花卉植物固定直立生长于水面之上。整个花坛可通过水下立桩或绳索固定于水体某处，也可在水面上自由漂浮，别具一番特色。浮水花坛使用的植物有凤眼莲、水浮莲、美人蕉以及一些禾本科草类等。

为了突出表现花坛的外形轮廓和避免人员踏入，花坛植床一般设计高出地面。植床设计形式多样，有平面式、龟背式、阶梯式、斜面式、立体式等。花坛植床围边一般高出周围地面10cm，大型花坛可高至30～40cm，以增强围护效果。厚度因材而异，一般10cm左右，大型高围边可以适当增宽至25～30cm。兼有坐凳功能的床壁通常较宽些。

花坛植床边缘通常用一些建筑材料做围边或床壁，如水泥砖、块石、圆木、竹片、钢质护栏、黏土砖、废旧电瓷瓶等，设计时可因地制宜，就地取材。一般要求形式简单，色彩朴素，以突出花卉造景。

（二）花台设计

花台是在较高的（一般40～100cm）空心台座式植床中填土或人工基质，主要种植草花所形成的景观。花台一般面积较小，适合近距离观赏，以表现花卉的色彩、芳香、形态以及花台造型等综合美。花台多为规则形，亦有自然形。

1. 规则形花台。花台种植台座外形轮廓为规则几何形体，如圆柱形、棱柱形以及具有几何线条的物体形状（如瓶状、碗状）等。常设计运用于规则式景园绿地的小型活动休息广场、建筑物前、建筑墙基、墙面（又称花斗）、围墙墙头等。用于墙基时多为长条形。

规则形花台可以设计为单个花台，也可以由多个台座组合设计成组合花台。组合花台可以是平面组合（各台座在同一地面上），也可以是立体组合（各台座位于不同高度、高低错落）。立体组合花台设计既要注意局部造型的变化，又要考虑花台整体造型的均衡和稳定。

规则形花台还可与座椅、坐凳、雕塑等景观、设施结合起来设计，创造多功能的庭园景观。规则形花台台座一般用砖砌成一定几何形体，然后用水泥砂浆粉刷，也可用水磨石、马赛克、大理石、花岗岩、贴面砖等进行装饰。还可用块石干砌，显得自然、粗犷或典雅、大方。立体组合花台台座有时需用钢筋混凝土现浇，以满足特殊造型与结构要求。

规则形花台台座一般比花坛植床造型要丰富华丽一些，以提高观赏效果，但也不应设计得过于艳丽，不能喧宾夺主，偏离花卉造景设计的主题。

2. 自然形花台。花台台座外形轮廓为不规则的自然形状，多采用自然山石叠砌而成。我国古典庭园中花台绝大多数为自然形花台。台座材料有湖石、黄石、宜石、英石等，常与假山、墙脚、自然式水池等相结合或单独设置于庭院中。

自然形花台设计时可自由灵活，高低错落，变化有致，易与环境中的自然风景协调统一。台内种植草本花卉和小巧玲珑、形态别致的木本植物，如沿阶草、石蒜，萱草、松、竹、梅、牡丹、芍药、南天竹、月季、玫瑰、丁香、菊花等。还可适当配置点缀一些假山石，如石齐石、斧劈石、钟乳石等，创造具有诗情画意的园林景观。

3. 花境设计

花境是以多年生草花为主，结合观叶植物和一二年生草花，沿花园边界或路缘设计布置而成的一种园林植物景观。花境外形轮廓较为规整，内部花卉的布置成丛或成片，自由变化，多为宿根、球根花卉，亦可点缀种植花灌木、山石、器物等。

花境是介于规则式与自然式之间的一种带状花卉景观设计形式，也是草花与木本植物结合设计的景观类型，广泛运用于各类绿地，通常沿建筑物基础墙边、道路两侧、台阶两旁、挡土墙边、斜坡地、林缘、水畔池边、草坪边以及与植篱、花架、游廊等结合布置。

花境植物种植，既要体现花卉植物自然组合的群体美，又要注意表现植株个体的自然美，尤其是多年生花卉与花灌木的运用，要选择花、叶、形、香等观赏价值较高的种类，并注意高低层次的搭配关系。双向观赏的花境，花灌木多布置于花境中央，其周围布置较高一些的宿根花卉，最外缘布置低矮花卉，边缘可用矮生球根、宿根花卉或绿篱植物设计嵌边，提高美化装饰效果。花卉可成块、成带或成片布置，不同种类交替变化。

单向观赏花境种植设计前低后高，有背景衬托的花境则还要注意色彩对比等。

花境植床与周围地面基本相平，中央可稍稍凸起，坡度5%左右，以利排水。有围边时，植床可略高于周围地面。植床长度依环境而定，但宽度一般不宜超过6m。单向观赏花境宽2～4m，双向观赏花境宽4～6m。

九、草坪设计

（一）草坪设计类型

草坪设计类型多种多样。按草坪功能不同，可分为观赏草坪、游憩草坪、体育草坪、护坡草坪、飞机场草坪和放牧草坪等；按草坪组成成分，分为单一草坪、混合草坪和缀花草坪；按草坪季相特征与草坪草生活习性不同，分为夏绿型草坪、冬绿型草坪和常绿型草坪；按草坪与树木组合方式不同，分为空旷草坪、闭锁草坪、开朗草坪、稀疏草坪、疏林草坪和林下草坪；按规划设计的形式不同，分为规划式草坪和自然式草坪；按草坪景观形成不同，分为天然草坪和人工栽培草坪；按使用期长短不同，分为永久性草坪和临时性草坪；按草坪植物科属不同，分为禾草草坪和非禾草草坪等。

（二）草坪应用环境

草坪在现代各类景园绿地中应用广泛，几乎所有的空地都可设置草坪，进行地面覆盖，防止水土流失和二次飞尘，或创造绿毯般的富有自然气息的游憩活动与运动健身空间。但不同的环境条件和特点，对草坪设计的景观效果和使用功能具有直接的影响。

就空间特性而言，草坪是具有开阔明朗特性的空间景观。因此，草坪最适宜的应用环境是面积较大的集中绿地，尤其是自然式的草坪绿地景观面积不宜过小。对于具有一定面积的花园，草坪常常成为花园的中心，具有开阔的视线和充足的阳光，便于户外活动使用。许多观赏树木与草花错落布置于草坪四周，可以很好地体现景园植物景观空间功能与审美特性。

就环境地形而言，观赏与游憩草坪适用于缓坡地和平地，山地多设计树林景观。陡坡设计草坪则以水土保持为主要功能，或作为坡地花坛的绿色基调。水畔设计草坪常常取得良好的空间效果，起伏的草坪可以从山脚一直延伸到水边。

（三）草坪植物选择

草坪植物的选择应依草坪的功能与环境条件而定。游憩活动草坪和体育草坪应选择耐践踏、耐修剪、适应性强的草坪草，如狗牙根、结缕草、马尼拉、早熟禾等。干旱少雨地区则要求草坪草具有抗旱、耐旱、抗病性强等特性，以减少草坪养护费用，如假俭草、狗牙根、野牛草等。观赏草坪则要求草坪植株低矮，叶片细小美观；叶色翠绿且绿叶期长等，如天鹅绒、早熟禾、马尼拉、紫羊茅等。护坡草坪要求选用适应性强、耐旱、耐瘠薄、根系发达的草种，如结缕草、白三叶、百喜草、假俭草等。湖畔河边或地势低凹处选择耐湿草种，如绞股蓝、细叶苔草、假俭草、两耳草等。树下及建筑阴影环境选择耐阴草种，如两耳草、细叶苔草、羊胡子草等。

（四）草坪坡度设计

草坪坡度大小因草坪的类型、功能和用地条件不同而异。

1. 体育草坪坡度。为了便于开展体育活动，在满足排水的条件下，一般越平越好，自然排水坡度为 0.2%～1%。如果场地具有地下排水系统，则草坪坡度可以更小。

（1）网球场草坪。草地网球场的草坪由中央向四周的坡度为 0.2%～0.8%，纵向坡度大一些，而横向坡度则小一些。

（2）足球场草坪。足球场草坪由中央向四周坡度以小于 1% 为宜。

（3）高尔夫球场草坪。高尔夫球场草坪因具体使用功能不同而变化较大，如发球区草坪坡度应小于 0.5%，果岭（球穴区或称球盘）一般以小于 0.5% 为宜，障碍区则可起伏多变，坡度可达到 15% 或更高。

（4）赛马场草坪。直道坡度为 1%～2.5%，转弯处坡度 7.5%，弯道坡度 5%～6.5%，中央场地草坪坡度 1% 左右。

2. 游憩草坪坡度。规则式游憩草坪的坡度较小，一般自然排水坡度以 2%～5% 为宜。而自然式游憩草坪的坡度可大一些，以 5%～10% 为宜，通常不超过 15%。

3. 观赏草坪坡度。观赏草坪可以根据用地条件及景观特点，设计不同的坡度。平地观赏草坪坡度不小于 0～2%，坡地观赏草坪坡度不超过 50%。

十、水体种植设计

（一）水体种植设计原则

1.水生植物占水面比例适当。在园林河湖、池塘等水体中进行水生植物种植设计，不宜将整个水面占满。否则会造成水面拥挤，不能产生景观倒影而失去水体特有的景观效果。也不要在较小的水面四周种满一圈，避免单调、呆板。因此，水体种植布局设计总的要求是要留出一定面积的活泼水面，并且植物布置有疏有密、有断有续，富于变化，使水面景色更为生动。一般较小的水面，植物占据的面积以不超过1/3为宜。

2.因"水"制宜。选择植物种类设计时要根据水体环境条件和特点，因"水"制宜地选择合适的水生植物种类进行种植设计。如大面积的湖泊、池沼设计时观赏结合生产，种植莲藕、芡实、芦苇等；较小的庭园水体，则点缀种植水生观赏花卉，如荷花、睡莲、王莲、香蒲、水葱等。

3.控制水生植物生长范围。水生植物多生长迅速，如不加以控制，会很快在水面上蔓延，影响整个水体景观效果。因此，种植设计时，一定要在水体下设计限定植物生长范围的容器或植床设施，以控制挺水植物、浮叶植物的生长范围。漂浮植物则多选用轻质浮水材料（如竹、木、泡沫草索等）制成一定形状的浮框，水生植物在框内生长，框可固定于某一地点，也可在水面上随处漂移，成为水面上漂浮的绿洲或花坛景观。

（二）水生植物种植法

景园中大面积种植挺水或浮叶水生植物，一般使用耐水建筑材料，根据设计范围，沿范围边缘砌筑种植床壁，植物种于床壁内侧。较小的水池可根据配植植物的习性，在池底用砖石或混凝土做成支墩以调节种植深度，将盆栽或缸栽的水生植物放置于不同高度的支墩上。如果水池深度合适，则可直接将种植容器置于池底。

（三）水体岸边种植布置

在园林水体岸边，一般选用姿态优美的耐水湿植物，如柳树、木芙蓉、池杉、素馨、迎春、水杉、水松等进行种植设计，美化河岸、池畔环境，丰富水体空间景观。种植低矮的灌木，以遮挡河池驳岸，使池岸含蓄、自然、多变，并创造丰富的花本景观。种植高大乔木，主要创造水岸立面景色和水体空间景观对比构图效果，同时获得生动的倒影景观。也可适当点缀亭、榭、桥、架等建筑小品，进一步增加水体空间景观内容和游憩功能。

十一、攀缘植物种植设计

（一）设计形式

1.附壁式。攀缘植物种植设计于建筑物墙壁或墙垣基部附近，沿着墙壁攀附生长，创造垂直立面绿化景观。这是占地面积最小，而绿化面积大的一种设计形式。根据攀缘植物习性不同，又分直接贴墙式和墙面支架式两种。

（1）直接贴墙式是指将具有吸盘或气生根的攀缘植物种植于近墙基地面或种植台内，植物直接贴附于墙面，攀缘向上生长，如地锦（爬墙虎）、五叶地锦（美国地锦）、凌霄、薜荔、络石、扶芳藤等。

（2）墙面支架式是指植物没有吸盘或气根，不具备直接吸附攀缘能力，或攀附能力较弱时，在墙面上架设攀缘支架，供植物顺着支架向上缠绕攀附生长，从而达到墙壁垂直绿化的目的，如金银花、牵牛花、茑萝、藤本月季等。

2. 廊架式。利用廊架等建筑小品或设施作为攀缘植物生长的依附物，如花廊、花架等。廊架式通常兼有空间使用功能和环境绿化、美化作用。廊架材料可用钢筋砼、钢材、竹木等。

廊架式植物种植设计，一般选用一种攀缘植物，根据廊或架的大小种植一株或数株于边缘地面或种植台中。若为了丰富植物种类，创造多种花木景观，也可选用几种形态与习性相近的植物，如蔷薇科的多花蔷薇、木香、藤本月季等可配植于同一廊架。

3. 篱垣式。利用篱架、栅栏、矮墙垣、铁丝网等作为攀缘植物依附物的造景形式。篱垣式既有围护防范功能，又能很好地美化装饰环境。因此，园林绿地中各种竹、木篱架、铁栅矮墙等多采用攀缘植物绿化美化。常用植物有金银花、蔷薇、牵牛花、茑萝、地锦、云实、藤本月季、常春藤、绿萝等。

4. 立柱式。攀缘植物依附柱体攀缘生长的垂直绿化设计形式。柱体可以是各种建筑物的立柱，也可以是园林环境中的电信电缆立杆等其他柱体。攀缘植物或靠吸盘、不定根直接附着柱体生长，或通过绳索、铁丝网等攀缘而上，形成垂直绿化景观。常见攀缘植物有美国地锦、凌霄、金银花、络石等。

5. 垂挂式。在建筑物的较高部位设计种植攀缘植物，并使植物茎蔓垂挂于空中的造景形式。如在屋顶边沿、遮阳板或雨篷上、阳台或窗台上、大型建筑物室内走马廊边等处种植攀缘植物，形成垂帘式的植物景观。垂挂式种植须设计种植槽、花台、花箱或进行盆栽。常用植物有迎春、素馨、常春藤、凌霄、五叶地锦、雀梅藤、络石、美国凌霄、炮仗花等。

（二）攀缘植物选择

攀缘植物多种多样，形态习性、观赏价值各有不同。因此，在设计应用时须根据具体景观功能、生态环境和观赏要求等做出不同选择。以绿化覆盖建筑物墙面、遮挡夏季太阳光对墙体照射、降低室内温度为主要功能时，应选择枝叶茂密、攀缘附着能力强的大型攀缘植物，如地锦、五叶地锦、常春藤等；用于夏季庭园遮阳的棚架，最好选择生长健壮、枝叶繁茂的植物，如紫藤、葡萄、三角花等；简易或临时棚架则可选用生长迅速的一年生草本攀缘植物，如丝瓜等，更为经济实用。园林景观生态环境各种各样，不同植物对生态环境要求也不相同。

因此，设计时要注意选择适生攀缘植物。如墙面绿化，向阳面要选择喜光耐旱的植物；而背阴面则要选择耐阴植物。南方多选用喜湿树种，北方则必须考虑植物的耐寒能力。以美化环境为主要种植目的，则要选择具有较高观赏价值的攀缘植物，并注意与攀附的建筑、设施的色彩、风格、高低等配合协调，以取得较好的景观效果。如灰色、白色墙面，选用秋叶红艳的植物就较为理想。要求有一定彩化效果时，多选用观花植物，如多花蔷薇、三角花、凌霄、紫藤等。

第八章　园林景观工程

园林景观工程广义指园林景观建筑设施与室外工程，它包括山石工程、水景工程、交通设施、建筑设施工程、建筑小品、植物绿化及施工构造技术等，是完成园林景观设计意图的必要物质和技术手段，也是构筑景观的重要组成部分。

第一节　园林景观工程分类简述

园林景观工程包括山石工程、水景工程、交通设施、建筑设施工程、建筑小品、植物绿化及施工构造技术等。

一、山石工程

园林景观的修造多选择有一定自然景观优势的地形，但有时在平原无法满足。因此，改造地形，人工堆山置石就显得很有必要。按照假山的构成材料，可分为石山、土石山、土山三类，每一类都有自己的特点，如石山的峻奇、土山的苍翠等。利用山石可堆叠多种形式的山体形态，如峰、峦、岭、菌、岗、岩、玛、谷丘、蝥、蚰、洞、麓、台、栈道、磴道等。此外，还常用孤石来造景，如著名的苏州冠云峰、瑞云峰，杭州邹云峰，上海玉玲珑等。

堆山置石的材料，应因地制宜、就地取材，常用的石材有湖石类（南湖石、北湖石）、黄石类、青石类、卵石类（南方为蜡石、花岗石）、剑石类（斧劈石、瓜子石、白果石等）、砂斤石类和吸水石类。选用时可拓宽思路，灵活选用，所谓"遍山可取，是石堪堆"。传统的选石标准讲究透、漏、瘦、皱、丑。

二、水景工程

水景工程在景观中有调剂枯燥、衬托深远的作用。中国传统景园常用凿池筑山的手法而一举两得，既有了山又有了水。"山得水而活，水得山而媚"，合理布局山水是园林景观工程的一个重要方面。

水景工程包括驳岸、闸坎、落水、跌水、喷泉等的处理。在平面上，水面的形式和驳岸的做法是决定水体景观效果的关键，在自然山水园林设计中，应仿效自然形式，忌将池岸砌成工程挡土墙，人工手法过重，失去景物的自然美。

三、交通设施

园林景观工程中的交通设施主要包括道路、桥梁、汀步等，是联系各景区、景点的纽带，是构成园林最重要的因素。它有组织交通、引导游览、划分空间、构成序列，为水电，工程创造条件等作用，有时桥、路本身也是景点。

园林景观中道路形式有很多，按功能分，有主、次干道和游憩小路；按材质分，有土草路、碎石路、块石路、地砖路、混凝土路、柏油路等。水面上交通主要有桥梁、汀步等。桥梁往往做景观处理，有时还辅以建筑，如扬州瘦西湖上的五亭桥。汀步多做趣味处理，与水面、水生植物互为辉映，聚散不一，凌水而行，别有风趣。

四、建筑小品

园林景观建筑小品一般体形小、数量多、分布广，具有较强的装饰性，对景观影响很大，同园林景观融为一个整体，共同来展现园林景观的艺术风采。主要有墙垣、室外家具、展览、宣传导向牌、门窗洞、花格、栏杆、博古架、雕塑、花池台、盆景等类型。

五、植物绿化

植物绿化是园林景观工程的主体，是园林发挥其景观作用、社会和环境效益的最重要的部分，同时也是景园布局、形成景观层次与景深，体现园林景观意境的物质基础。

植物绿化的种植涉及植物生态特性及栽培技术，设计时应尊重植物的生态习性，根据当地土壤、气候等条件合理选择和搭配植物绿化品种，须采用合理的构造做法和技术措施来实现。

六、园林景观工程技术与措施

园林景观工程还涉及防洪、消防、给排水、供电等专业技术。对于其本身来说，园林景观建筑景观的建造也不同于一般建筑工程的施工，植物绿化的栽植除艺术方面的要求外，也需一些特殊的技术措施作保障。

第二节　植物的栽植施工与维护管理

一、植物的施工

一般而言，幼苗培植期的栽植工作，需要一个较大的空间作为苗圃，以集体的方式来培植幼苗，较为经济。而现今都市中寸土寸金的土地，实在不适合开辟苗圃之用，故多在市郊地区开辟苗圃、培植幼树，待其长成、定型之后，才移往都市中，作为行道树、庭院树或其他种种用途。故植树工作既有幼苗的栽植与大树的栽植，又希望植物能有100%的存活率，其栽植的预备工作必须多加讲究。移植工作一般为截根、挖掘及栽植。

（一）截根

截根指截短幼木单薄而不整齐的根系，使其根系生长限制在一较小的地区，增多支根并使小根与松根的数量增加，增加其出栽的成活率。一般而言，炎夏及酷寒的季节，不宜进行断根处理作业，因为炎夏植物蒸腾作用旺盛，水分供应不及易导致枯死，而酷寒新根发生不易，植物的输导作用无法正常运作也会使植物萎缩。落叶树在春季断根处理，而在秋季移植。常绿树也在春季进行断根处理，而至第二年的春天或雨期移植。一株大树要移植前应先截根。分区段先将一部分环绕大树的泥土挖掘60～90cm深以截根，再用表土及肥料混合后填入挖掘的沟中；第二年再处理未挖掘之区段；第三年才移植。

（二）挖掘

正确的挖掘方法为苗木或幼树进行挖掘时尽量减少小根或细根的损失。移植的苗木较大时，在掘苗前先将其枝条用绳捆好，避免挖掘时损伤枝条，挖掘深度应为60～90cm，其范围大小应于截根区之外。又因其裸根苗不大，所以应以湿的粗麻布包扎，以防止干燥及机械伤害。若苗木的直径超过7cm时均应带土，而为了运输方便，泥球不宜过大，且应保持其呈湿润状态，并在其外包以草席或粗麻布，方便运输。

（三）栽植

栽植指将苗木移至新植地点后，将其置于原先挖掘的植穴。挖掘苗木时，表层土应予以保留而新土则予以丢弃，改用客土或厩肥代替。在黏性土壤较重的地区，因排水不良，应于栽植前装设7.62cm口径的农田排水管，利于其排水。

为使新移植的树木不受日晒及干燥的危害，树干及大的枝条应以粗麻布、皱纹纸或稻草包扎，维护其生长。另外一项树木移植应注意的事项是，要考虑其树种成长后的形状及高度，选择适当的区域及范围任其发展成长，而不受他物的限制。

二、栽植后的维护管理

植物有了完善的配置栽植之后，更重要的是必须同时有适当的养护和良好的管理工作，并充分认识维护管理的重要性，对其付出一份关爱，这样才能保持一个优美的庭园。植物的养护工作包括有各项设备与器材的准备、浇水工作、施肥、除虫、除草等等，以使植物得到最好的照顾，也能延长庭园的使用寿命。

三、一般管理

良好的管理，可弥补设计施工的不足，因此平常多观察园林景观环境，如有设计或布置不妥善的地方，多检讨改进，合理调整或重新布置，使景园更臻于完善。

园林景观所需的器材及种花工具均须保管妥当。庭园各种设施，如棚架等，均需定期保养。随时维护花园的整洁，经常保持排水沟的畅通，下大雨时尤需检查排水管路。

台风季节，庭园中各种设施必须充分检查修护和固定。花木在台风前应插立支柱，或张拉绳索固定。支柱的材料一般多为经过防腐处理的杉木柱或桂竹柱，直径约为5cm以上，并因植物的大小与当地风势的强弱来决定采用单柱、双柱、三柱或四柱的形式。不论是立支柱或拉索固定，均以加强植物的固持作用为目的，幅度大小视植株高矮而定，在与植物接触的地方应使用柔软的材料。

花架及墙篱上的攀爬花木应予疏剪，使其通风以减少阻力。台风初期，通常风大无雨，因此要事先多灌水。对盆植花木可推倒在地面上并予固定，待台风过后再予复原，以减少强风吹袭引起的创伤。

花坛内的土壤，应避免踏踩，以防止土壤结硬，花木亦应防止孩子摸弄，尤其新芽嫩叶容易受伤，新植花木一经触弄，细根动摇就不易成活。

第三节　园林景观的灌溉系统

灌溉系统是园林景观工程最重要的设施。实际七，对于所有的园艺生产，尤其是鲜切花生产，采取何种灌溉方式直接关系到产品的生产成本和作物质量，进而关系到生产者的经济利益。

目前在切花生产中普遍使用的灌溉方式大致有三种，即漫灌、喷灌和滴灌。近年国外又发展了"渗灌"。

一、漫灌

这是一种传统的灌溉方式。目前我国大部分花卉生产者均采用这种方式。漫灌系统主要由水源、动力设备和水渠组成。首先由水泵将水自水源送至主水渠；然后再分配到各级支渠，最后送入种植畦内。一般浇水量以漫过畦面为止。也有的生产者用水管直接将水灌入畦中。

漫灌是水资源利用率最差的一种灌溉方式。因为用这种方式灌溉，无法准确控制灌水量，不能根据作物的需水量灌水。此外，一般水渠，尤其是支渠，均是人工开挖的土渠，当水在渠中流过时，就有相当一部分水通过水渠底部及两壁渗漏损失掉了；由于灌水时，水漫过整个畦面并浸透表土层，全部土壤孔隙均被水所充满而将其中的空气排除，植物根系在一定时期内就会处在缺氧状态，无法正常呼吸，必然影响植物整体的生长发育；在连续多次的漫灌以后，畦内的表土层会因沉积作用而变得越来越"紧实"，这就破坏了表土层的物理结构，使土壤的透气、透水性越来越差。

总之，漫灌是效果差、效率低、耗水量大的一种较陈旧的灌溉方式，随着现代农业科学技术的发展，将逐渐被淘汰。

二、喷灌

喷灌系统可分为移动式喷灌和固定式喷灌两种。用于切花生产的保护地内的移动式喷灌系统。这种"可行走"的喷灌装置能完全自动控制，可调节喷水量、灌溉时间、灌溉次数等众多因素。这种系统价格高，安装较复杂，使用这种系统将增加生产成本，但效果好。

根据栽培作物的种类和生产目的不同，喷灌装置有着很大的变化。如在通过扦插繁殖的各种作物的插条生产中，一般都要求通过喷雾来控制环境湿度，以使插条不萎蔫，这样有利于尽快生根。在这种情况下，需要喷出的水呈雾状，水滴越细越好，而且喷雾间隔时间较短，每次喷雾的时间为十几或几十秒。如切花菊插条的生产，在刚刚扦插时，每隔3min喷雾12s以保持插条不失水。有时还在水中加入少量肥分，以使插条生根健壮，称为"营养雾"。但是在生产切花时，则不要求水滴很细，只要喷洒均匀，水量合适即可。

一个喷灌系统的设计和操作，首先应注意使喷水速率略低于土壤或基质的渗水速率；其次，每次灌溉的喷水量应等于或稍小于土壤（或基质）的最大持水力。这样才能避免地面积水和破坏土壤的物理结构。

喷灌较之漫灌有很多优越性：（一）喷水量可以人为控制，使生产者对于灌溉情况心中有数；（二）避免了水的浪费，同时使土壤或基质灌水均匀，不至局部过湿，对作物生长有利；（三）在炎热季节或干热地区，喷灌可以增加环境湿度，降低温度，从而改善作物的局部生长环境。所以有人称之为"人工降雨"。

三、滴灌

一个典型的滴灌系统由贮水池（槽）、过滤器、水泵、肥料注入器、输入管线、滴头和控制器等组成。

一般利用河水、井水等滴灌系统都应设贮水池，但如果使用量大或时间过长，则供水网内易产生水垢及杂质堵塞现象。因此，在滴灌系统运行中，清洗和维护过滤器是一项十分重要的工作。

使用滴灌系统进行灌溉时，水分在土壤及根系周围的分布情况与漫灌时大不相同。漫灌使所有灌水区的表土层及作物根区都充满了水分，这些水并不能全部被作物吸收，其中相当一部分因渗漏和蒸发而损失掉了。除浪费水外，还造成一段时间内土壤孔隙堵塞，缺乏气体交换，进而影响作物根系的呼吸。而滴灌系统直接将水分送到作物的根区，其供水范围如同一个"大水滴"，将作物的根系"包围"起来。这样的集中供水，大大提高了水的利用率，减少了灌溉水的用量，同时又不影响作物根系周围土壤的气体交换。除此之外使用滴灌技术的优越性还有：①可维持较稳定的土壤水分状况，有利于作物生长，进而可提高农产品的产量和品质；②可有效地避免土壤板结；③由于大大地减少了水分通过土壤表面的蒸发，所以，土壤表层的盐分积累明显减少；④滴灌通常与施肥结合起来进行，施入的肥料只集中在根区周围，这在很大程度上提高了化肥的使用效率，减少了化肥用量，不但可以降低作物的生产成本，而且减少了环境污染的可能性。

从目前中国的水资源状况以及人口和经济发展前景来看，有必要大力提倡在农业生产中首先是在园艺生产中使用滴灌技术。在我国很多大中城市及其周围地区，地下水位下降的趋势已相当严重，如果在这些地区的蔬菜和花卉等园艺生产中都推广使用滴灌技术，将会有效地节约其农业生产用水。这无疑会有利于保护这些地区的地下水资源。

第四节　屋顶花园及构造措施

一、种植设计形式

屋顶花园设计形式有地毯式、花圃式、自然式、点线式和庭院式。

（一）地毯式

地毯式为整个屋顶或屋顶绝大部分密集种植各种草坪地被或小灌木，屋顶犹如被一层绿色地毯所覆盖。由于草坪与地被植物在10～20cm厚的土层上都能生长发育。

因此，地毯式种植对屋顶所加荷重较小，一般上人屋顶均可应用。

（二）花圃式

花圃式为整个屋顶布满规整的种植池或种植床，结合生产种植各种果树、花木、蔬菜或药材，屋顶种植注重经济效益。因此，其植物种植多按生产要求进行布局和管理。

（三）自然式

自然式类似地面自然式造园种植，整个屋顶表面设计有微地形变化的自由种植区，种植各种地被、花卉、草坪、灌木或小乔木等植物，创造多层次结构和色彩丰富、形态各异的植物自然景观。

（四）点线式

点线式是采用花坛、树坛、花池、花箱、花盆等形式分散布置，同时沿建筑屋顶周边布置种植池或种植台。这是屋顶花园中采用最多的种植设计形式，能提供较多的活动空间。

（五）庭院式

庭院式类似地面造园。种植结合水池、花架、置石、假山、凉亭等园林建筑小品，精心设计布置，创造优美的"空中庭园"环境。

二、种植床（台）设计

（一）土层厚度

屋顶花园营造需要种植各种植物，不同类型的植物对土层厚度的要求各不一样。草坪及草本花卉多为须根性，较浅的土壤就能生长。灌木生长所需的土层要比草坪厚得多，而乔木对土层厚度要求更高，有时要达到1m以上，才能满足其生长发育的需要。

（二）植床（台）布局

种植床（台）的高度、材料及所种植物的类型不同，对屋顶施加的荷重也不一样。高大的种植台或种植乔木所需的高起地形必须与屋顶承重结构的柱、梁的位置相结合，土层较薄的草坪地被种植区则布置的范围较宽。

（三）屋顶花园植床构造

屋顶花园种植床与地面种植区有所不同。在屋顶花园上种植植物，不但要考虑植物生长的需要，还要考虑荷载量、过滤、排水、防水、防风保护等因素。

（四）屋顶植床排水坡度与管道排水系统

建筑屋顶一般都设计一定的排水坡度，以便尽快将屋面积水排向下水管口，并通过落水管排出屋顶。屋顶花园种植床设计应遵照原屋顶排水方向和坡度，包括自然式微地形处理，排水坡朝向主要排水通道和出水口，使屋顶遇大雨时，地表水快速排向出水口。另外，为了进一步加快排水，防止屋面积水，在排水层中还可加设排水花管。排水花管材料有PVC管、陶管、弹簧纤维软管等。管径视具体排水距离与要求而定，一般采用50～100mm圆管。排水管道的出水端应与屋顶出水口相配合，并保持一定坡度，使种植床内多余的水分能够顺畅地排出屋顶。

三、屋顶花园植物选择要求

屋顶花园植物种植有别于地面花园，其小气候条件、土壤深度与成分、空气污染、排水情况、浇灌条件以及养护管理等因素各有差异。因此，选择植物必须适合屋顶环境特点。一般要求植物生长健壮、抗性强，能抵抗极端气候；对土壤深度要求不严，须根发达，适应土层浅薄和少肥条件；耐干旱或潮湿，喜光或耐阴；耐高热风，耐寒；抗冻，抗风，抗空气污染；容易移植成活，耐修剪，生长较慢；耐粗放管理，养护要求低等。

参考文献

[1] 魏柳楣，曾宁波，苏晨珺. 当代园林景观设计发展趋势研究 [J]. 安徽农业科学，2015（19）：190

[2] 张晋. 中国古典园林"坐雨观泉"理法研究与解读 [J]. 中国园林，2017（1）：124-128

[3] 吴曼. 浅谈传统造园手法在现代景观设计中的应用 [J]. 艺术评论，2017（4）：4

[4] 刘文俊. 园林小品在园林景观设计中的应用 [J]. 建筑工程技术与设计，2016（36）：2348

[5] 李正. 城市规划和园林景观设计的共融探讨 [J]. 建筑与装饰，2017（1）：2

[6] 吴威. 视觉元素在园林景观设计中的合理应用研究 [J]. 决策与信息，2016（35）：1

[7] 李宗华. 园林景观设计中视觉的应用分析 [J]. 花卉，2017（2）：2

[8] 杨艳英. 园林景观设计中的地域文化探析 [J]. 工程技术研究，2017（1）：233-234

[9] 马晓辉. 园林景观艺术的特点及规律再认识 [J]. 中国园艺文摘，2014，30（10）：3

[10] 董彬. 园林施工管理中的细节处理 [J]. 科技创新导报，2021，18（27）：3

[11] 吴秀华. 论述中山市政园林工程管理中相关问题及控制措施 [J]. 热带林业，2014（2）：3

[12] 张师强. 浅谈如何加强园林工程管理 [J]. 江西建材，2014（21）：1

[13] 刘文辉. 中国现代园林景观规划设计理念的探讨 [J]. 建筑工程技术与设计，2017（18）：3768

[14] 王晓斐. 中国园林中石——生组合景观设计理论与营造技术的研究 [D]. 西北农林科技大学，2013

[15] 孟宪锴. 园林景观种植设计施工图分析 [J]. 城市建设理论研究：电子版，

2016（3）：1-3

[16] 李文英.种植设计中的园林景观空间探析 [J].住宅与房地产，2020，564（5）：58

[17] 张雅妮.中国风景园林的现状和发展前景 [J].中华传奇，2019（35）：224

[18] 赵丽萍.浅谈园林工程的特点及管理 [J].城市建设理论研究：电子版，2014（36）：6931

[19] 吴银鹏，罗言云，蔡桂琴.浅析中西方园林特征及美学思想差异 [J].中国林业产业，2017（04）：110

[20] 李卓昇.浅析我国现代园林景观设计中的轴线控制手法 [J].现代园艺，2020，43（12）：2

[21] 倪平.浅析园林设计与现代构成之间的关系 [J].现代园艺，2013（6）：2

[22] 王燕萍.现代园林生态设计方法研究 [J].建材与装饰，2018（9）：2

[23] 刘力玮.园林施工企业人力资源管理研究 [J].四川水泥，2018（4）：1

[24] 吴戈军.园林工程招投标与合同管理 [M].化学工业出版社，2014

[25] 吴祺.加强园林工程成本管理的几点建议 [J].中国科技博览，2014（3）：1

[26] 王玉双.园林工程进度管理 [J].中外企业家，2014（4Z）：1

[27] 马军兰.园林景观工程施工风险管理 [J].现代园艺，2018（18）：1

[28] 翁南蓝.浅谈现代风景园林设计中构成艺术元素的运用 [J].江西建材，2014（4）：2

[29] 吴凯，杨富刚.论园林景观设计中视觉的应用 [J].城市建设理论研究：电子版，2017（20）：2

[30] 白晶.现代园林植物造景意境营造探析 [J].黑龙江科技信息，2013（23）：203

[31] 桂毓.园林景观设计理论与实践——评《园林景观设计方法与案例分析》[J].高教发展与评估，2017，33（5）：1

[32] 桑永亮.论中国传统园林的植物造景艺术手法 [J].现代装饰：理论，2014（12）：2

[33] 黄鑫.环境对园林植物生长发育的影响 [J].农业与技术，2019，39（9）：2

[34] 旭日.浅议园林景观中植物种植设计的原则与方式 [J].全文版：工程技术，2016（05）：200

[35] 马云云.浅谈城市景观植物种植设计的手法 [J].城市建设理论研究：电子版，2015（22）：12851-12852

[36] 刘洋，吕双.市政园林工程中新技术与新材料应用研究 [J].地产，2022（1）：3

[37] 杨旭东.园林景观工程施工成本管理控制讨论 [J].城市建设理论研究：

电子版，2021（28）：3

[38] 史元琦.园林绿化工程中植物种植的施工管理［J］.建筑工程技术与设计，2018，000（032）：3776

[39] 曹锦明.园林绿化种植施工与养护管理技术［J］.现代园艺，2019（14）：3

[40] 吴海燕，吴锦华.花园式种植屋面设计——以银城屋顶花园为例［J］.园林，2015，（4）：46-51

[41] 雷燕平.我国城市园林景观规划设计［J］.环境工程，2021，39（1）：1